［決定版］

わかる Python

松浦 健一郎、司 ゆき

Best Learning
for total
Python
Beginners

本書の使用方法

本書はPython 3に対応しています。ただし、記載内容の一部には、全バージョンに対応していないものもあります。

サンプルファイルのダウンロード

本書で解説しているサンプルのデータは、以下の本書サポートページからダウンロードできます。

サポートページ https://isbn.sbcr.jp/95440/

本書に関するお問い合わせ

この度は小社書籍をご購入いただき誠にありがとうございます。小社では本書の内容に関するご質問を受け付けております。本書を読み進めていただきます中でご不明な箇所がございましたらお問い合わせください。なお、お問い合わせに関しましては下記のガイドラインを設けております。恐れ入りますが、ご質問の際は最初に下記ガイドラインをご確認ください。

ご質問の際の注意点

・ご質問はメール、または郵便など、必ず文書にてお願いいたします。お電話では承っておりません。
・ご質問は本書の記述に関することのみとさせていただいております。従いまして、○○ページの○○行目というように記述箇所をはっきりお書き添えください。記述箇所が明記されていない場合、ご質問を承れないことがございます。
・小社出版物の著作権は著者に帰属いたします。従いまして、ご質問に関する回答も基本的に著者に確認の上回答いたしております。これに伴い返信は数日ないしそれ以上かかる場合がございます。あらかじめご了承ください。

ご質問送付先

ご質問については下記のいずれかの方法をご利用ください。

Webページより

上記のサポートページ内にある「この商品に関する問い合わせはこちら」をクリックすると、メールフォームが開きます。要綱に従って質問内容を記入の上、送信ボタンを押してください。

郵送

郵送の場合は下記までお願いいたします。

〒106-0032
東京都港区六本木2-4-5
SBクリエイティブ 読者サポート係

■本書内に記載されている会社名、商品名、製品名などは一般に各社の登録商標または商標です。本書中では®、™マークは明記しておりません。
■本書の出版にあたっては正確な記述に努めましたが、本書の内容に基づく運用結果について、著者およびSBクリエイティブ株式会社は一切の責任を負いかねますのでご了承ください。

©2018 Kenichiro Matsuura／Yuki Tsukasa 本書の内容は著作権法上の保護を受けています。著作権者・出版権者の文書による許諾を得ずに、本書の一部または全部を無断で複写・複製・転載することは禁じられております。

はじめに

　Pythonは簡単そうに見えて、実はなかなか難しいプログラミング言語です。「こう書くと
プログラムはどう動くの？」「どうしてこんなふうに書かなければならないの？」と悩むことが
よくあります。文法を一とおり学んだだけでは、こういった疑問は解消しません。Pythonを
本当に使いこなすには、コンピュータやプログラミングに対する深い理解が要求されます。

　こんなPythonを効果的に学べるように、本書は「**Pythonの本質に踏み込んだ解説をする
こと**」を心がけました。例えば、Pythonがメモリ上で変数を管理する方法や、リスト・タプル・
集合・辞書といったデータ構造ごとの特性や使い分けなどを、詳しく説明しています。また「疑
問」という欄を設けて、学習を進める中で生じそうな疑問や、本質に踏み込む疑問を載せました。
解説とあわせて読むことで、疑問を解消し、理解を深めていただくことを狙っています。

　一方、「どんなプログラムでも自由に書けるようになるには？」という課題に、本書は次の
ように取り組みました。講師の仕事を通じて気づいたのですが、プログラミングの学習方法に
は、文法を覚える「文法派」と、実戦的なコードを暗記していく「例文派」が存在するようです。
スタートダッシュは例文派が有利なようですが、少し後には伸び悩む傾向にあります。「何で
も書けるプログラマ」になろうとすると、例文派は膨大な量のコードを暗記するはめになり、
いずれは暗記量の限界に達してしまうためです。

　一方で、**文法派が記憶するのはわずかな主要文法だけ**です。それすらも暗記せずに、書籍な
どの資料を、その都度参照しても構いません。実は本当に必要なのは、「**自分の欲しいプログ
ラムを、その場で文法から作り出す能力**」なのです。

　そこで本書では、重要な文法を選び、できるだけ簡潔な形式で「書式」の欄にまとめました。
その直後には、学んだ文法をすぐに実践できる「練習問題」を多数掲載しました。文法を見な
がらで構わないので、ぜひ「その場で文法からプログラムを作る能力」を磨いてください。
外出時などでコンピュータが手元にないときには、ページの余白に自作プログラムをメモする
のも、おすすめです。

　ぜひ楽しみながら、Pythonプログラミングの技術を身に付けてください。そして、Python
で何を作ったか、どんなことにPythonを使ったか、書籍レビューなどを通じてお知らせいた
だけましたら、とても嬉しく思います。

松浦健一郎/司ゆき

わかるPython[決定版]

🐍Contents

Part 1 基礎編 　　　　　1

Chapter 1　Pythonの基礎知識 　　　3

1.1 Pythonとは ·· 4
Pythonの歴史 ··· 4
Pythonの由来 ··· 5
Pythonの人気 ··· 5
Pythonの特徴 ··· 6
Pythonが活躍する分野 ··· 8

1.2 Pythonの入手とインストール ································· 9
WindowsにPythonをインストールする ···························· 10
macOSにPythonをインストールする ······························ 15

Chapter 2　はじめてのPythonプログラミング 　　21

2.1 Pythonの基本の「き」 ··· 22
画面に文字を出力する方法 ··· 22
プログラムの基本単位は「文」 ·· 24
ファイルに保存したプログラムを実行する方法 ·················· 26
プログラム中のコメント(メモ書き) ································· 28
スタイルガイド「PEP8」 ··· 29

2.2 変数 ·· 33
変数とは ··· 33
変数名 ·· 34
変数への値の代入 ·· 34
変数の定義 ·· 36
型 ·· 38

2.3 数値 ·· 40
数値とは ··· 40
演算子 ·· 40
演算子の優先順位 ·· 43
小数の表現 ·· 44
累算代入文 ·· 45

2.4 文字列 ··· 49
文字列の連結 ··· 49

iv

式と評価 ……………………………………………………… 50

文字列の長さの取得 ……………………………………………… 51

Chapter 3 Pythonの基本文法 53

3.1 関数の基本と文字列の操作 54

関数とは …………………………………………………………… 54

文字列のインデクス ……………………………………………… 55

文字列のスライス ………………………………………………… 57

スライスの暗記法 ………………………………………………… 58

インデクスの省略 ………………………………………………… 59

Pythonが文字列を作成する仕組み ……………………………… 60

ステップを指定する ……………………………………………… 62

負数のステップ …………………………………………………… 64

定型文に任意の文字列を差しこむ処理 ………………………… 64

文字列の置換 ……………………………………………………… 67

3.2 リスト 69

リストの初期化 …………………………………………………… 69

リストのインデクス ……………………………………………… 70

リストの連結 ……………………………………………………… 71

要素の追加 ………………………………………………………… 72

リストのスライス ………………………………………………… 72

要素の変更 ………………………………………………………… 73

要素の挿入 ………………………………………………………… 74

要素の削除 ………………………………………………………… 74

要素の個数を数える ……………………………………………… 75

リストの要素を並べた文字列の作成 …………………………… 76

文字列を分割して、リストを作成 ……………………………… 76

Chapter 4 制御構文 79

4.1 for文〜繰り返し 80

for文とは …………………………………………………………… 80

4.2 if文〜条件分岐 84

比較演算子とbool型 ……………………………………………… 84

if文とは …………………………………………………………… 85

else節 ……………………………………………………………… 87

elif節 ……………………………………………………………… 88

4.3 メンバーシップ・テスト演算子 91

4.4 論理演算子 93

v

論理演算子とは 93

4.5 while文～条件に基づく繰り返し　96

while文とは 96

繰り返しの中断 97

繰り返しの継続 98

ネストとbreak/continue文 99

4.6 range関数とreversed関数　100

range関数とは 100

reversed関数とは 102

4.7 for 文やwhile 文のelse節　103

4.8 pass文　105

pass文とは 105

Chapter 5　関数の定義と変数のスコープ　107

5.1 関数を定義する　108

関数の定義 108

関数の呼び出し 110

ドキュメンテーション文字列 112

再帰呼び出し 114

位置引数とキーワード引数 116

引数のデフォルト値 119

ラムダ式 121

5.2 変数のスコープ　124

global文 125

nonlocal文 126

Chapter 6　さまざまなデータ構造　129

6.1 タプル　130

タプルとは 130

タプルの作成 130

タプルの要素 131

パック 132

アンパック 132

複数同時代入 133

タプルのリスト 133

enumerate関数 135

可変長引数とタプル 136

vi

6.2	集合	138

集合の作成 139
メンバーシップ・テスト演算子 140
要素の追加 141
要素の削除 142
積集合を求める「&」演算子 143
和集合を求める「|」演算子 143
差集合を求める「-」演算子 144
対称差を求める「^」演算子 144

6.3	辞書	146

辞書とは 146
辞書の作成 146
要素の取得 148
キーの取得 148
キーと値の取得 149
要素の追加または変更 150
要素の削除 150
可変長引数と辞書 151

6.4	内包表記	153

内包表記とは 153
内包表記とif 154
内包表記と三項演算子 155

6.5	ジェネレータ式	157

ジェネレータ式とは 157
ジェネレータとyield文 158

Chapter 7　オブジェクト指向の基本と発展的な機能　163

7.1	オブジェクト指向プログラミング	164

オブジェクト指向とは 164
クラスの定義 165
メソッドの定義 166
インスタンスの生成 168
__init__メソッド 170
メソッドの追加 172
マングリング 173
クラス属性と定数 174
継承 177
多重継承 180

vii

7.2	**例外処理**	182
	例外とは	182
	例外処理の書き方	182
	else節とfinally節	184
7.3	**発展的な機能**	187
	デコレータ	187
	静的メソッド	191
	クラスメソッド	192
	プロパティ	194
	インスタンスの判定	197
	抽象クラス	200
	演算子のオーバーロード	206
	__str__メソッド	209
	ダックタイピング	211

Chapter 8　標準ライブラリを使ってみよう

215

8.1	**標準ライブラリ**	216
8.2	**モジュール**	217
	モジュールとは	217
	モジュールを使う方法	217
	randomモジュールの便利な機能	223
8.3	**日時を扱うモジュール**	227
	日時の計算	229
8.4	**プログラムの実行時間を計測する**	232
	2種類の書き方で速さを比較してみよう	232
8.5	**コマンドライン引数を受け取る**	236
8.6	**キーボードからの入力を受け取る**	239
8.7	**ファイルの入出力**	242
	ファイル入出力の基本	242
	ファイル入出力とwith文	246
	ファイルからデータを読み込む	247
	ファイルを1行ずつ読み込む	248
8.8	**JSONを利用したデータ交換**	251
	JSONの機能	251
	Pythonのデータ構造をJSONに変換	252
	ファイルから読み込んだJSONをPythonのデータ構造に変換	255

viii

8.9 正規表現を扱う 257

正規表現の書き方 257

文字列がパターンにマッチするか調べる 258

正規表現を使って文字列の形式を確認する 261

Part 2 実 践 編
265

Chapter 9 実践的なプログラミングのための準備
267

9.1 サンプルファイルの使い方 268

サンプルファイルの入手方法 268

ディレクトリの移動方法 268

9.2 パッケージの基本 270

パッケージとモジュール 270

モジュールのインポート 271

9.3 パッケージのインストール 273

pipコマンド 273

インストールに失敗した場合 274

Chapter 10 機械学習
275

10.1 機械学習の基礎知識 276

機械学習とは 276

10.2 機械学習の仕組み 278

モデルとは 278

テストデータとは 280

10.3 scikit-learnのインストールと画像データの入手 ... 282

scikit-learnのインストール 282

画像データの入手 283

機械学習の入力データに加工する 284

10.4 ロジスティック回帰による機械学習プログラミング ... 286

ロジスティック回帰とは 286

数字を判定するモデル 287

モデルの学習を行うプログラム 288

モデルの学習を行うプログラムの実行 291

学習済みモデルを利用してテストだけを行うプログラム ... 294

ユーザが指定した任意の手書き数字を認識するプログラム ... 296

ix

Chapter 11　ニューラルネットワーク　301

11.1　ニューラルネットワークの仕組み ……………………… 302
単純なニューラルネットワーク ……………………………………… 302

11.2　数字を認識するニューラルネットワーク ……………… 306
モデルの学習を行うプログラム ……………………………………… 306
学習済みモデルを利用してテストだけを行うプログラム ………… 314
ユーザが指定した任意の手書き数字を認識するプログラム …… 316

Chapter 12　ディープラーニング　319

12.1　畳み込みニューラルネットワーク …………………………… 320
畳み込みとは ……………………………………………………………… 320
プーリングとは …………………………………………………………… 322

12.2　数字を認識するディープニューラルネットワーク …… 324
モデルの学習を行うプログラム ……………………………………… 327
学習済みモデルを利用してテストだけを行うプログラム ………… 333
指定した手書き数字を認識するプログラム ………………………… 335

Chapter 13　ライブラリを活用した科学技術計算　339

13.1　NumPy による科学技術計算 ………………………………… 340
行列と行列の積 …………………………………………………………… 340
行列とベクトルの積 ……………………………………………………… 342
Matplotlibを使った計算結果の図示 ……………………………… 344

13.2　SciPyによる科学技術計算 …………………………………… 348
音の周波数を求める ……………………………………………………… 348
サイン波を表示するプログラム ……………………………………… 349
FFT（高速フーリエ変換）を行うプログラム ……………………… 350
音声ファイルに対してFFTを行うプログラム ……………………… 352

Chapter 14　Webアプリケーションの作成　357

14.1　Webの仕組み …………………………………………………… 358
Webアプリケーションの仕組み ……………………………………… 359
PythonによるWebサーバ ……………………………………………… 361
PythonによるCGIプログラム ………………………………………… 364
PythonによるチャットCGIプログラム ……………………………… 367

索引 ……………………………………………………………………………… 371

Part 1

基礎編

- *Chapter 1*　Pythonの基礎知識
- *Chapter 2*　はじめてのPythonプログラミング
- *Chapter 3*　Pythonの基本文法
- *Chapter 4*　制御構文
- *Chapter 5*　関数の定義と変数のスコープ
- *Chapter 6*　さまざまなデータ構造
- *Chapter 7*　オブジェクト指向の基本と発展的な機能
- *Chapter 8*　標準ライブラリを使ってみよう

Chapter 1

Pythonの基礎知識

本章では「Pythonとはどのようなプログラミング言語なのか」「なぜPythonが人気なのか」といった、Pythonの最も基本的なところから1つずつ丁寧に解説をはじめていきます。

また、みなさんのPCにPythonの実行環境をインストールし、簡単なPythonプログラムを実行する方法を解説します。「すぐにプログラムを動かしたい！」という人は「1.2 Pythonの入手とインストール」(p.9)から読み進めていただいてもかまいません。

1.1 Pythonとは

　Pythonとはどんなプログラミング言語なのでしょうか。ここでは、Pythonの歴史や名前の由来から解説をはじめていきます。Pythonというプログラミング言語の特徴や魅力も紹介します。

Pythonの歴史

　Pythonの生みの親であるグイド・ヴァンロッサム（Guido van Rossum）氏は、オランダ出身で、アメリカ在住のプログラマです。オランダの国立情報工学・数学研究所（CWI）、アメリカの国立標準技術研究所（NIST）などで働いた後に、2005年から2012年まではGoogle、2013年から2019年まではDropbox、2020年からはMicrosoftで勤務しています。

　グイド氏のブログによれば、Pythonの開発がはじまったのは1989年12月です。オフィスが閉まっているクリスマス前後の時期に、自宅のコンピュータを使い、仕事と趣味を兼ねてプログラミング言語の開発に着手したのが、Pythonのはじまりです。

表 ▶ Pythonの歴史

時期	出来事
1989年12月	Python開発がはじまる
1990年	勤務先の研究所内部で公開
1991年 2月	ソースコードを一般に公開（バージョン0.9）
1994年 1月	バージョン1を公開
2000年10月	バージョン2を公開
2008年12月	バージョン3を公開

　Pythonはグイド氏を筆頭に、多くのプログラマによって機能拡張が続けられています。Pythonコミュニティの中心的な役割を果たしているのはPythonソフトウェア財団（Python Software Foundation：PSF）と呼ばれる団体であり、2001年から活動しています。

　現在は、Pythonのバージョン2（Python 2）とバージョン3（Python 3）が併用されています。新しいバージョン3に完全に移行しないのは、バージョン2とバージョン3の間で、機能の一部に互換性がないため、バージョン2で作成された既存のプログラムがバージョン3では動かない場合があるためです。

　本書では「これからPythonでプログラミングをはじめる」という用途を重視して、**新しいバージョンであるバージョン3**を使って解説していきます。ただし、Pythonの基本的なプログラミングの手法は、バージョン2とバージョン3で共通しているので、本書で学んだ知識をバージョン2（Python 2）のプログラミングに活用することもできます。

Pythonの由来

　Pythonという名前は、グイド氏が「空飛ぶモンティ・パイソン」(Monty Python's Flying Circus)という番組のファンだったことに由来します。同番組はBBC(英国の国営放送局)が製作したコメディ番組で、1969年から1974年に放送されました。

　一方で、Pythonとは「ニシキヘビ」のことでもあります。ニシキヘビのなかにもいろいろな種類がありますが、最大のものは約10mにもなり、爬虫類として最長の種の1つです。そのため、Pythonに関するWebサイトや書籍では、ヘビの画像が使われることがよくあります。Pythonの公式サイト(https://www.python.org/)に掲載されているアイコンも、二匹のヘビを組み合わせた図柄になっています(下図参照)。

図 ▶ Pythonのアイコン

Pythonの人気

　みなさんはPythonというプログラミング言語に興味を持って、あるいは、仕事上や学業上の必要があって、この本を手に取ってくださったのだと思います。世の中には数多くのプログラミング言語がありますが、実はここ数年、Pythonが非常に人気を集めています。

　IEEE(電気工学や電子工学に関する学会)が「IEEE Spectrum」というニュースを発行しています。このIEEE Spectrumが作成した、2017年度の人気プログラミング言語ランキングにおいて、Pythonは第1位を獲得しています(次ページの表を参照)。

　第2位のC言語と第3位のJavaは、いずれも学校の授業や企業の研修などで長年採用されてきた言語です。就職活動の際にもC言語やJavaを学んだことがあると有利でした。しかし最近は、学校で使ってきた言語を尋ねると「Python」と答える人が増え、研修に使う言語としてPythonを選ぶ企業も増えてきました。このことからも、近年、Pythonが非常に人気であることが伺えます。

　次ページの表には各言語のおおまかな登場時期も追記しました。最も歴史が長いのは1970～1980年代に登場したC言語やC++です。インターネットが爆発的に普及した1995年頃に生まれたJavaやJavaScript、PHPは、今でもWebプログラミングに広く使われています。R(1996年)は機械学習やデータマイニングに人気がある言語です。C#、Go、Swiftは2000年代に生まれた比較的新しい言語です。

　Pythonの登場は1991年(バージョン0.9のソースコードが公開された年)です。最近急激に人気を集めているので、新しい言語であると思っている人もいるかもしれませんが、Pythonは比較的歴史が長い言語であることがわかります。

表 ▶ 2017年の人気プログラミング言語ランキング（IEEE Spectrumによる）

順位	言語	登場時期(年)
1	Python	1991
2	C	1972
3	Java	1995
4	C++	1983
5	C#	2000
6	R	1996
7	Javascript	1995
8	PHP	1995
9	Go	2009
10	Swift	2014

出典：『IEEE Spectrum The 2017 Top Programming Languages』（https://spectrum.ieee.org/computing/software/the-2017-top-programming-languages）

Pythonの特徴

グイド氏のブログ「Pythonの歴史」（The History of Python）では、Pythonを次のように紹介しています。

> 現在Pythonは、使い捨てのスクリプト（小規模なプログラム）から、大規模でスケーラブルなWebサーバにおいて毎日24時間の絶え間ないサービスを提供する用途まで、幅広く使われています。GUIやデータベースのプログラミング、クライアントサイドやサーバサイドのWebプログラミング、アプリケーションのテストなどに利用されています。世界最速のスーパーコンピュータ用に科学者がアプリケーションを書くためにも、子供が最初にプログラミングを学ぶためにも使われています。

出典：『The History of Python』（http://python-history.blogspot.jp/2009/01/introduction-and-overview.html）

上記の最後で述べられている、「科学者と子供が同じプログラミング言語を使う」というのは面白い事実です。このようにPythonが「誰でも使える言語」なのは、次のような理由だと想像されます。

プログラミング言語としてのPythonは、いろいろなプログラムを簡潔に短く書けることや、プログラムの表面的なスタイルに煩わされずに本質的な処理に集中できることを重視して、注意深く設計されています。これらの性質は、プログラミングに対する習熟度の違いにかかわらず、生産性を向上するという点において、多くのプログラマに歓迎されています。

一方で、プログラマごとに異なる目的に対応するために、Pythonは「モジュール」（あるいはパッケージ）と呼ばれる形式で、さまざまな機能を提供しています。例えば、スーパーコンピュータを使った研究を行うための科学技術計算用のモジュールがあります。また、学習を目的としたプログラミングには、LEDなどの電子部品を使った工作に使えるモジュールや、ゲームを作るためのモジュールなどがあり

ます。

　このように「Python本体」と「自分に必要なモジュール」を組み合わせることによって、Pythonを多種多様な目的で利用できます。

図 ▶ Pythonは幅広い用途で利用できる

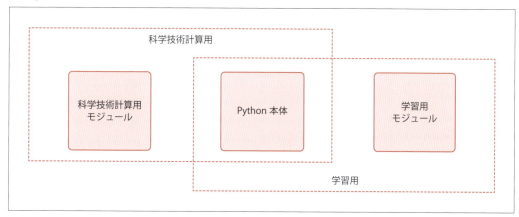

　なお、Pythonは手軽にプログラミングができる「スクリプト言語」の一種であり、「スクリプト言語の多くは高速な処理に向かない」というのが一般的な傾向です。この傾向はPythonにも当てはまります。しかし、Pythonのモジュールによっては、モジュールの内部で高速に処理を行うために特別な工夫がなされているものもあります。このため、適切なモジュールを選択することで、処理を高速化できる可能性があります。

Pythonの魅力

　まとめると、Pythonは、次のような魅力を備えたプログラミング言語です。

- プログラマがミスをしにくいように文法が工夫されているので、習得しやすい
- モジュールを組み合わせることによって、短いプログラムでさまざまな機能を実現できる
- いろいろな環境で利用できるので、一度習得すれば幅広い目的に活用できる

表 ▶ Pythonを利用できる主な環境の例

環境	具体例
パソコン	Windows、macOS、Linux/UNIX
スマートフォン/タブレット	iOS、Android
ゲーム機	Nintendo DS、PlayStation3

Pythonが活躍する分野

Pythonは幅広い分野で活用されています。Pythonが実際に活用されている主な分野を紹介します。

■ AI（Artificial Intelligence：人工知能）

昨今、大きな注目を集めているAIの分野では、プログラムの開発言語としてPythonがよく使われています。PythonがAIの開発に向いている理由は、機械学習やディープラーニングといった、AIに必要な機能を、Pythonのプログラムから簡単に呼び出せるからです。

■ 科学技術計算

Pythonは科学技術関連の研究分野でも広く利用されています。Pythonには「NumPy」や「SciPy」といった、高度な数値演算を行うためのライブラリが揃っています。ライブラリとは、プログラムから呼び出すための機能を集めたソフトウェアです。NumPyは「数値計算」、SciPyは「科学技術計算」を行う際に利用するライブラリです。詳しくは「Chapter 13　ライブラリを活用した科学技術計算」で解説します。

■ ソフトウェアへの組み込み

プログラミング言語を別のソフトウェアに組み込んで、そのソフトウェアの機能をプログラムから呼び出したり、機能を拡張したりするために使うことがあります。Pythonは、CG（Computer Graphics）を作成するための専門的なソフトウェアなどに、数多く採用されています。

■ Web

Pythonを使用すると、Webアプリケーション（Webサーバと連携して動作するプログラム）を作成できます。安価なレンタルサーバでも、Pythonを利用できる場合があります。

■ 教育用・学習用

Pythonはプログラミング教育の授業や、学習用のプログラム言語として世界中で採用されています。実は、Pythonはオランダで開発された「ABC」という学習用プログラミング言語の影響を受けています。Pythonは、学習用としても人気の高い「Raspberry Pi」（ラズベリーパイ、通称ラズパイ）と呼ばれるコンピュータの開発言語としても使われています。

1.2 Pythonの入手とインストール

　Pythonを実行するには、みなさんがお使いのパソコンにPythonの実行環境をインストールする必要があります。本書では、OS別（Windows、macOS）にインストール手順を解説しているので、ご利用中のOSに該当する箇所を読み進めてください。

　なお、本書は「Python 3」に対応しているので、バージョン番号が「3.」からはじまる最新バージョンの実行環境をインストールしてください。

> **Memo**
> 本書のChapter10 ～ 12で紹介する、機械学習・ニューラルネットワーク・ディープラーニングのサンプルプログラムを実行するには、最新バージョンの実行環境ではなく、Python 3.7（例えば3.7.9）の64bit版、またはPython 3.6（例えば3.6.8）の64bit版をインストールしてください。また、Chapter14で紹介するWebのサンプルプログラムを実行するには、Python 3.12以前をインストールしてください。なお、本書に掲載したプログラムとは一部の内容が異なりますが、最新バージョンの実行環境で動作するプログラムを著者Webサイト（https://higpen.jellybean.jp/）で配布しています。

> **Column　パス**
>
> 　パソコンにPythonをインストールしたり、使用したりする際は「パス」という概念を知っておく必要があります。パスとは、ファイルやディレクトリ（フォルダ）の場所を示す記法です。OSによって書き方が異なります。
>
> 表▶パスの記法
>
> | OS | 記法 |
> |---|---|
> | Windows | ボリューム名:¥ディレクトリ名¥ディレクトリ名¥…¥ファイル名※
【例】C:¥Users¥higpen¥test.py |
> | macOS | /ディレクトリ名/ディレクトリ名/…/ファイル名
【例】/Users/higpen/test.py |
>
> ※環境によっては「¥」の代わりに「\」（バックスラッシュ）を使うことがあります。

WindowsにPythonをインストールする

　ここからは、WindowsにPythonをインストールする方法を解説します。Macをお使いの方はp.15を参照してください。

　なお、Windows用のPythonには、32bit版と64bit版の2種類があります。本書のChapter11〜12で紹介するディープラーニング用のソフトウェア「TensorFlow」を実行するには、64bit版のPythonが必要です。そのため、**まずは64bit版のインストールを試みてください**。64bit版が動作しない場合は、32bit版をインストールしてください。

▌Python 3（64bit版）を入手する

64bit版のPython 3を入手するには、次の手順を実行します。

1 Pythonの公式サイトにアクセスして、[Downloads]→[Windows]をクリックする

URL https://www.python.org/

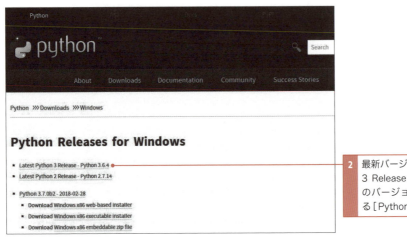

2 最新バージョンは[Latest Python 3 Release 〜]をクリックし、他のバージョンはページの下方にある[Python 3. 〜]をクリックする

URL https://www.python.org/downloads/windows/

3 ページの下方までスクロールする

4 ［Windows x86-64 executable installer］をクリックする

5 ［名前を付けて保存］ダイアログが表示されるので、任意のダウンロード先を指定して、［保存］をクリックする

Column　Python 3（32bit版）の入手方法

　ご利用のパソコンに64bit版のPython 3をインストールできなかった場合は、32bit版のPython 3を入手してください。32bit版のPython 3を入手するには、上記の手順4の画面で［Windows x86 executable installer］をクリックします。

Python 3をインストールする

Python 3をインストールするには、ダウンロードした実行ファイル（python-3….exe）をダブルクリックして、次の手順を実行します。

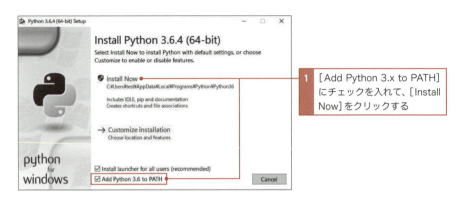

1 ［Add Python 3.x to PATH］にチェックを入れて、［Install Now］をクリックする

Memo
ご利用のパソコンに、ダウンロードしたファイルより古いバージョンのPythonがすでにインストールされている場合は、下図の画面が表示されます。この場合は［Update Now］をクリックしてください。

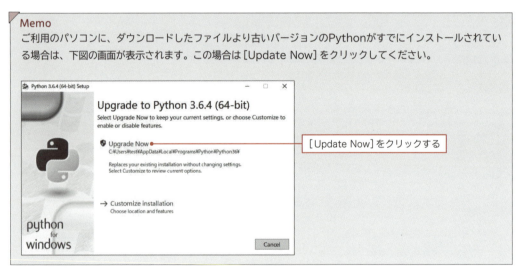

［Update Now］をクリックする

2 インストールが完了すると、左の画面が表示されるので、［Close］をクリックする

Memo
インストールの完了時に、以下の画面が表示されたら場合は、[Disable path length limit]をクリックしてください。これで、260文字以上のパスも使えるようになります。

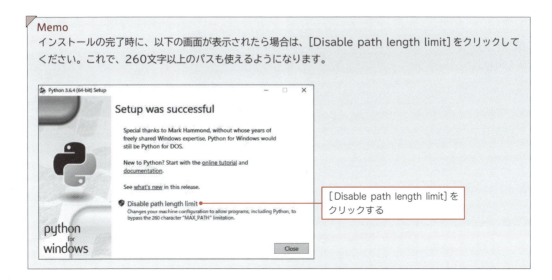

[Disable path length limit]をクリックする

正しくインストールされたことを確認する

インストールが完了したら、次の手順を実行して、パソコンにPython 3が正しくインストールされたことを確認します。

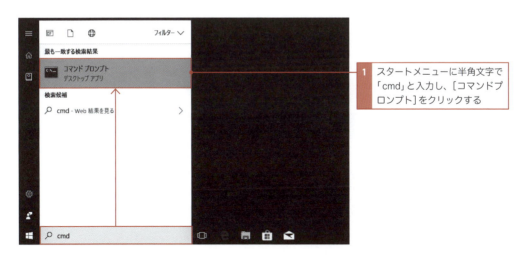

1 スタートメニューに半角文字で「cmd」と入力し、[コマンドプロンプト]をクリックする

Memo
コマンドプロンプトの代わりに「Windows PowerShell」を使うこともできます。PowerShellはコマンドプロンプトと同様の機能を提供するソフトウェアです。

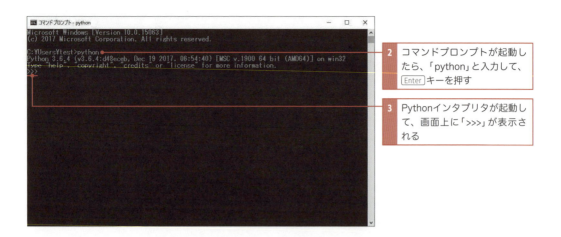

2 コマンドプロンプトが起動したら、「python」と入力して、Enterキーを押す

3 Pythonインタプリタが起動して、画面上に「>>>」が表示される

> **Memo**
> Pythonインタプリタは、Pythonプログラムを実行できる環境です。小規模なプログラムをその場で作って動かしたり、Pythonが持つ色々な機能を試したりするときに役立ちます。

4 「1+2」と入力して、Enterキーを押すと、実行結果として「3」が表示される

5 Pythonインタプリタを終了するには、Ctrl+Zキーを押し、画面に「^Z」と表示されたら、Enterキーを押す

6 コマンドプロンプトの表示に戻る

これでPythonプログラミングを実行できる環境が整いました。次節からは、Pythonプログラミングについて、具体的に解説していきます。

macOSにPythonをインストールする

ここからは、Mac（macOS）にPythonをインストールする方法を解説します。

Python 3を入手する

Python 3を入手するには、次の手順を実行します。

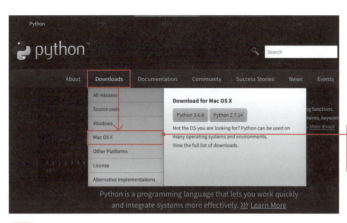

1 Pythonの公式サイトにアクセスして、[Downloads]→[Mac OS X]をクリックする

URL https://www.python.org/

2 最新バージョンは[Latest Python 3 Release 〜]をクリックし、他のバージョンはページの下方にある[Python 3.〜]をクリックする

URL https://www.python.org/downloads/mac-osx/

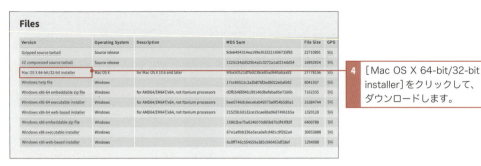

Python 3をインストールする

　Python 3をインストールするには、ダウンロードしたパッケージファイル（python-3….pkg）をダブルクリックして、次の手順を実行します。

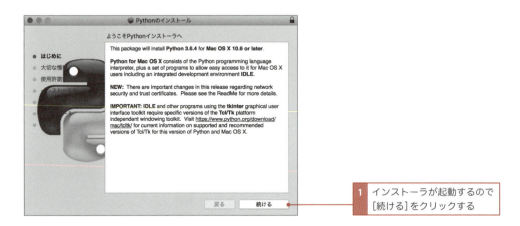

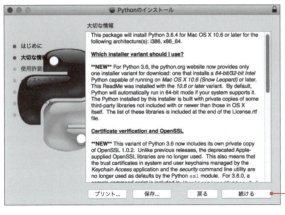

2 ［大切な情報］が表示されるので、内容を確認して、［続ける］をクリックする

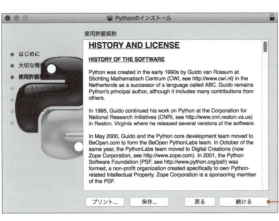

3 ［使用許諾契約］が表示されるので、内容を確認して、同意する場合のみ、［続ける］をクリックする

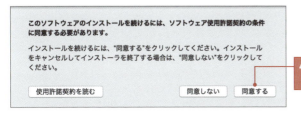

4 ［使用許諾契約］に同意する場合のみ、［同意する］をクリックする

5 インストール先を選択して、[続ける]を
クリックする

6 今回は標準インストールを行うので、
[インストール]をクリックする

Memo
[カスタマイズ]をクリックすると、インストールする内容を変更できます。

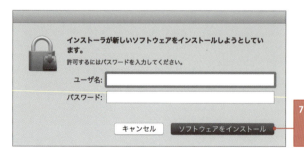

7 ユーザ名とパスワードを求める画面が
表示されたら入力し、[ソフトウェアを
インストール]をクリックする

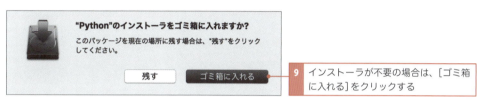

正しくインストールされたことを確認する

インストールが完了したら、次の手順を実行して、MacにPython 3が正しくインストールされたことを確認します。

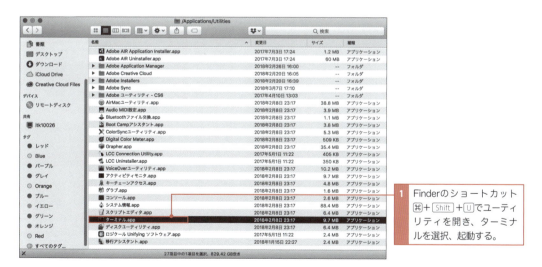

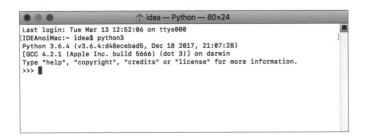

2 ターミナルに「python3」と入力して、[enter]キーを押す

3 Pythonインタプリタが起動し、「>>>」が表示される

> **Memo**
> Pythonインタプリタは、Pythonプログラムを実行できる環境です。小規模なプログラムをその場で作って動かしたり、Pythonが持つ色々な機能を試したりするときに役立ちます。

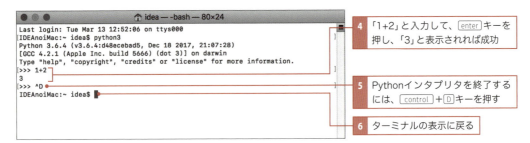

4 「1+2」と入力して、[enter]キーを押し、「3」と表示されれば成功

5 Pythonインタプリタを終了するには、[control]+[D]キーを押す

6 ターミナルの表示に戻る

　これでPythonプログラミングを実行できる環境が整いました。次節からは、Pythonプログラミングについて、具体的に解説していきます。

> **Memo**
> macOSには、デフォルトで「Python 2」がインストールされています。そのため、ターミナルに「python」と入力すると、Python 2が起動します。Python 3を起動するには「python3」と入力してください。

> **Memo**
> Pythonは随時バージョンアップされています。基本的には最新版のPythonを使うことがおすすめですが、本書とは異なるバージョンのPythonを使用すると、バージョンの違いが原因でプログラムが動かないことがあります。この場合には、本書で動作を確認したバージョン（3.7または3.6）のPythonをダウンロードしてお使いください。

Chapter 2

はじめての
Pythonプログラミング

本書では、Chapter2からChapter7までの全6章を使って、Python プログラミングの基本をとことん丁寧に、そしてしっかりと解説していきます。これからはじめてPythonを学ぶ人はもちろん、一度学んだことがある人もぜひ読み進めてください。

Chapter 2 ● はじめてのPythonプログラミング

2.1 Pythonの基本の「き」

　いよいよPython言語を使ってプログラムを作成します。このセクションでは、この後のどの章でも使う基本的な項目を解説します。

　なお、Python言語で書かれたプログラムのことを、本書では「**Pythonプログラム**」もしくは単に「**プログラム**」と呼びます。「Pythonスクリプト」という呼び方もあるのですが、本書では「プログラム」に統一しています。また、Pythonの公式ドキュメントでは、Pythonインタプリタのことを、「**Pythonインタプリタ**」または「**インタプリタ**」と呼んでいます。そのため、本書もこの呼び方に従うことにします。

画面に文字を出力する方法

　プログラムを実行しても、何も表示しなければ、やりたかった計算が本当にできたのかどうかがわかりません。まずは画面に計算結果や途中結果を表示する方法を学びましょう。

　Pythonには便利な機能がたくさんあります。そうした機能の一部は、関数（かんすう）という形式で提供されています。ここで学ぶ**print関数**も、そのような関数の1つです。print関数を使うと任意の文字列を画面に表示できます。

> **書式** print関数
>
> ```
> print( 文字列 )
> ```

文字列は、Pythonでは次のように「'」または「"」を使って表します。

> **書式** 文字列
>
> ```
> ' 表示したい文字列 '
> " 表示したい文字列 "
> ```

> **練習問題**
>
> 「a」や「abc」という文字列を、Pythonで扱える文字列にしてください。
>
> **解答例**
> ```
> 'a'    "a"    'abc'    "abc"
> ```

22

> **Memo**
> 練習問題の中には、解答例以外にも正解がある場合があります。

文字列の書き方がわかったので、print関数の使い方を見ながら、練習問題を解いてみてください。

練習問題

Pythonインタプリタを起動し、print関数を使って、文字列「hello」を出力してください。

解答例

```
print('hello')
```

はじめてのPythonプログラムの完成です！　Pythonインタプリタで実行してみましょう。Pythonインタプリタを起動して、プロンプトの後に解答例を入力し、Enter キーを押してください。インタプリタに「hello」と表示されたら正解です。

> **Memo**
> 上の解答例をインタプリタに入力したときに「SyntaxError: invalid character in identifier」というエラーメッセージが表示されたら、プログラムを全角文字で入力したことが原因かもしれません。日本語入力機能（IME）をオフにして、半角文字で入力してください。

> **Memo**
> ソフトウェアなどが「ユーザの入力を待っている」ことを示すために、決まった記号を表示することがあります。これを「プロンプト」といいます。Pythonインタプリタのプロンプトは「>>>」です。
> プロンプト（prompt）とは、もともとは相手の発言を促す行動を指す言葉です。2人で会話をしているとき、たまたま2人が同時に話しはじめてしまったときに「○○さんから先に話してください」と伝えることがありますね。これがプロンプトです。

プログラムの基本単位は「文」

「Pythonプログラムを書くこと」は、すなわち「Python言語の文法に沿って文を書くこと」です。たいていのプログラムは、複数の文で構成されています。どこかからプログラムを書き写してくるのではなく、Python言語の文法を使って、自分で文を作れるようになることが重要です。

 文法を暗記することが、Pythonを学ぶということ？

文法は無理に暗記しなくとも大丈夫です。覚えていない文法については、本書などの資料で確認しながらプログラミングしてください。よく使う文法は、使っているうちに自然に記憶に残ります。

 文法から文を作るって、どうすればいいの？

文法の次の3つの要素に着目します。

- 変えてはいけない部分はどこか
- 変えてもよい部分はどこか
- どのような範囲で変えてよいか

先ほどのprint関数の使い方を例に、3つの要素を確認します。print関数の書式は次のとおりです。

書式 print関数

print(文字列)

表 ▶ print関数の文法

着目点	print関数の場合
変えてはいけない部分	print( )
変えてもよい部分	文字列
どのような範囲で変えてよいか	文字列 には文字列や数値を入れることができる※

※実際には、 文字列 には文字列や数値以外のものを入れることもできますが、現時点では文字列と数値だけに制限しています。「Chapter6 さまざまなデータ構造」以降に例が登場します。

上記を踏まえて、次の手順で文を作成します。

(1) 変えてはいけない部分を書き写す
(2) 変えてよい部分に書きたいことを書く
(3) 変更可能な範囲内であることを確認する

これをprint関数に置き換えると次のようになります。

(1) print( )
(2) print('hi')
(3) 'hi'は文字列である

これでprint関数の文が完成します。

```
print('hi')
```

練習問題

print関数を使って「1」と表示してください。次に、再度print関数を使って「2」と表示してください。文は2つになります。

解答例

```
print('1')
print('2')
```

2つの文をPythonインタプリタで実行すると、次のようになります。

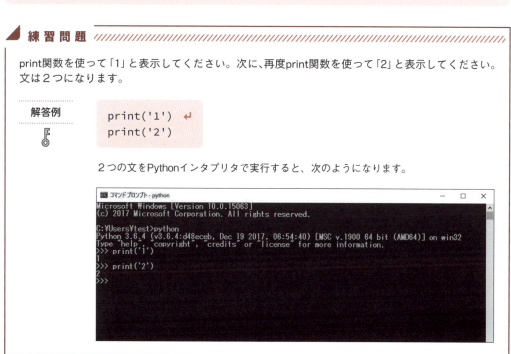

先述したように、print関数には数値も指定できます。数値を指定する場合は「'」や「"」は不要です。「'」や「"」を付けずに数字を書くと、数値として扱われます。

書式 print関数

```
print( 数値 )
```

練習問題

print関数を使って「1」と表示してください。

ヒント

文字列ではなく、数値を指定してください。

解答例

```
print(1)
```

上記の文をPythonインタプリタで実行すると、次のようになります。

ここでは、print関数に「'1'」や「"1"」を渡しても、数値の「1」を渡しても、表示結果が同じ「1」だという点に注目してください。文字列と数値の違いについてはもう少し後で説明します。

> **Memo**
> Pythonインタプリタに ↑ や ↓ キーを入力すると、過去に入力した内容を呼び出せます。→ キーを押すと、直前の入力内容を一文字ずつ再現できます。

ファイルに保存したプログラムを実行する方法

　これまでは、プログラムを入力後、Enter キーを押してすぐに実行してきましたが、**プログラムはファイルに保存しておく**こともできます。ここでは、プログラムをいったんファイルに保存してから、実行する方法を解説します。

1 テキストエディタを起動して、プログラムを入力する

2 拡張子に「.py」を指定して、ファイルを保存する

> **Memo**
> ここではファイル名を「test.py」にしています。「.py」はPythonプログラムであることを示す拡張子です。

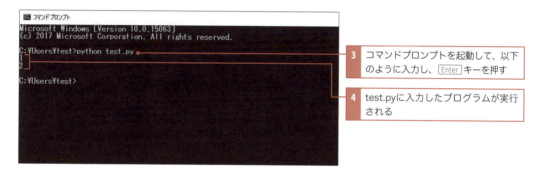

3 コマンドプロンプトを起動して、以下のように入力し、Enterキーを押す

4 test.pyに入力したプログラムが実行される

コマンドライン test.pyの実行（Windowsの場合）

```
> python test.py
```

コマンドライン test.pyの実行（Macの場合）

```
$ python3 test.py
```

　このように「python ファイル名」と入力すると、ファイルに保存されているPythonプログラムを実行できます。なお、コマンドラインの行頭に表示される文字は、Windowsのコマンドプロンプトの場合は「>」、macOSのターミナルの場合は「$」です。本書では以降、コマンドラインを表す記号として、インタプリタとの違いが明確な「$」を使用します（インタプリタの記号は「>>>」です）。

> **Memo**
> コマンドプロンプトにPythonインタプリタのプロンプト「>>>」が表示されている場合は、Ctrl+Zキー（Macの場合はcontrol+Dキー）を押してインタプリタを終了してから入力してください（p.20）。

> **Memo**
> もし、コマンドプロンプト（ターミナル）の画面に表示されているディレクトリ（カレントディレクトリ）ではなく、デスクトップなど別の場所のファイルを実行したい場合、そのファイルがどこにあるのかを明確に入力する必要があります。
> 例えばwindowsで、test.pyを、「C:¥Users¥ユーザ名¥Desktop」に保存した場合は、以下のどちらかの書き方で場所を指定します。
>
> python C:¥Users¥ユーザー名¥Desktop¥test.py ❶
>
> python Desktop¥test.py ❷
> ※カレントディレクトリが「C:¥Users¥ユーザ名¥」の場合
>
> ❶のような表現を「絶対パス」、❷のような表現を「相対パス」と呼びます。
> 絶対パスは、システム全体から見たファイルの場所を書く方法です。
> 相対パスは、コマンドプロンプト（ターミナル）の画面に表示されているディレクトリ（カレントディレクトリ）から見たファイルの位置を書く方法です。

Column　Pythonプログラムの保存先

　Pythonプログラムの保存先のディレクトリは、みなさんが自由に決めることができますが、最初は以下がお勧めです。ファイルが増えてきたら新しくディレクトリを作って整理しても構いません。

表 ▶ Pythonプログラムのお勧めの保存先

実行環境	保存先
Windowsのコマンドプロンプト	c:¥User¥ユーザ名
macOSのターミナル	/Users/ユーザ名

　Windowsの「c:¥User¥ユーザ名」やmacOSの「/Users/ユーザ名」はそれぞれ、コマンドプロンプトやターミナルを起動した際のカレントディレクトリ（操作対象のディレクトリ）です。

プログラム中のコメント（メモ書き）

　プログラム中に「#」（シャープ）を書くと、そこから行末までが**コメント**（メモ書き）になります。Pythonインタプリタは**コメントを無視**します。プログラムとして解釈したり、実行したりしません。また、コメントに何が書いてあっても、プログラムの動作は変わりません。

 疑問 ｛ 無視されるとわかっているのに、なぜコメントを書くのですか？

　コメントは人間のために残しておく注釈です。プログラミングをしていると、プログラムには直接は

書かれておらず、プログラマの頭の中にしか存在しない情報が生じることがあります。こういった情報は、どこかに書き留めておかないと「作成者以外の人がプログラムを読もうとしても読めない」といった事態になりかねません。また、作成者自身にとっても、後日メンテナンスや改良する際に役立つ情報になります。

また、「# ここはまだバグがあるかも」「# ここはあとで実行速度を改善したい」といった、作業用メモをコメントとして残しておくという使い方もあります。

書式 コメント

```
#  コメント
```

```
print('1')   # 「1」と表示します。
# 「2」と表示します。
print('2')
```

上記のように、コメントは行頭から書くこともできますし、プログラムの後ろから書くこともできます。ただし、「#」よりも後ろにプログラムを書くことはできないので注意してください。「#」よりも後ろはすべてコメントになります。

コメントは「必要と感じたとき書く」ことをお勧めします。コメントを書きすぎると、プログラムを修正するたびにコメント修正の作業が発生し、開発スピードを低下させることがあるので注意が必要です。プログラムを頻繁に書き変えている時期は、自分向けのコメントだけを書き、プログラムの完成度がある程度上がったところでまとめて他人向けのコメントを書くのがお勧めです。

スタイルガイド「PEP8」

上記の実行例を見ると、以下のように#の前後に半角スペースが入っていることがわかります。

```
print('1')   # コメント
```

上記の半角スペースは、実はPythonの文法上は必要ありません（半角スペースを入れなくても同じ結果になります）。つまり、半角スペースを削除して、以下のように書くこともできます。

```
print('1')#コメント
```

なぜ本書で#の前や後ろに半角スペースを入力しているのかというと、Pythonの公式スタイルガイドである「PEP8」で半角スペースを入れることが推奨されているからです。文法を守らないとプログラムは正常に動作しないため、文法は必ず守らなければなりません。一方、スタイルガイドは守らなくてもプログラムは動作します。

 何のためにスタイルガイドはあるの？

PEP8は「読みやすいPythonプログラム」を書くために考えられたガイドです。Pythonの標準ライブラリなどで採用されています。「プログラムをどのような見た目で記述するのか」という流儀のことを「コーディングスタイル」と呼びます。「どのようなコーディングスタイルで書いたら読みやすいプログラムになるだろうか」「どのようなスタイルが合理的だろうか」といった問題は、常にプログラマの頭を悩ませがちです。「PEP8に従う」と決めてしまえば、プログラマはこうした悩みから解放され、プログラミングに集中することができます。

また、プログラマの間で「コーディングスタイルはどうあるべきか」という論争が起こることがあります。しかし「PEP8を基本とする」という前提をプログラマが共有していれば、論争を止めて、もっと他のテーマについて知恵を寄せ合うこともできるでしょう。

 スタイルガイドも文法にして、一本化すればよいのでは？

スタイルガイドに従わせる必要のない、もしくは従わせることができないケースを想定して、**スタイルガイドは強制されていません。**

なお、本書では初心者にとって読みやすく、また理解しやすい形でプログラムを掲載するために、基本的にPEP8に従った書き方で解説しています。PEP8の書き方に慣れておけば、みなさんが後日、公式ドキュメントやその周辺のドキュメントを参照する際にもスムーズに内容を理解できると思います。

■ PEP8に準拠しているかをチェックする方法

作成したプログラムがPEP8に準拠しているかをチェックするには「**pycodestyle**」というツールを使用します。

pycodestyleをインストールするには、コマンドプロンプトに以下のコマンドを入力します。

```
pip install pycodestyle
```

コマンドの実行後に「Successfully installed pycodestyle ～」と表示されたら、インストールは成功です。なおmacOSの場合には、「pip」の代わりに「pip3」と入力してください。

```
pip3 install pycodestyle
```

図 ▶ pycodestyleのインストール

![コマンドプロンプト画面: pip install pycodestyle を実行し、Successfully installed pycodestyle-2.3.1 と表示されている]

　pycodestyleを使って、書いたプログラムがPEP8に準拠しているか否かをチェックするには、以下のコマンドを実行します。

書式 pycodestyleの使い方

```
pycodestyle  ファイル名
```

　例えば「test.py」の記述内容をチェックするには、以下のコマンドを実行します。

図 ▶ pycodestyleでスタイルガイドに合致しているかチェックする

　修正すべき点が見つかった場合は、次のような表示になります。ここでは「プログラムと同じ行にあるコメント（#）の前には、少なくとも2個の空白が必要である」と表示されています。

図 ▶ スタイルガイドに沿っていない箇所が見つかった場合

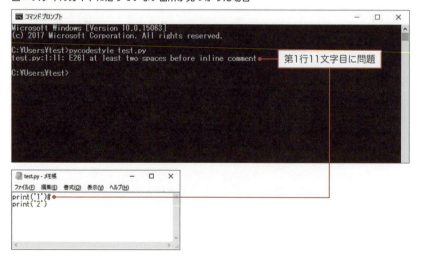

　pycodestyleは、コーディングスタイルを意識しながら学習を進めたい人にとってはとても便利なツールです。

　一方で、スタイルよりも先に、きちんと文法を学び、理解することを優先したい場合は、コーディングスタイルは後回しにしてもらっても構いません。Pythonを理解するうえで、pycodestyleは必須ではありません。しっかりと文法を理解して、思いどおりのプログラムが書けるようになってからコーディングスタイルを学ぶのもお勧めです。みなさん自身に合ったやり方で学習を進めてください。

2.2 変数

変数とは

まずは、変数とは何か、また変数の使い方を理解するとどのような利点があるのかを解説します。次のような状況を考えてみてください。

> 食事代の総額を、Pythonインタプリタで計算することを考えます。例えば「790 + 680 + 290 Enter」のように入力すれば、総額の1760円が求まります。

総額を求めた後に「割り勘したときの金額」を計算したいと考えました。しかし、先ほどの総額（1760円）をもう一度入力し直すのは面倒ですし、間違った金額を入力してしまうかもしれません。

ここでは「総額÷人数」を計算したいので、さきほど計算した総額をどこかに保存しておけば簡単に割り勘したときの金額も計算できます。では、どこに保存しておけばよいでしょうか。

このような場合に便利なのが**変数**です。変数を利用すると、プログラムで扱う値を一時的に保存することができます。

例えば、食事代の総額を「total」という名前の変数に格納し、その値を使って2名で割り勘したときの金額を求める場合は、次のようにプログラムを書きます。

インタプリタ

```
>>> total = 790 + 680 + 290
>>> total / 2
880.0
>>>
```

上記のように、Pythonでは「total = 数値」と書くと、その変数に数値を代入することができます。反対に、「=」を付けずに「total」のみを書くと、「その変数に格納されている値を読み出す」という意味になります。これで割り勘の金額が計算できました。880円です。

> **Memo**
> 変数を「箱」に例えている解説もよく見かけます。割り当てたメモリ領域を「箱」に見立てて、箱の中に文字列や数値を入れるイメージで、メモリへの値の書き込みを説明しています。

変数名

変数の名前、すなわち変数名を付けるにあたっては、以下のルールがあります。ルールに反する変数名を使用しようとしても、文法エラーが生じて実行できません。

- 一文字目に半角数字は使用できない
- 予約語は使用できない

予約語とは、Python言語が使用しているキーワードです。例えば、後述する「del」や「for」などの文字列は、変数名として定義することはできません。

表 ▶ Pythonの予約語一覧

False	None	True	and	as	assert	break
class	continue	def	del	elif	else	except
finally	for	from	global	if	import	in
is	lambda	nonlocal	not	or	pass	raise
return	try	while	with	yield		

2つのルールさえ守れば、後は自由に変数名を付けてよいのですが、自由すぎるとかえって迷ってしまうことがあります。「プログラミング時間の半分は、変数名を考えるのに費やされている」などという、笑えないジョークもあるほどです。

そこで、本書では「PEP8」(p.29)の命名規則に沿って変数を命名することにしました。PEP8のガイドラインに従えば、命名方法に苦労しなくてすみます。具体的には、変数名は以下の方針で命名しています。

- 半角の英小文字を使用する
- 変数名の2文字目以降には、半角の数字を使用することもある
- 英単語の区切りは「_」(アンダースコア)で示す

変数への値の代入

変数に値を入れることを「変数に値を保存する」「変数に値を格納する」、あるいは「変数に値を代入する」といいます。代入は、変数に値を保存・格納するための最も基本的な構文です。

> **書式** 変数への値の代入
>
> 変数名 = 値

練習問題

変数名がtotalである変数に、数値100を代入してください。

ヒント

書式の 変数名 に変数名を書き込み、 値 に数値を書き込みます。

解答例

```
total = 100
```

練習問題

変数名がanimalである変数に、文字列'dog'を代入してください。

解答例

```
animal = 'dog'
```

疑問 変数に正しく値が代入できたか否かは、どうやったら確認できるの？

変数に格納されている値を確認する方法はいくつかありますが、最も簡単な方法は、print関数を使って変数に格納されている値を表示する方法です。

書式 変数値の出力

```
print( 変数名 )
```

練習問題

変数animalに格納されている値を、print関数を使って出力してください。

ヒント

書式の 変数名 に変数名を書き込みます。

解答例

```
print(animal)
```

なお、Pythonインタプリタを使用している場合は、変数名を入力して Enter キーを押す（改行する）

2

はじめての
Pythonプログラミング

2.2

変数

35

ことでも、変数の値を表示できます。例えば、変数animalの値を表示する場合は「animal」と入力した後で Enter キーを押します。

インタプリタ

```
>>> animal = 'dog'
>>> animal
'dog'
```

変数の定義

「print(animal)」を実行した際に、次のようなエラーメッセージが表示されることがあります。

インタプリタ

```
>>> print(animal)
Traceback (most recent call last):
  File "<stdin>", line 1, in <module>
NameError: name 'animal' is not defined
>>>
```

エラーの内容を直訳すると次のような意味になります。

トレースバック（一番最近の呼び出しを末尾に表示）
　ファイル　"<標準入力>", 1行目, <モジュール名>
名前のエラー：名前　'animal'　は定義されていません。

3行目に注目してください。「名前　'animal'　は定義されていません。」と記載されています。つまり、print関数で値を表示しようとした変数animalが**未定義**である（まだ定義されていない）ことが、エラーの原因であることがわかります。

このようなエラーが表示された場合は、次のように変更すれば、エラーメッセージは表示されなくなります。

インタプリタ

```
>>> animal = 'dog'
>>> print(animal)
dog
>>>
```

疑問 変数の定義って何ですか？

Pythonにおいては「**変数を使えるように用意すること**」を「**変数を定義する**」といいます。Pythonでは、最初に変数に値を代入する際に変数を用意します。すなわち、変数の定義が行われます。

このため、Pythonインタプリタを起動してすぐに「print(animal)」を実行すると、まだ変数animalが定義されていないのでエラーになります。前ページの練習問題の場合は、前の練習問題で「animal = 'dog'」を実行しており、このタイミングで変数animalが定義されているので、その次の練習問題ではわざわざ変数animalを定義しなくてもエラーになりません。一方で、前の練習問題を飛ばして2つめの練習問題のみを実行した場合は、変数animalが定義されていないためエラーになります。

なお、まだ定義されていない変数のことを、「未定義の変数」と呼ぶことがあります。

疑問 変数を「用意」することを、なぜ「定義」というのですか？

プログラミング言語のなかには、変数を「定義」あるいは「宣言」することによって、はじめて変数が使えるようになるものが数多くあります。Pythonでは変数に値を代入するだけで変数が使えるようになるので、明示的に変数を定義しているという感覚は薄いのですが、「変数を定義する」という用語は採用されています。

Column 変数の値とメモリの番地

Pythonの公式ドキュメントによると、Python（CPython）は、次のような仕組みで変数を実現しています。

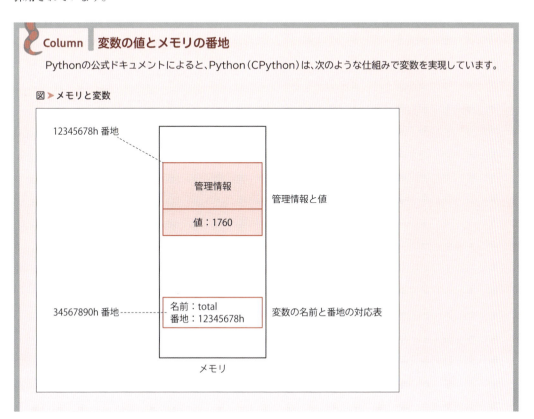

図▶メモリと変数

「値の管理情報」と「値の内容」の両方を併せてメモリ上に配置します。管理情報には「値の種類」（文字列や数値など）や「その値が参照されている件数」（リファレンスカウントと呼ばれます）などの情報が含まれます。上図の例では、管理情報と「1760」という値が、12345678h番地に格納されています。

メモリ上の別の場所（図の例では34567890h番地）には「変数名」と「値を格納した番地」を併せた対応表が格納されています。この対応表を使って変数名を探せば、変数に対応づけられた値の格納場所がわかり、値を読み書きすることができます。上図の例では、totalという変数名と、12345678hという番地が、対応表に格納されています。

型

 数値や文字列の他にも、print関数で出力できるものはあるの？

print関数は以下の種類の値を出力できます。値の種類のことを「型」と呼びます。

- **整数（int）**

intはinteger（整数）の略です。「0」「12」「-345」のように、小数部分がない数値のことです。

- **浮動小数点数（float）**

floatはfloating point number（浮動小数点数）の略です。「0.1」や「-2.34」のように、小数部分がある数値のことです。「5.0」のように、小数部分が0の場合も含みます。つまり5という数値を表す方法としては、「5」という整数で表す方法と、「5.0」という浮動小数点数で表す方法の、両方があります。

- **文字列（str）**

strはstring（文字列）の略です。0個以上の文字が並んだ値のことです。0文字の場合を空文字列と呼びます。

- **真理値（bool）**

boolはboolean（ブーリアン）の略です。数学者のジョージ・ブール（George Boole）に由来します。TrueとFalseの2種類の値だけをとる型です。日本語ではTrueを真、Falseを偽と呼びます。

Column　変数の型

　他のプログラミング言語のなかには、変数を用意するときに型を指定して、その型の値しか代入できない仕組みを採用している言語もありますが、Pythonの変数にはどのような型の値でも代入できます。次のように、それまで文字列を保存していた変数に、新たに数値を代入することも可能です。

インタプリタ

```
>>> a = 'test'                                              文字列
>>> a
'test'
>>> a = 1                                                   数値
>>> a
1
>>>
```

Chapter 2 ● はじめてのPythonプログラミング

2.3 数値

　ここからは数値について解説していきます。整数や浮動小数点数を使って、いろいろな計算ができるようになりましょう。

数値とは

　数値と数字（文字列）は、計算を行うと異なる振る舞いをします。Pythonインタプリタで試してみましょう。まずは、数値の振る舞いです。

インタプリタ
```
>>> 1 + 1
2
```

　このように「+」を使うと、足し算が行えることがわかります。次に、同様の計算を数字（文字列）で行ってみます。文字列は「'」で囲んで表現します。

インタプリタ
```
>>> '1' + '1'
'11'
```

　今度は、足し算ではなく、文字列と文字列をつなぎ合わせる操作（連結）が行われました。同じような使い方をしても、数値と文字列では結果が異なります。この節では数値の使い方を紹介します。また、次の節では文字列の使い方を紹介します。

> **Memo**
> Pythonにおける数値の処理は、数学や算数における計算に近い処理になります。

演算子

　「+」記号を書くと、数値の足し算や文字列の結合が行えることがわかりました。このように、計算を行うときに記述する記号を「演算子（えんざんし）」といいます。演算子のうち、算術演算を表すものを「算術演算子（さんじゅつえんざんし）」といいます。以下に主な算術演算子を掲載します。

40

表 ▶ 算術演算子の例

演算子	機能
+	加算
-	減算
*	乗算
/	除算
//	除算（結果以下で最大の整数を返す）
%	剰余
**	べき乗

以下の書式を参考に、Pythonインタプリタでさまざまな算術演算子を使ってみてください。

書式 演算

| 数値A | 演算子 | 数値B |

例えば、1から5を引く計算を行う場合は次のようになります。減算の演算子「-」は、「+」と同様に使えます。

インタプリタ

```
>>> 1 - 5
-4
```

上記の例では、内容を確認しやすくするために演算子の前後に空白を入れていますが、この空白は省略可能です。「1 - 5」を「1-5」に変更しても正しく計算できます。

◢ **練習問題** //

2に-2を掛けてください。乗算の演算子「*」は、「+」と同様に使えます。

解答例

インタプリタ

```
>>> 2 * (-2)
-4
```

なお、-2の周りの()は省略しても構いません。

インタプリタ

```
>>> 2 * -2
-4
```

割り算には、2種類の演算子が用意されています。「/」を使うと、割り切れなかったときには計算結果が浮動小数点数になります。

インタプリタ

```
>>> 4 / 3
1.3333333333333333
```

一方、演算子「//」を使って割り算を行うと、計算結果以下で最大の整数を返します。次の例では、1.33…以下で最大の整数である1を返しています。

インタプリタ

```
>>> 4 // 3
1
```

> **Column　有効数字の桁数**
>
> 　割り切れない場合の計算結果は、上記の例のように有効数字17桁になります。17桁という桁数は、次のような理由で決まっています。
> 　CPUは無限桁の値を扱えるわけではありません。小数が無限桁になる場合でも、有限桁の値として近似し、記録や計算を行います。小数には色々な表現形式がありますが、広く使われている形式の1つに「倍精度浮動小数点数（double）」があり、Pythonもこの形式を採用しています。
> 　倍精度浮動小数点数で表現できる範囲は、有効数字約17桁に相当します。Pythonにおいて有効数字を17桁にしているのは、このためです。

べき乗の計算は、以下のように「**」記号で表します。底×底×底×…のように、底を「べき指数」の回数だけ掛け合わせたものが計算結果になります。

書式　べき演算

```
 底  **  べき指数
```

例えば、2の3乗を計算する場合は次のように書きます。

インタプリタ

```
>>> 2 ** 3
8
```

42

疑問　算術演算は数学の演算と同じものですか？

コンピュータで数を表現するときの都合で、数学の演算とは少し結果が異なる場合があります。計算結果の精度を気にしなくてよい場合は、だいたい同じ結果になると考えても構いません。

演算子の優先順位

「1 + 2 * 3」は、どこから計算するのでしょうか。「1 + 2」から先に計算すると

(1 + 2) * 3 = 3 * 3 = 9

となり、計算結果は「9」です。一方、「2 * 3」から先に計算すると、

1 + (2 * 3) = 1 + 6 = 7

となり、計算結果は「7」です。算数では「足し算よりも掛け算を先に計算する」と習ったと思います。Pythonは、どのように計算するのでしょうか。試しにPythonインタプリタで実行してみましょう。

インタプリタ

```
>>> 1 + 2 * 3
7
```

Pythonにおいても、掛け算(*)を足し算(+)より先に計算します。実は、多くのプログラミング言語においても同様です。数学の流儀に合わせた方がプログラマにとって使いやすいだろう、という気遣いと思われます。

 疑問　演算子はたくさんあるけれど、どちらを先に計算するのか、すべての組み合わせを暗記する必要があるの！？

組み合わせで暗記するのは大変なので、演算子の優先順位をまとめた表を使うのがお勧めです。優先順位の高い演算子から先に計算します。下表では、上の行にある演算子ほど優先順位が高く、先に計算されます。同じ行に書かれている演算子は、同じ優先順位です。

表▶算術演算子の優先順位表

優先順位	算術演算子
高	**
↕	*、/、//、%
低	+、-

例えば「+」と「/」なら、上の行にある「/」から先に計算します。また、同じ行にある演算子、例えば、「*」と「/」は左から順に計算します。以下の例では、式の中で左にある掛け算(*)から先に計算します。

> インタプリタ

```
>>> 2 * 3 / 4
1.5
```

べき乗(**)が複数ある場合には、例外的に右から順に計算します。

> インタプリタ

```
>>> 2 ** 3 ** 2
512
```

上記の例では、以下のように結果を計算しています。

2 ** 3 ** 2
= 2 ** (3 ** 2)
= 2 ** 9
= 512

小数の表現

掛け算と割り算は優先順位が同じなので、左から計算します。ここで計算の順番を変えると、計算結果は変わるのでしょうか。Pythonインタプリタで試してみましょう。

> インタプリタ　計算の順番を変更しても、計算結果が変わらない例

```
>>> 2 * 3 / 4
1.5
>>> 3 / 4 * 2
1.5
```

> インタプリタ　計算の順番を変更すると、計算結果が変わる例

```
>>> 1 * 999999 / 999999
1.0
>>> 1 / 999999 * 999999
0.9999999999999999
```

上記のように、計算の順番を変えると、計算結果が変わってしまうことがあります。実は計算順を決めるルールがあるのは、毎回同じ計算結果が得られるようにするためなのです。

「1 * 999999 / 999999」と「1 / 999999 * 999999」は、同じ計算をしているように見えるのに、どうして結果が違うのでしょうか。それぞれの計算の経過を見てみましょう。

  1 * 999999 / 999999
  = 999999 / 999999
  = 1

なお、「/」演算子は計算結果を整数ではなく、浮動小数点数で表示するのでインタプリタの出力は「1.0」になります。

ではもう1つのほうの計算の過程を見てみましょう。

  1 / 999999 * 999999
  = 0.000001000001… * 999999

「0.000001000001…」は循環小数です。…の部分は「000001」が無限に繰り返されます。

> Pythonの数値はメモリに保存されているはず。もし無限に続く「000001」をメモリに保存すると、無限にメモリを消費してしまうのでは？

小数の表現方法にはバリエーションがありますが、1つの小数を表現するのに使用するメモリ量はあらかじめ決定されているのが一般的です。つまり、メモリ全体を1つの小数のために使うことはせず、有限のメモリでできるだけ正確に表現します。表現しきれない部分、この場合は「0.000001000001…」の後方の桁は、「丸め」と呼ばれる処理によって省略されます。丸めというのは、元の値を表現可能な値に置き換えることです。「0.000001000001…」を計算した時点で丸めが行われているので、999999を掛けても元の値（1）には戻りません。

累算代入文

変数を使って、割り勘の計算をしてみましょう。ここでは2人で割り勘します。先に合計金額を計算し、その後、割り勘する人数（ここでは2人）で合計金額を割り算します。

```
a = 110 + 120 + 530
a = a / 2
```

この割り算の式にはaが2回出てきます。もっと楽に書く方法はないでしょうか？

書式	累算代入文

変数	累算代入演算子	値

累算代入文を使うと、変数と値の間で計算を行い、結果を変数に代入できます。主な累算代入演算子を表にまとめました。練習問題では、表から累算代入演算子を1つ選び、 累算代入演算子 の欄に書き込んでください。なお累算代入演算子は、Pythonの文法ではデリミタ（区切り文字）に分類されています。

表 ▶ 累算代入演算子の例

演算子	機能
+=	加算
-=	減算
*=	乗算
/=	除算
//=	除算（結果以下で最大の整数を返す）
%=	剰余
**=	べき乗

練習問題 ///

変数aの値に、2を足した値を計算します。計算結果は、変数aに代入します。空欄□に適切な累算代入演算子を書き込んでください。

```
a = 1
a □ 2
```

解答例

インタプリタ

```
>>> a = 1
>>> a += 2 •————————— a+2を計算し、計算結果を変数aに代入する
>>> a
3
```

> **Memo**
> Pythonインタプリタでは、変数名を入力後に Enter キーを入力することで、変数の値を表示できます。

次はプログラムをファイルに保存して、実行してみましょう。以下の機能を持つプログラムを書いて、ファイルに保存して実行してみます。

- 変数aに、数値2を代入する
- 次に、変数aの値に3を掛けた値を計算し、計算結果を変数aに代入する
- 変数aの値を画面に表示する

テキストエディタ

```
a = 2
a *= 3
print(a)
```

このプログラムをtest.pyというファイル名で保存した場合は、次のようにして実行します。

コマンドプロンプト test.pyの実行（Windowsの場合）

```
$ python test.py
6
```

コマンドプロンプト test.pyの実行（Macの場合）

```
$ python3 test.py
6
```

Memo
pythonコマンドやpython3コマンドは、コマンドプロンプトやターミナルのプロンプトが表示されている状態で実行してください。Pythonインタプリタのプロンプト「>>>」が出ているときに入力すると、エラーになります。Pythonインタプリタを停止するには Ctrl + Z （ control + D ）を入力します（p.20）。

練習問題 //

以下の機能を持つプログラムを作成してください。

- 変数aに、数値4を代入する
- 次に、変数aの値を2で割った値を計算する。計算結果は小数の形式とする
- 計算結果を、変数aに代入する
- 変数aの値を画面に表示する

解答例

テキストエディタ test.py

```
a = 4
a /= 2
print(a)
```

コマンドプロンプト test.pyの実行（Windowsの場合）

```
$ python test.py
2.0
```

コマンドプロンプト　test.pyの実行（Macの場合）

```
$ python3 test.py
2.0
```

Memo

累算代入演算子の一部（+=など）は、数値以外の値にも使えます。
例えば以下のように、文字列が代入されている変数に対して+=演算子を使うと、文字列を連結し、結果を変数に代入することができます。

インタプリタ

```
>>> a = 'Hello'
>>> a += 'Python'
>>> a
'HelloPython'
```

文字列の連結については、次の節で詳しく学びます。

Column　Pythonプログラムを保存するファイルの文字コード

　日本語文字を使うPythonプログラムをファイルに保存する場合は、文字コードに「UTF-8」を指定してください。

図▶文字コードを指定する（Windowsの「メモ帳」の場合）

文字コードをUTF-8に指定する

Chapter 2 ● はじめてのPythonプログラミング

2.4 文字列

文字列と数値の振る舞いの違いを解説します。数値には使えないが、文字列には使える、という機能もあります。

文字列の連結

文字列は以下の書式で連結できます。

書式 文字列の連結

| 文字列A | + | 文字列B |

例えば、文字列'kit'と文字列'ten'を連結するには、次のように書きます。

インタプリタ

```
>>> 'kit' + 'ten'
'kitten'
```

また、任意の文字列を指定した回数だけ繰り返して連結することもできます。

書式 文字列の繰り返し連結

| 文字列 | * | 正の整数 |

例えば、定規のような目盛りを表示するには、次のように書きます。

インタプリタ

```
>>> '--+--' * 5
'--+----+----+----+----+--'
```

練習問題

文字列'きゅうきゅうしゃ'を、*演算子および+演算子を使って出力してください。

ヒント

'きゅうきゅう'は'きゅう'が2回繰り返されています。

解答例

インタプリタ

```
>>> 'きゅう' * 2 + 'しゃ'
'きゅうきゅうしゃ'
```

式と評価

　Pythonインタプリタに式を入力すると、その式を評価(計算)した結果が表示されます。また、プログラムを解釈することを「評価」と呼ぶことがあります。式の値を求めたり、関数を実行するのも、評価の例です。今までに登場した式の例を、以下にまとめます。

表 ▶ 式の例

種類	例
変数	a、name、total
定数	'kit' 4、1.5
変数や定数に演算子を適用	'kit' + 'ten' 1 - 5、3 / 4 * 2

　変数も式です。次のように変数名aをインタプリタに入力すると、式「a」を評価した結果、つまり変数aの値が表示されます。

インタプリタ

```
>>> a = 1
>>> a
1
```

直接プログラムに書き込んである値を、定数またはリテラルと呼びます。これも式と見なすことができます。定数を評価した結果は、定数の値です。

インタプリタ

```
>>> 2
2
```

変数や定数に演算子を適用したものも式です。「式」という言葉からイメージしやすいのは、この使い方かもしれません。値に対して演算を行った結果が、式を評価した値になります。

インタプリタ

```
>>> s = 'kit'
>>> s + 'ten'
'kitten'
```

文字列の長さの取得

年賀状を印刷することを考えます。印刷ミスを防ぐために、名簿に登録してある郵便番号が7桁かどうか、プログラムでチェックできるとよさそうです。

郵便番号を扱うときに、数値として扱うのと、文字列として扱うのは、どちらが適切でしょうか。郵便番号に対して、足し算や掛け算はしなさそうということを考えると、数値ではなさそうです。

また、郵便番号にハイフン「-」を挿入したり削除したりといった処理を考えると、これは数値の処理というよりも、文字列の処理に思われます。

郵便番号を文字列として扱うことで、桁数を調べましょう。文字列の長さは、len関数で取得できます。lenは「length（長さ）」の略と思われます。len関数の戻り値は文字列の長さになります。

書式　文字列の長さを調べる

```
len( 文字列 )
```

例えば、文字列'1008924'の長さを、len関数を使って計算するには、次のように書きます。

インタプリタ

```
>>> len('1008924')
7
```

本章のまとめ

本章では以下のようなことを学びました。

解説事項	概要
print関数	print関数を使って、文字列や数値などを画面に出力することができます。
文	「Pythonプログラムを書く」とは、「Python言語の文法に沿って文を書く」ことです。
変数	変数に値を代入することで、変数を定義することができます。
数値	演算子を使って、整数や浮動小数点数の計算ができます。
文字列	文字列を連結したり、長さ（文字数）を調べたりすることができます。

次章では文字列について、より深く学びます。

Chapter 3

Pythonの基本文法

本章では、最初に関数の概念を解説します。今まで使ってきたprint関数やlen関数の仕組みを知ることができます。次に、文字列に対して複雑な操作を行うための「インデックス」や「スライス」について解説します。
そして「リスト」です。リストは複数のデータを管理するために使うことが多い、とても重要な機能です。

Chapter 3 ● Pythonの基本文法

3.1 関数の基本と文字列の操作

関数とは

関数というのは、事前に目的に応じた機能を持つ処理を用意しておき、それをプログラム内で使用できるようにする仕組みです。関数はPython処理系が用意したものを使うこともできますし、自分で新しく作成することもできます。新しく関数を作成することを「**関数を定義する**」といいます。なお、関数を自分で定義する方法は、第5章で解説します。

関数には名前があり、その名前を使って関数を実行します。関数の名前のことを、関数名と呼びます。前章で学んだlen関数の場合は「len」が関数名です。また、print関数の場合は「print」が関数名です。これらはいずれも、Python処理系が用意した関数です。

関数を実行することを「**関数を呼び出す**」といいます。呼び出された関数は、実行結果として**戻り値**を呼び出し元に返します（戻り値を返さない関数もあります）。戻り値は、返り値と呼ぶこともあります。また、呼び出しの際に処理に必要な値を、**引数**として指定することもできます。引数を指定することを「**引数を渡す**」といいます。

図 ▶ 関数の呼び出し

書式　関数の呼び出し

```
関数名 ( 引数 )
```

引数とは、関数が実行にあたって使用するデータです。関数によっては、複数の引数を指定できるものがあります。この場合は、引数を「,」（カンマ）で区切って指定します。

書式　関数の呼び出し

```
関数名 ( 引数 , 引数 , … )
```

例えば、len関数に引数'123'を渡して実行するには、次のように書きます。

> **インタプリタ**
>
> ```
> >>> len('123')
> 3
> ```

len関数を実行したところ、文字列'123'の長さ3が実行結果として表示されました。

練習問題

len関数に引数'a'を渡したうえで、len関数を実行してください。

解答例

> **インタプリタ**
>
> ```
> >>> len('a')
> 1
> ```

関数への入力データである引数を変更すると、関数の実行結果（この場合は文字列の長さ）が変わることがわかります。

文字列のインデックス

名簿データの郵便番号'1008924'に、ハイフンを加えて'100-8924'に変更するにはどのようにすればよいでしょうか。「ここにハイフンを入れる」という感じのプログラムを書けばよさそうですが、「ここに」は一体どのように指定するのでしょうか。

この「文字列の何文字目かを表す整数」のこと を**インデクス**またはインデックスと呼びます。添字と呼ぶこともあります。インデックスは次のようにして指定します。

書式 インデックスの指定

```
文字列 [ インデクス ]
```

上記のように指定すると、文字列から**指定した場所の文字を取り出し**ます。先頭の文字を0文字目と数えます。

例えば、変数sに保存されている文字列'string'の最初の文字を出力するには、次のように書きます。

> **インタプリタ**
>
> ```
> >>> s = 'string'
> >>> s[0]
> 's'
> ```

表 ▶ 文字列とインデクスの対応例

文字列	s	t	r	i	n	g
インデクス	0	1	2	3	4	5

　もう少しインデクスを使ってみましょう。以下の変数zipcodeに保存されている文字列'1008924'の'8'を出力してみます。

インタプリタ

```
>>> zipcode = '1008924'
>>> zipcode[3]
'8'
```

表 ▶ 文字列とインデクスの対応例

文字列	1	0	0	8	9	2	4
インデクス	0	1	2	3	4	5	6

　郵便番号にハイフンを追加する場合には、zipcode[3]の位置に挿入すればよさそうです。

　今度は次の2つのプログラムを書いてみます。

（1）変数zipcodeに保存されている文字列'1008924'の「4」をインデクスを使って出力する

（2）変数zipcodeの長さを出力する

　なお、前ページのプログラムを実行した後、インタプリタを起動したままならば、変数zipcodeを続けて使うことができます。

インタプリタ

```
>>> zipcode = '1008924'
>>> zipcode[6]
'4'
>>> len(zipcode)
7
```

　最後の文字のインデクス（文字列の最終インデクス）と、文字列の長さとの間には、以下の関係が成りたちます。

$$\boxed{最後の文字のインデクス} = \boxed{文字列の長さ} - 1$$

　上記の実行例を見ても、文字列'1008924'の最後の文字'4'のインデクスが6であるのに対し、文字列の長さは7です。

　なお、インデクスには**負の数**（マイナスの数）を指定することもできます。文字列の最後の文字に対

応するインデックスが−1で、文字列の先頭に向かって−2、−3、…とインデックスが小さくなっていきます。

練習問題

変数zipcodeに保存されている文字列の'9'を出力してください。ただし、インデックスを負の数で指定してください。

解答例

インタプリタ

```
>>> zipcode[-3]
'9'
```

表 ▶ 負のインデックスと文字列の対応例

文字列	1	0	0	8	9	2	4
インデックス	-7	-6	-5	-4	-3	-2	-1

Column　インデックスと添字の関係

インデックスは英語ではindexと書きます。indexは、そもそもは「索引」を表す言葉でしたが、「添字」の意味でも広く使われています。Python関連のドキュメントでは、「添字」よりも「インデックス」または「インデクス」と表記しているものが多いので、本書もこれにならって「インデックス」と呼ぶことにしました。

文字列のスライス

　Python言語における文字列は、作成した後は変更ができません。こうした性質を「**イミュータブル**」といいます。文字列の内容を変更することができないため、すでにある文字列に文字を挿入することはできません。

 それでは'1008924'を'100-8924'に変換するプログラムは書けないのですか？

　'1008924'から最初の3文字'100'を取り出して「-」（ハイフン）を結合し、そこに残りの'8924'を結合すれば、目的の文字列が作れます。

 '1008924'の最初の3文字を取り出す方法は？

　文字列に対して「**スライス**」という機能を使います。食パンをスライスするように文字列を切断して、必要な箇所を取り出すイメージです。

| 書式 | 文字列のスライス |

文字列[開始インデックス:終了インデックス]

開始インデックスに対応する文字から、**終了インデックス−1に対応する文字**までを取り出します。なお、インデックスには整数を指定します。

例えば、変数zipcodeに保存されている文字列'1008924'から、最初の3文字だけを取り出すには、次のように書きます。

インタプリタ

```
>>> zipcode = '1008924'
>>> zipcode[0:3]
'100'
```

Memo
終了インデックスに対応する文字は取り出されない、という点に注意してください。

スライスの暗記法

インデックスが文字と文字との間にある、と考える覚え方を紹介します。文字列'string'を以下のように一文字ずつストライプで区切り、各ストライプにインデックスが割り振られていると考えます。

図 ▶ 文字列とインデックスの対応

```
 | s | t | r | i | n | g |
 0   1   2   3   4   5   6
-6  -5  -4  -3  -2  -1
```

例えば文字列'ring'を取り出したい場合には、「ring」は2番のストライプと6番のストライプに囲まれているので、開始インデックスを2、終了インデックスを6と指定します。

インタプリタ

```
>>> 'string'[2:6]
'ring'
```

練習問題

変数sに保存されている文字列'string'から、文字列'in'を取り出してインタプリタで表示してください。なお、スライスにおいて、負のインデックスを使用してください。

解答例

「in」は-3番のストライプと-1番のストライプに囲まれています。そこで、開始インデクスは-3、終了インデクスは-1になります。

インタプリタ

```
>>> s = 'string'
>>> s[-3:-1]
'in'
```

インデクスの省略

前項までの解説で文字列'1008924'から'100'を取り出すことができました。続いて'8924'を取りだすことができれば、'100-8924'の実現まで後一息です。

少し楽をするために、インデクスの省略機能を使ってみましょう。

書式 インデクスの省略機能

[文字列][[開始インデクス]:]

上記のように指定すると、**開始インデクス（整数）に対応する文字から、文字列の終わり**までを取り出すことができます。そのため、変数zipcodeに保存されている文字列'1008924'から、'8924'を取り出すには、次のように書くことができます。

インタプリタ

```
>>> zipcode = '1008924'
>>> zipcode[3:]
'8924'
```

書式 インデクスの省略機能

[文字列][:[終了インデクス]]

上記のように指定すると、**文字列の先頭から、終了インデクス-1に対応する文字**までを取り出すことができます。

> **練習問題**
>
> 変数zipcodeに保存されている文字列'1008924'から、'100'を取り出してインタプリタで表示してください。
>
> **解答例**
>
> **インタプリタ**
>
> ```
> >>> zipcode[:3]
> '100'
> ```

> **Memo**
> zipcode[:3]（'100'）とzipcode[3:]（'8924'）を連結すると、元の文字列'1008924'になります。
>
> ```
> zipcode[:3] + zipcode[3:] = '1008924'
> ```

Pythonが文字列を作成する仕組み

　いよいよ郵便番号らしく、'100-8924'という文字列を作ります。変数zipcodeに保存されている文字列'1008924'を加工して、文字列'100-8924'を作成するには、以下の空欄□に、適切な終了インデクスと開始インデクスを記入します。

```
zipcode = '1008924'
zipcode[:□] + '-' + zipcode[□:]
```

　zipcode[:□]では、文字列の先頭から'100'を取り出すように終了インデクスを記入します。zipcode[□:]では、'8'から文字列の終わりまで、'8924'を取り出すように開始インデクスを指定します。取り出した'100'と'-'と'8924'を連結すると、'100-8924'になります。

インタプリタ

```
>>> zipcode = '1008924'
>>> zipcode[:3] + '-' + zipcode[3:]
'100-8924'
```

　さて、文字列はメモリに保存されています。このプログラムが動くとき、メモリはどうなっているのでしょうか。まずは、変数zipcodeを最初に定義したときのメモリの使い方を図で見てみます。次ページの左図は、以下のコードを実行した後のメモリの様子です。

```
zipcode = '1008924'
```

数値のときと同様に、管理情報と値をペアにしてメモリ上に保存しています。番地はどこになるか決まっていませんが、ここでは仮に12345678h番地としておきました。

次に、以下のコードを実行した後のメモリの状況を右図に図示します。左図と同様に、どちらの文字列にも管理情報が付随しているのですが、右図では管理情報は省略しました。

```
zipcode[:3] + '-' + zipcode[3:]
```
❶

文字列'1008924'とは別に、文字列'100'と'-'と'8924'を結合した文字列'100-8924'を作成し、メモリに保存します。作成した文字列が格納されている番地を、仮に34567890h番地とします。

図 ▶ メモリと文字列

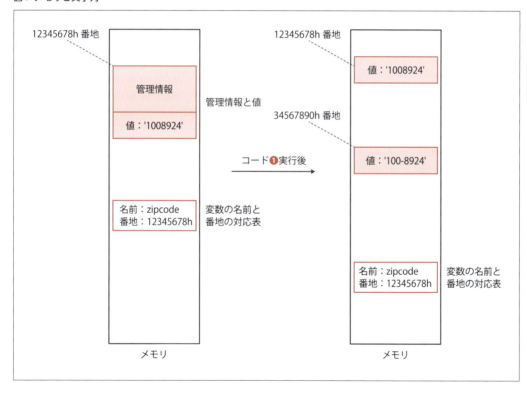

もし次のコードを実行して、変数zipcodeに文字列'100-8924'を保存すると、次ページの図のようになります。

```
zipcode = zipcode[:3] + '-' + zipcode[3:]
```

図 ▶ 変数へ文字列を代入する

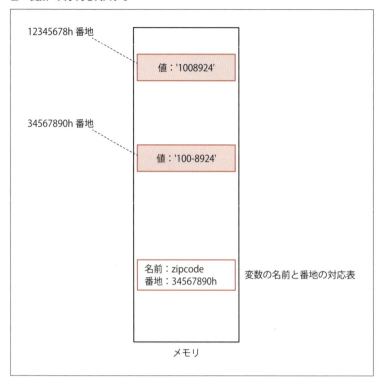

　変数名zipcodeと組み合わせて登録されている番地が、文字列'100-8924'の番地に変更されています。これで、以後zipcodeの名前で文字列'100-8924'を使うことができます。
　元の文字列'1008924'は、内容を変えずにメモリ上に存在しています。'1008924'は変更せずに、新しい文字列を作って、ほしい文字列を作ることができました。

> **Memo**
> 不要になった元の文字列は、自動的にメモリ上から削除されます。

 どうして文字列は、作成したあとは変更ができないのですか？

　その理由はChapter6の辞書のセクションで解説します（p.146）。お楽しみに！

ステップを指定する

　五十音を並べた文字列'あいうえおかきくけこ…'を作りました。ここから「あ」の段の文字を並べた文字列'あかさたな…'を取り出すには、どうしたらよいでしょうか。'あ'の次に'か'を取り出します。'あ'の

インデクスは0、'か'のインデクスは5、続く'さ'のインデクスは10…。
　今まではスライスを使って、もとの文字列の一部を切り出すイメージでした。今度は、元の文字列から飛び飛びに文字を取り出して、新しい文字列を作ってみましょう。

図▶スライスとステップ

ステップを使わない場合　'あいうえ おかき くけこさしすせそたちつてとなにぬねの'

'おかき'　　　連続した文字列が取り出せる。

ステップを使った場合　'あ いうえお か きくけこ さ しすせそ た ちつてと な にぬねの'

'あかさたな'　とびとびに文字列が取り出せる。

書式　ステップの使い方

　文字列 [開始インデクス : 終了インデクス : ステップ]

　上記の書式を書くと、文字列のなかから、開始インデクスに対応する文字から終了インデクスに対応する文字までを取り出すことができます。ただし、ある一文字を取り出した後には、現在のインデクスにステップの値を加算したインデクスを計算し、そのインデクスに対応する文字を次の文字として取り出します。
　例えば、文字列'あいうえおかきくけこさしすせそたちつてとなにぬねの'から、文字列'あかさたな'を取り出すことを考えてみましょう。
　最初に取り出す文字は'あ'です。元の文字列の先頭文字から取り出すので、 開始インデクス は省略できます。あるいは「0」を書き込んでも構いません。
　以降、取り出す文字のインデクスは、0、5、10、15、…と5ずつ増えています。そこで、 ステップ に5を書き込みます。 終了インデクス は、取り出す最後の文字'な'よりも大きい値になっていれば構いません。次の解答例では 終了インデクス を省略しています。省略した場合は、元の文字列の末尾まで処理します。

インタプリタ

```
>>> s = 'あいうえおかきくけこさしすせそたちつてとなにぬねの'
>>> s[::5]
'あかさたな'
```

負数のステップ

　ここからは、ある文字列が回文(左から読んでも右から読んでも同じになる表現)になっているかどうかを確認するプログラムを作っていきます。回文になっているかどうかは、文字列を逆順に表示すれば確認できそうです。

　ステップに**負の数**を使うと、元の文字列を**逆順**にした文字列を作れます。例えば、文字列'no lemon no melon'を逆順に表示するには、次のように書きます。空白を無視すれば、回文になっていることが確認できます。

インタプリタ

```
>>> s = 'no lemon no melon'
>>> s[::-1]            ←文字列の最後尾から順番に文字を取り出す
'nolem on nomel on'
```

練習問題

ステップに負の数を指定して、スライスの機能を使って、文字列'おもいかるいし'から、文字列'いるか'を作ってください。

解答例

インタプリタ

```
>>> s = 'おもいかるいし'
>>> s[5:2:-1]
'いるか'
```

Memo
ステップに負の数を使うと、開始インデックスが終了インデックスよりも右側になります。

定型文に任意の文字列を差しこむ処理

　ここからは**format**メソッドの使い方を紹介します。ここでは「ゲームでプレイヤーの行動結果を表示する処理」を考えてみましょう。「〜は…の呪文を唱えた。」のようなメッセージを表示します。定型文の「〜」や「…」に、その場その場で異なる内容を書き込む方法があると便利そうですね。

| 書式 | formatメソッド |

| 文字列 |.format(引数 , 引数 , …)

formatメソッドは、文字列内の{}に、**引数の値を順番に書き込んだ文字列**を表示します。以下のプログラムの空欄□に適切な文字列を記入して『大根は「ひらけごま」の呪文を唱えた。』を表示するプログラムを考えてみてください。

```
s = '{}は「{}」の呪文を唱えた。'
s.format(□, □)
```

正解は次のとおりです。

インタプリタ

```
>>> s = '{}は「{}」の呪文を唱えた。'
>>> s.format('大根', 'ひらけごま')
'大根は「ひらけごま」の呪文を唱えた。'
```

formatメソッドは次のように指定することもできます。この場合は、文字列内の{0}、{1}、…に、対応する引数0、引数1、…の値を書き込んだ文字列を表示します。

| 書式 | formatメソッド |

| 文字列 |.format(引数0 , 引数1 , …)

例えば、『大根は「ひらけごま」の呪文を唱えた。大根は体力を1失った！』を表示するには、次のように書きます。

インタプリタ

```
>>> s = '{0}は「{1}」の呪文を唱えた。{0}は体力を{2}失った！'
>>> s.format('大根', 'ひらけごま', 1)
'大根は「ひらけごま」の呪文を唱えた。大根は体力を1失った！'
```

formatメソッドを使う方法は、**同じ値を何度も表示するときに便利**です。文字列の連結と、どちらが便利でしょうか。次の練習問題で比較してみてください。

練習問題

以下のプログラムの空欄□に適切な変数名を記入して、『大根は「ひらけごま」の呪文を唱えた。大根は体力を1失った！』を表示してください。なお、str関数は、数値を文字列に変換します。数値を文字列に結合するときは、数値を文字列に変換しておく必要があります。

```
name = '大根'
spell = 'ひらけごま'
damage = 1
□ + 'は「' + □ + '」の呪文を唱えた。' + □ + 'は体力を' + str(□) + '失った！'
```

解答例

インタプリタ

```
>>> name = '大根'
>>> spell = 'ひらけごま'
>>> damage = 1
>>> name + 'は「' + spell + '」の呪文を唱えた。' + name + 'は体力を' + str(damage) + '失った！'
'大根は「ひらけごま」の呪文を唱えた。大根は体力を1失った！'
```

上記の解答例では+演算子を使いましたが、この書き方では文字列が何度も途切れるので、少し読みづらくなります。この例には、formatメソッドの方が適しているようです。数値を文字列に変換しておく必要もありません。

Column　メソッド

メソッドは関数と同様に、ひとまとまりの機能を呼び出すための仕組みです。引数を受け取って、処理を実行したうえで、戻り値を返します。先程の例では、formatメソッドを以下のように呼び出しました。

　[文字列].format([引数], [引数], …)

関数との大きな違いは、このメソッドは文字列に対して呼ばれているところです。メソッドの引数にはこの文字列が含まれていませんが、操作の対象とすることができます。関数の場合には、操作の対象とするデータは引数で渡すのが基本です。

formatメソッドは文字列に用意されたメソッドですが、他の型に対してもいろいろなメソッドが提供されています。文字列などの操作の対象を「オブジェクト」と総称すると、メソッドの呼び方は以下のようになります（引数を渡さない場合もあります）。なおメソッドについては第7章で詳しく解説します。

書式　メソッドの呼び方

　[オブジェクト].[メソッド名]([引数], [引数], …)

66

formatメソッドには**出力の桁数を指定**する機能もあります。表などを出力するときに便利な機能です。文字列内に次のように書くと、formatメソッドは、指定した引数を指定した桁数で出力します。文字列は左詰め、数値は右詰めになり、空いている桁には空白が入ります。

書式 出力する桁数の指定

{ 引数番号 : 桁数 }

例えば、文字列'abc'と数値123を、6桁で表示する場合は、次のように書きます。

インタプリタ

```
>>> s = '{0:6}'
>>> s.format('abc')
'abc   '         ← 左詰めで空いている桁に空白が入っている。
>>> s.format(123)
'   123'         ← 右詰めで空いている桁に空白が入っている。
```

文字列の置換

ここからは文字列を置換する「replaceメソッド」の使い方を解説します。replaceメソッドの使い方を解説するために、招待客の名簿を文字列で作成してみました。名前はカンマ「,」で区切っています。

'佐藤,鈴木,田中,'

この名前を、replaceメソッドを使って以下のように「様、」で区切りたいと思います。

'佐藤様、鈴木様、田中様、'

replaceメソッドの書式は次のとおりです。 文字列 の中から 旧文字列 を探し出して、 新文字列 に置き換えた文字列を作り、返します。

書式 replaceメソッド

文字列 .replace(旧文字列 , 新文字列)

文字列'佐藤,鈴木,田中,'の中の','を、'様、'に置き換えるには、次のように書きます。

インタプリタ

```
>>> guest = '佐藤,鈴木,田中,'
>>> guest.replace(',', '様、')
'佐藤様、鈴木様、田中様、'
```

　名簿の登録人数が多いと、文字列の変換がなかなか終わらないかもしれません。最初の一人だけ変換するには、どうしたらよいでしょうか。replaceメソッドには次のようにして、**処理の回数を指定**する機能も用意されています。

書式　replaceメソッド

文字列 .replace(旧文字列 , 新文字列 , 回数)

　上記の書式では、 文字列 の中から 旧文字列 を探し出して、 新文字列 に置き換えた文字列を作り、返します。ただし指定した 回数 だけ、文字列の先頭から置き換えを行います。

練習問題 //

文字列'佐藤,鈴木,田中,'から、'佐藤様、鈴木,田中,'を作ってください。

解答例

インタプリタ

```
>>> guest.replace(',', '様、', 1)
'佐藤様、鈴木,田中,'
```

Chapter 3 ●Pythonの基本文法

3.2 リスト

　リストは、**データ構造**の1つです。データ構造とは、文字列や整数などのデータをまとめて扱う仕組みです。複数のデータ構造を、さらに別のデータ構造の中にまとめることもできます。その場合は、データ構造の中にデータ構造、さらにその中にデータ構造…という具合に、**データ構造が入れ子**状態になります。

　リストには、データを要素として登録することができます。要素は0個でも、1個でも、複数でも構いません。また、**要素の型はバラバラ**でも大丈夫です。

リストの初期化

　ここでは、リストを使って「やることリスト」を作ってみます。文字列で記録すると'プレゼン作成, 昼食, 会議, メール対応'のようになります。1つひとつのやることが取り出しやすいと便利なのですが、文字列では取り出しにくいのが問題です。そこでリストを使います。

　要素を1つだけ持つリストを作成するには、次のように指定します。要素の値は 値 で指定します。

書式 リストの初期化

[値]

　例えば、文字列'todo list'を、要素としてリストに登録するには、次のように書きます。

インタプリタ

```
>>> ['todo list']
['todo list']
```

　複数の値を登録するには、値を「,」(カンマ)で区切って指定します。

書式 リストの初期化

[値 , 値 …]

練習問題

以下の文字列を、それぞれ別の要素としてリストに登録してください。

・'プレゼン作成'
・'昼食'
・'会議'
・'メール対応'

解答例

インタプリタ
```
>>> todo = ['プレゼン作成', '昼食', '会議', 'メール対応']
>>> todo
['プレゼン作成', '昼食', '会議', 'メール対応']
```

要素を1つも持たない「空のリスト」を作成することもできます。その場合は次のように指定します。

書式 空のリスト

[]

 データを持たないリストなんて、何に使うのですか？

例えば、値を1つずつリストに追加する処理に使います。値の追加先であるリストを最初は空にしておき、値を1つずつ追加していきます。

リストのインデクス

前項で作成したリストから、最初にやることを取り出してみましょう。文字列にインデクスを使用したのと同様に（p.55）、リストにもインデクスが使えます。インデクスを使って、文字列からは文字が取り出せました。リストに対してインデクスを使うと、リストの要素が取り出せます。

書式 リストからの要素の取り出し

リスト [インデクス]

リストtodoの最初の要素を取り出すには、次のように書きます。ここで使用しているtodoは前項で作成したリストです。

インタプリタ

```
>>> todo[0]
'プレゼン作成'
```

インデックス0は、リストの**最初の要素**に対応します。文字列のインデックス0が最初の文字に対応していたのと同じです。なお、リストにも負のインデックスが使えます。

リストの連結

やることリストを、他の人のやることリストに加えるには、リストを連結します。

書式 リストの連結

> リストA ＋ リストB

リストtodoに、リスト['営業']を連結するには、次のように書きます。

インタプリタ

```
>>> todo + ['営業']
['プレゼン作成', '昼食', '会議', 'メール対応', '営業']
```

リストは、累算代入演算子の「+=」を使って連結することもできます。

書式 累算代入演算子を使ったリストの連結

> リストA ＋＝ リストB

練習問題

リストtodoに、以下のリストを連結し、連結後のリストをtodoに代入してください。todoは上記で作成したリストです。

```
todo2 = ['営業']
```

```
解答例    インタプリタ
>>> todo2 = ['営業']
>>> todo += todo2
>>> todo
['プレゼン作成', '昼食', '会議', 'メール対応', '営業']
```

要素の追加

作成済みのリストに要素を追加するには、次のように**appendメソッド**を使います。

書式 要素の追加

リスト.append(要素)

例えば、前項で作成したリストtodoに文字列'定時退社'を要素として追加するには、次のように書きます。

```
インタプリタ
>>> todo.append('定時退社')
>>> todo
['プレゼン作成', '昼食', '会議', 'メール対応', '営業', '定時退社']
```

リストのスライス

作成したリストの中から、特定の要素だけを取り出す場合は、**リストのスライス**機能を使用します。書式は次のとおりです。

書式 リストのスライス

リスト[開始インデックス:終了インデックス]

開始インデックス、および終了インデックスには整数を指定します。この書式を使うことで、開始インデックスに対応する要素から、終了インデックス−1に対応する要素までを取り出すことができます。

ここでは以下のような「12カ月のイベントが登録されているリスト」（リストevent）から、第2四半期（7月から9月）のイベントのみを取り出してみます。

```
event = ['正月', '節分', '卒業', '新人歓迎', '連休', '梅雨', '七夕', '花火', '月見',
'ハロウィン', '収穫祭', '忘年会']
```

具体的には、リストeventのうち、インデックス6〜8に対応する要素を表示します。

インタプリタ

```
>>> event = ['正月', '節分', '卒業', '新人歓迎', '連休', '梅雨', '七夕', '花火', '月
見', 'ハロウィン', '収穫祭', '忘年会']
>>> event[6:9]       ← 終了インデックスは8ではなく9にすることに注意
['七夕', '花火', '月見']
```

Memo
リストのスライスの場合も、文字列のスライスと同様に(p.59)、開始インデックスや終了インデックスを省略できます。

要素の変更

既存のリストの内容を変更するには、インデックスを使って次の書式で値を指定します。

書式 要素の変更

```
リスト [ インデックス ] = 値
```

例えば、前ページに記載のリストeventの、インデックス7に対応する要素の値を'お盆'に変更するには、次のように書きます。

インタプリタ

```
>>> event[7] = 'お盆'
>>> event
['正月', '節分', '卒業', '新人歓迎', '連休', '梅雨', '七夕', 'お盆', '月見', 'ハロウィ
ン', '収穫祭', '忘年会']
```

 インデックスは文字列にも使えるけれども、リストと同じ書き方で、文字列内の文字も書き換えられるの？

文字列はイミュータブルです(作成後は変更できません：p.57)が、リストは作成後の変更が可能です

（ミュータブル）。例えば、以下のプログラムはエラーになります。プログラムは文字列の最初の文字を変更しようとしますが、文字列は要素（文字）の代入に対応していない、というエラーメッセージが表示されています。

インタプリタ

```
>>> 'bear'[0] = 'p'
Traceback (most recent call last):
  File "<stdin>", line 1, in <module>
TypeError: 'str' object does not support item assignment
```

要素の挿入

リストの途中に要素を挿入するには、**insertメソッド**を使います。**インデクスが示す位置**に、指定した要素を挿入します。

書式 要素の挿入

 リスト .insert(インデクス , 要素)

例えば、前項で作成したリストevent（p.72）の'節分'と'卒業'の間に'バレンタイン'を挿入するには、次のように書きます。

インタプリタ

```
>>> event.insert(2, 'バレンタイン')
>>> event
['正月', '節分', 'バレンタイン', '卒業', '新人歓迎', '連休', '梅雨', '七夕', '花火', '月見', 'ハロウィン', '収穫祭', '忘年会']
```

インデクス2は'卒業'でした。'バレンタイン'を挿入すると、'卒業'は1つ後ろにずれて、インデクス3になります。

要素の削除

リストから指定した要素を削除するには、**removeメソッド**を使います。removeメソッドは、リストの中から、指定した値を持つ**最初の要素**を削除します。該当する要素がなければエラーになります。

書式 要素の削除

> リスト.remove(値)

上記のリストeventから'節分'を削除するには、次のように書きます。

インタプリタ

```
>>> event.remove('節分')
>>> event
['正月', 'バレンタイン', '卒業', '新人歓迎', '連休', '梅雨', '七夕', '花火', '月見', 'ハロウィン', '収穫祭', '忘年会']
```

なお、指定した位置の要素を削除するには、del文またはpopメソッドを使います。

書式 指定した位置の要素を削除（del文）

> del リスト [インデックス]

書式 指定した位置の要素を削除（popメソッド）

> リスト.pop(インデックス)

要素の個数を数える

リストの要素を数えるには、文字列の文字数を数えるのと同じく、**len関数**を使います。len関数はリストに含まれる要素の個数を返します。

書式 要素の個数を数える

> len(リスト)

リストeventの要素の個数を数えるには、次のように書きます。

インタプリタ

```
>>> len(event)
12
```

リストの要素を並べた文字列の作成

リストの要素を並べた文字列を作るには、**joinメソッド**を使います。なお、joinメソッドはリストのメソッドではなく、文字列のメソッドです。しかし、joinメソッドを使うには、文字列の知識だけでなく、リストの知識も必要なので、ここで紹介します。

joinメソッドは、リストに含まれるすべての要素を、指定した文字列を区切りとして結合し、結果の文字列を返します。

> **書式** リストの要素を並べた文字列を作る
>
> 文字列 .join(リスト)

リストeventに含まれるすべての要素を「→」（右矢印）で区切って並べた文字列を作るには、次のように書きます。

> **インタプリタ**
>
> ```
> >>> '→'.join(event)
> '正月→バレンタイン→卒業→新人歓迎→連休→梅雨→七夕→花火→月見→ハロウィン→収穫祭→忘年会'
> ```

文字列を分割して、リストを作成

文字列を分割して、リストにするには、**splitメソッド**を使います。splitメソッドはjoinメソッドの逆のような働きをします。なお、splitメソッドも文字列のメソッドです。

splitメソッドは、文字列を指定した区切りで分割し、結果をリストで返します。

> **書式** 文字列を分割して、リストを作成
>
> 文字列 .split(区切り)

以下のプログラムでは、リストeventに含まれるすべての要素を「→」（右矢印）で区切って並べた文字列を作り、変数sに代入し、次に変数sを「→」を区切りとして分割し、元のeventと同じリストが得られることを確認しています。

76

> インタプリタ

```
>>> s = '→'.join(event)
>>> s
'正月→バレンタイン→卒業→新人歓迎→連休→梅雨→七夕→花火→月見→ハロウィン→収穫祭→忘年会'
>>> s.split('→')
['正月', 'バレンタイン', '卒業', '新人歓迎', '連休', '梅雨', '七夕', '花火', '月見', 'ハロウィン', '収穫祭', '忘年会']
```

本章のまとめ

本章では以下のようなことを学びました。

解説項目	概要
関数	何度も使う処理をまとめて、名前で呼び出せるようにしたものが関数です。関数への入力は引数、関数からの出力は戻り値です。
インデクスとスライス	インデクスやスライスを使うと、文字列の一部を取り出すことができます。インデクスやスライスはリストにも使えます。
リスト	複数のデータをまとめるためのデータ構造です。要素の追加、変更、挿入、削除などが可能です。

Pythonには色々なデータ構造がありますが、リストは特に基本的で重要なデータ構造です。ぜひ使いこなしてください！

Chapter 4

制御構文

本章では制御構文を解説します。プログラムは基本的には上から下へと実行されますが、制御構文を使うと、プログラムの実行順序を変更できます。本章では繰り返しを行う「for文」や「while文」、分岐を行う「if文」について解説します。

Chapter 4 ● 制御構文

4.1 for文 〜繰り返し〜

制御構文は、プログラムの実行の流れをコントロールする構文です。通常、プログラムは上から下に向かって実行されますが、制御構文を使うと、条件に応じて実行の流れを分岐させたり、特定の箇所を繰り返したりすることができます。

for文とは

for文は**繰り返し**を行う制御構文です。for文にはいろいろな使い方がありますが、典型的な動作は次のとおりです。

(1) リストなどから要素を1つ取り出して、変数に代入する
(2) 取り出した要素に対して、指定した処理を行う
(3) すべての要素を処理するまで、(1)に戻って繰り返す

図 ▶ for文

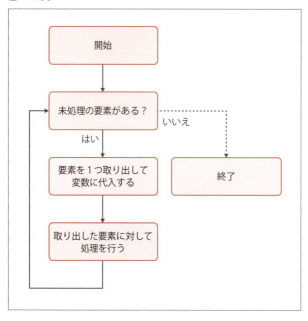

for文の書式は次のとおりです。リストの先頭から順に要素を取り出して変数に代入し、指定された処理を行う、という動作を繰り返します。

> **書式** for文
>
> ```
> for 変数 in リスト :
>     処理
> ```

1行目のforと、2行目の 処理 を比べると、 処理 の左端が右にずれていることに気づきます。このようにプログラムの一部を右にずらして書くことを「**インデント**（字下げ）」といいます。

インデントは空白またはタブで行います。Pythonのスタイルガイド（PEP8）で推奨されているのは、半角空白4個を使ってインデントする方法です。

Pythonではインデントが重要な意味を持ちます。for文の場合には、どこまでがfor文の内部で行う処理なのかを、インデントで示します。次のように、for文の内部の処理は、複数行に渡って書くことができます。

> **書式** for文
>
> ```
> for 変数 in リスト :
>     処理1
>     処理2
>     処理3
>     …
> ```

インデントされている範囲が、for文の内部の処理です。インデントされなくなったら、for文の外部の処理になります。for文で繰り返し行うのは内部の処理だけです。for文の繰り返しが終わってから、外部の処理に移ります。

> **書式** for文
>
> ```
> for 変数 in リスト :
>     内部の処理1
>     内部の処理2
>     …
> 外部の処理
> ```

Column　インデント、空白かタブか

　タブには、テキストエディタなどでプログラムを表示したときに、空白何文字分で表示されるのかが設定によって変化してしまう、という欠点があります。スタイルガイドで推奨されているように、タブではなく空白を使えば、プログラムの見た目が設定によって変化せず一定である、という利点が得られます。

　しかし、半角空白4個を入力するにはスペースキーを4回押さなければなりません。タブ1個を入力するにはタブ（Tab）キーを1回押せば済むので、タブでインデントする方が楽です。プログラミングの学習中には、手軽さを重視してタブでインデントを入力するのもおすすめです。作成したプログラムを後で公開するときに、テキストエディタの置換機能などを使って、タブを空白4個に置き換えれば大丈夫です。

> **Memo**
> 実は リスト の部分には、リスト以外にも、イテラブル（要素に対する繰り返し処理が可能なもの）ならば指定
> することができます。例えば文字列もイテラブルです。 リスト の部分に文字列を指定した場合、for文は文字
> 列内の文字を1つずつ取り出します。

　Pythonインタプリタを使ってインデントを入れるときの操作方法を説明します。次のようなプログ
ラムを **1**〜**3**の手順のように入力してみましょう。このプログラムはfor文を使って、価格のリスト（変
数price）から、要素を1つずつ変数pに取り出して、print関数で表示します。

```
price = [100, 120, 150]
for p in price:
    print(p)
```

1 最初の行は普通に入力し、続いてfor文を入力すると、プロンプトの形が>>>から...に変化します。

インタプリタ

```
>>> price = [100, 120, 150]
>>> for p in price:
...
```

2 空白またはタブを使ってインデントして、3行目を入力します。プロンプトは...のままです。

インタプリタ

```
>>> price = [100, 120, 150]
>>> for p in price:
...     print(p)
...
```

3 何も入力せずに Enter キーを押すと、実行結果が表示されます。プロンプトは>>>に戻ります。

インタプリタ

```
>>> price = [100, 120, 150]
>>> for p in price:
...     print(p)
...
100
120
150
>>>
```

このプログラムを参考に、次の練習問題を解いてみてください。

練習問題

次のような価格のリストがあります。

```
price = [100, 120, 150]
```

for文を使って3割引の価格を表示してください。3割引にするには、価格に0.7を掛けます。

解答例

インタプリタ

```
>>> price = [100, 120, 150]
>>> for p in price:
...     print(p * 0.7)
...
70.0
84.0
105.0
```

疑問:価格なので70.0や84.0ではなく、70や84のような整数で表示したい…。

数値を整数にするには、int関数を使います。

書式 整数への変換

```
int( 式 )
```

上記のリストpriceに格納されている値を、for文を使って35％割引に変換するには、次のように書きます。ここではint関数を使って、表示する値を整数にしています。

インタプリタ

```
>>> price = [100, 120, 150]
>>> for p in price:
...     print(int(p * 0.65))
...
65
78
97
```

最後の「150 * 0.65」は97.5ですが、int関数を適用すると小数点以下が切り捨てられる（厳密にはC言語と同じ方法で丸められる）ので、97になります。

Chapter 4 ● 制御構文

4.2 if文〜条件分岐〜

比較演算子とbool型

制御構文において、条件に応じて処理を分岐するためには、**条件式**を使います。ここでは条件式を記述するために必要な、**比較演算子**について解説します。

比較演算子は値を比較するための演算子です。Pythonには次のような比較演算子があります。

表 ▶ 比較演算子

演算子	動作
X == Y	XとYが等しければTrue
X != Y	XとYが等しくなければTrue
X < Y	XがYよりも小さければTrue（XがY未満ならばTrue）
X > Y	XがYよりも大きければTrue
X <= Y	XがY以下ならばTrue
X >= Y	XがY以上ならばTrue

値を比較した結果は、**True**または**False**という値になります。

- Trueは条件が成立したことを表す値。日本語では「真」と呼ぶ
- Falseは条件が成立しなかったことを表す値。日本語では「偽」と呼ぶ

TrueとFalseは**bool型**の値です。bool型のことをBoolean型と呼ぶこともあります。また、日本語では真理値型または真偽値型と呼びます。

> **Memo**
> TrueやFalseは文字列ではありません。プログラムでTrueやFalseを書くときには、「'」や「"」で囲むことはせずに、そのままTrueやFalseと書いてください。
>
> ○ result = True
> × result = 'True'

以下を比較演算子を使って調べてみます。結果はTrueまたはFalseになります。

- 123 * 45が5000よりも大きいかどうか
- 678 * 90が60000以下かどうか
- 1 * 2 * 3 * 4 * 5が120と等しいかどうか

インタプリタ

```
>>> 123 * 45 > 5000
True
>>> 678 * 90 <= 60000
False
>>> 1 * 2 * 3 * 4 * 5 == 120
True
```

Memo
比較演算子は算術演算子（+、-、*、/など）よりも優先順位が低いです。例えば「1 + 2 < 3 + 4」のような式は、「(1 + 2) < (3 + 4)」のように評価されます。

if文とは

if文は式（条件式）の値に応じて処理を分岐する制御構文です。if文は次のように動作します。

（1）式の値がTrueのときには、指定した処理を実行する
（2）式の値がFalseのときには、何も行わない

図 ▶ if文

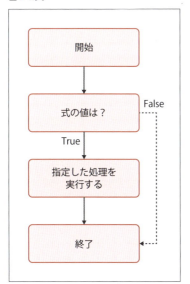

if文の書式は次のとおりです。式の値がTrueのとき、指定した処理を行います。

書式 | if文

```
if 式 :
    処理
```

for文の場合と同様に、if文の内部の 処理 はインデントする必要があります。次のように、if文の内部の処理は複数行に渡って書くことができますが、どこまでがif文の内部で行う処理なのかを、インデントで示します。

書式 | if文

```
if 式 :
    内部の処理1
    内部の処理2
    内部の処理3
    …
外部の処理
```

インデントされている範囲がif文の内部の処理です。式の値が**True**のときには、内部の処理をすべて実行します。式の値が**False**のときには、内部の処理は1つも実行せずに、外部の処理に進みます。

Pythonインタプリタでif文を入力する方法は、for文を入力する方法と同じです。if文の1行目を入力すると、プロンプトが>>>から...に変化します。空白またはタブでインデントして、2行目以降を入力してください。インデントせずに Enter キーを入力すると、if文を実行します。

if文の実行例

エアコンを制御するプログラムを作ることになりました。気温（変数temp）が20度未満の場合、ヒーターを入れる（heaterと表示する）プログラムを作ってみましょう。気温を18度と24度に設定して、それぞれ動作を確認します。

インタプリタ 気温が18度の場合

```
>>> temp = 18
>>> if temp < 20:
...     print('heater')
...
heater
```

インタプリタ 気温が24度の場合

```
>>> temp = 24
>>> if temp < 20:
...     print('heater')
...
>>>
```

18度の場合にはheaterと表示されます。24度の場合には何も表示されません。

> **Memo**
> インタプリタでif文を入力するときにも、履歴機能を使うと楽に入力できます。上記の場合、同じif文を2回入力しますが、↑キーや↓キーを押すと過去の入力内容が表示されるので、素早く入力することができます。
> また、何度も同じプログラムを実行するときには、テキストエディタに書いたプログラムをコピーして、インタプリタに貼り付けて実行する方法もあります。この場合、インデントはタブではなく空白で入力しておいてください。タブのインデントは貼り付けたときに上手く反映されず、プログラムが正しく動きません。

else節

if文にelse節を追加すると、**条件が成立しなかったとき**（式の値がFalseのとき）に、指定した処理を実行することができます。

書式 if文のelse節

```
if 式 :
    Trueの処理
else:
    Falseの処理
```

式の値がTrueのときには、Trueの処理を行います。式の値がFalseのときには、Falseの処理を行います。

インタプリタでif文とelse節を入力するには、次のように操作します。

インタプリタ

```
>>> if 式 :                 ← 1行目は普通に入力します。
...     Trueの処理          ← プロンプトが...に変化します。インデントしてTrueの処理を入力します。
... else:                   ← インデントせずにelse:を入力します。
...     Falseの処理         ← インデントしてFalseの処理を入力します。
...                         ← Enterキーだけを入力します。
(実行結果)                  ← 実行結果が表示されます。
>>>                         ← プロンプトが>>>に戻ります。
```

前ページで作成したエアコンのプログラムを改良します。気温が20度未満の場合ヒーターを入れる点は同じです。それ以外の場合には、動作を停止します（stopと表示する）。気温を18度と24度に設定して、それぞれ動作を確認してみます。

インタプリタ 気温が18度の場合

```
>>> temp = 18
>>> if temp < 20:
...     print('heater')
... else:
...     print('stop')
...
heater
```

インタプリタ 気温が24度の場合

```
>>> temp = 24
>>> if temp < 20:
...     print('heater')
... else:
...     print('stop')
...
stop
```

elif節

エアコンを制御するプログラムを改良して、ヒーターとクーラーの両方に対応させたいと思います。気温が20度未満になったらヒーターを入れて、気温が30度以上の場合クーラーを入れます。この処理をif文とelif節を使って実現してみましょう。

if文にelif節を追加すると、**if文の条件とは別の条件が成立したとき**に、指定した処理を実行できます。

> **Memo**
> elifはelse ifの略です。

書式 if文のelif節

```
if 式A :
    処理A
elif 式B :
    処理B
```

88

式A の値がTrueのときには、 処理A を行います。 式A の値がFalseのときには、elif節に進みます。そして 式B がTrueのときには、 処理B を行います。

elif節はいくつでも、必要なだけ記述することができます。複数のelif節を記述した場合は上から順に、次のように処理を進めます。

書式 if文のelif節

```
if  式A :
     処理A  ────────────────────────── 式AがTrueならば処理Aを実行
elif  式B :
     処理B  ────────────────────────── 式AがFalseで式BがTrueならば処理Bを実行
elif  式C :
     処理C  ────────────────────────── 式BがFalseで式CがTrueならば処理Cを実行
...
```

---

elif節とelse節を組み合わせることもできます。次のようにelse節は最後に書きます。この場合も、elif節はいくつでも記述することができます。

書式 if文のelif節

```
if  式A :
     処理A  ────────────────────────── 式AがTrueならば処理Aを実行
elif  式B :
     処理B  ────────────────────────── 式AがFalseで式BがTrueならば処理Bを実行
elif  式C :
     処理C  ────────────────────────── 式BがFalseで式CがTrueならば処理Cを実行
else:
     処理D  ────────────────────────── 式CがFalseならば処理Dを実行
```

前ページで作成したエアコンのプログラムを改良して、クーラーの機能を追加してみましょう。今回は以下のように動くようにします。

- 気温が20度未満の場合ヒーターを入れる（heaterと表示する）
- 気温が30度以上の場合クーラーを入れる（coolerと表示する）
- それ以外の場合には、動作を停止する（stopと表示する）

気温を18度、24度、31度に設定して、それぞれ動作を確認してみましょう。

インタプリタ 気温が18度の場合

```
>>> temp = 18
>>> if temp < 20:
...     print('heater')
... elif temp >= 30:
...     print('cooler')
... else:
...     print('stop')
...
heater
```

インタプリタ 気温が24度の場合

```
>>> temp = 24
>>> if temp < 20:
...     print('heater')
... elif temp >= 30:
...     print('cooler')
... else:
...     print('stop')
...
stop
```

インタプリタ 気温が31度の場合

```
>>> temp = 31
>>> if temp < 20:
...     print('heater')
... elif temp >= 30:
...     print('cooler')
... else:
...     print('stop')
...
cooler
```

Chapter 4 ● 制御構文

4.3 メンバーシップ・テスト演算子

　ここからは簡単な「間違い探しゲーム」を作ってみましょう。次の文字列ではカタカナの「カ」のなかに、漢字の「力」が一文字だけ混じっています。漢字の「力」が混じっているかどうかを判定する方法はないでしょうか。

```
カカ力カカ
```

　これから解説する「メンバーシップ・テスト演算子」を使えば、上記の問題を簡単に解決できます。メンバーシップ・テスト演算子には、次のような働きがあります。

- 文字列が、指定した部分文字列を含んでいるかどうかを調べる
- リストが、指定した値の要素を含んでいるかどうかを調べる

　メンバーシップ・テスト演算子には「in」と「not in」があり、これらはちょうど逆の働きをします。
　in演算子の場合、 文字列 の中に指定した部分文字列が含まれない場合や、 リスト の中に指定した値の要素が含まれない場合はTrue、含まれない場合にはFalseを返します。

書式 文字列とin演算子

```
部分文字列  in  文字列
```

書式 リストとin演算子

```
値  in  リスト
```

　一方、not in演算子の場合、 文字列 や リスト の中に指定した部分文字列が含まれない場合や、リストの中に指定した値の要素が含まれない場合はTrue、含む場合にはFalseを返します。

書式 文字列とnot in演算子

```
部分文字列  not in  文字列
```

書式 リストとnot in演算子

```
値  not in  リスト
```

それでは「カ」（カタカナ）の中に「力」（漢字）が含まれているかどうかを、inとnot inを使って調べてみましょう。

インタプリタ

```
>>> '力' in 'カカカカカ'
False
>>> '力' not in 'カカカカカ'
True
```

練習問題 //

「カカ力カカ」（中央は漢字、中央以外はカタカナ）の中に、「力」が含まれているか否かを、inとnot inを使って調べてください。

解答例

インタプリタ

```
>>> '力' in 'カカ力カカ'
True
>>> '力' not in 'カカ力カカ'
False
```

メンバーシップ・テスト演算子とリスト

メンバーシップ・テスト演算子をリストにも適用してみましょう。リストの中に指定した値の要素があるかどうかを調べることができます。次のリストの中に「7」が含まれているかどうかを、inとnot inを使って調べてみましょう。

インタプリタ

```
>>> card = [1, 2, 4, 7, 9, 10, 12]
>>> 7 in card
True
>>> 7 not in card
False
```

> **Memo**
> inやnot inは比較演算子と同じ優先順位です。

4.4 論理演算子

論理演算子とは

論理演算子は、複雑な条件式を書くときに利用する演算子です。論理演算子には次のものがあります。

表 ▶ 論理演算子

演算子	読み方	意味
and	アンド	かつ（論理積）
or	オア	または（論理和）
not	ノット	ではない（否定）

式の値が真理値（TrueまたはFalse）の場合に、各論理演算子が返す値を表にまとめました。このような表のことを「真理値表」と呼びます。

表 ▶ andの真理値表

式A の真理値	式B の真理値	式A and 式B の真理値
True	True	True
True	False	False
False	True	False
False	False	False

表 ▶ orの真理値表

式A の真理値	式B の真理値	式A or 式B の真理値
True	True	True
True	False	True
False	True	True
False	False	False

表 ▶ notの真理値表

式A の真理値	not 式A の真理値
True	False
False	True

ここでは、気温に応じて、外出または在宅を勧めるプログラムを作ってみます。次のプログラム例は、気温（変数temp）が15度以上かつ25度未満のときは外出を勧めます（go outsideと表示）。一方、練習問題のプログラムは、15度未満または25度以上のときは在宅を勧めます（stay insideと表示）。

インタプリタ 気温が18度の場合

```
>>> temp = 18
>>> if 15 <= temp and temp < 25:
...     print('go outside')
...
go outside
>>>
```

インタプリタ 気温が31度の場合

```
>>> temp = 31
>>> if 15 <= temp and temp < 25:
...     print('go outside')
...
>>>
```

練習問題 //

変数tempに気温が代入されているとします。tempが15未満または25以上の場合に、stay inside
と表示するプログラムを作ってください。

解答例

インタプリタ 気温が18度の場合

```
temp = 18
>>> if  temp < 15 or 25 <= temp:
...     print('stay inside')
...
>>>
```

インタプリタ 気温が31度の場合

```
>>> temp = 31
>>> if  temp < 15 or 25 <= temp:
...     print('stay inside')
...
stay inside
>>>
```

　なお、tempが「15以上かつ25未満」ではない場合に、stay insideと表示するプログラムを作る場合は、
論理演算子のandとnotを使って、次のように書きます。

インタプリタ 気温が18度の場合

```
>>> temp = 18
>>> if not (15 <= temp and temp < 25):
...     print('stay inside')
...
>>>
```

インタプリタ 気温が31度の場合

```
>>> temp = 31
>>> if not (15 <= temp and temp < 25):
...     print('stay inside')
...
stay inside
>>>
```

Memo

論理演算子の優先順位は、高いほうからnot > and > orの順です。notはandよりも優先順位が高いので、前問では次のように()を使うことで、andを先に評価するようにしています。

```
not (15 <= temp and temp < 25)
```

Memo

andの代わりに、複数の比較演算子を組み合わせることもできます。例えば「tempが15以上かつ25未満」という条件式は、次のようにも書けます。

```
15 <= temp < 25
```

Chapter 4 ● 制御構文

4.5 while文〜条件に基づく繰り返し〜

while文とは

while文は、**指定した式の値がTrueの間、処理を繰り返す**制御構文です。

書式　while文
```
while 式 :
    処理
```

for文やif文と同様に、while文の内部処理は、インデントする必要があります。処理は複数行にわたって書くことができます。インデントしている限り、while文の内部で行う処理として扱われます。

書式　while文
```
while 式 :
    内部の処理1
    内部の処理2
    内部の処理3
    …
外部の処理
```

while文は、式の値がFalseになった時点で、外部の処理に移ります。もし初回から式の値がFalseならば、内部の処理は一度も実行せずに、外部の処理に移ります。

ここでは、ステージ1からステージ8まで進むプログラムを作ってみます。ステージ番号は変数stageに代入します。最初の値は「1」です。while文を使って、stageが8以下の間、ステージ番号を表示する処理を繰り返します。ステージ番号を表示するたびにstageを1ずつ加算することを忘れないように注意してください。

以下のプログラムの空欄□に、適切な整数を書き込んでみてください。

```
stage = □
while stage <= □:
    print(stage)
    stage += □
```

インタプリタ

```
>>> stage = 1
>>> while stage <= 8:
...     print(stage)
...     stage += 1
...
1
2
3
4
5
6
7
8
```

■ 式の値がFalseの場合の動作

while文において、初回から式の値がFalseだったときの動作を、確認してみましょう。上記のプログラムにおいて、ステージ9からはじめたときの動作を確認してください。

インタプリタ

```
>>> stage = 9
>>> while stage <= 8:
...     print(stage)
...     stage += 1
...
>>>
```

上記のwhile文は内部の処理を**一度も実行しない**ので、何も表示されません。

繰り返しの中断

break文は、**繰り返しを中断する**ための構文です。for文やwhile文と組み合わせて使います。break文が実行されると、繰り返し処理が終了して、処理が繰り返しの外側に移動します。

書式 break文

```
break
```

前ページで作成したプログラムを、ステージ4になったら終了するように変更するには、次のように書きます。まずは、以下のプログラムを見て、空欄□に適切な整数を書き込んでみてください。

```
stage = □
while stage <= □:
    print(stage)
    if stage == □:
        break
    stage += □
```

インタプリタ

```
>>> stage = 1
>>> while stage <= 8:
...     print(stage)
...     if stage == 4:
...         break
...     stage += 1
1
2
3
4
```

繰り返しの継続

continue文は**繰り返しの先頭に戻って継続する**ための構文です。for文やwhile文と組み合わせて使います。

書式 continue文

```
continue
```

例えば、前述のプログラムを、ステージ4になったらステージ8にワープ（移動）するように変更するには、次のように書きます。

インタプリタ

```
>>> stage = 1
>>> while stage <= 8:
...     print(stage)
```

98

```
...     if stage == 4:
...         stage = 8
...         continue
...     stage += 1
1
2
3
4
8
```

ネストとbreak/continue文

繰り返し構文の中に、別の繰り返し構文を記述することを「ネスト」または「入れ子」と呼びます。以下は、式Aのwhile文の中に、式Bのwhile文がある、ネストの例です。

```
while 式A :
    while 式B :
        処理
```

break文やcontinue文は、これらの構文のすぐ外側にある繰り返しに対して働きます。例えば以下のbreak文を実行すると、式Bのwhile文を抜け出して、処理Aに移ります。

```
while 式A :
    while 式B :
        ...
        break
    処理A  ────────── 繰り返しを抜け出してここに移る
```

例えば以下のcontinue文を実行すると、式Bのwhile文に戻って、繰り返しを継続します。

```
while 式A :
    while 式B : ────── ここに戻って繰り返しを継続する
        ...
        continue
```

for文のネストや、for文とwhile文を組み合わせたネストについても、break文やcontinue文は同様の動作をします。

Chapter 4 ● 制御構文

4.6 range関数とreversed関数

range関数とは

range関数は**0から終了値−1までの繰り返し**を行います。変数に代入される値は0からはじまり、1ずつ増加して、終了値-1で終わります。for文とrange関数を組み合わせると、**指定した範囲の繰り返し**を簡単に実現することができます。

> **書式** 指定した範囲の繰り返し
>
> for 変数 in range(終了値):
> 　　処理

なお、終了値は**変数に代入されない**ことに注意してください。変数に代入されるのは終了値-1までです。

for文とrange関数を使って、0から4までの数値を表示するには、次のように書きます。

> **インタプリタ**
> ```
> >>> for i in range(5):
> ...     print(i)
> ...
> 0
> 1
> 2
> 3
> 4
> ```

0以外の数値から開始する

0以外の数値から開始するには、次の形式を使います。

> **書式** 開始値を指定した繰り返し
>
> for 変数 in range(開始値 , 終了値):
> 　　処理

開始値から終了値までの繰り返しを行います。変数に代入される値は開始値からはじまり、1ずつ増加して、終了値-1で終わります。

for文とrange関数を使って、1から5までの数値を表示するには、次のように書きます。

インタプリタ

```
>>> for i in range(1, 6):
...     print(i)
...
1
2
3
4
5
```

数値の増加を1以外にする

数値の増加を1以外にするには、次の形式を使います。

書式 変化値を指定した繰り返し

```
for  変数  in range( 開始値 ,  終了値 ,  変化値 ):
     処理
```

開始値から終了値までの繰り返しを行います。変数に代入される値は開始値からはじまり、指定した変化値ずつ変化して、終了値-1で終わります。

1以上9以下の奇数だけを表示するには、次のように書きます。

インタプリタ

```
>>> for i in range(1, 10, 2):
...     print(i)
...
1
3
5
7
9
```

> **Memo**
> range関数で変化値を指定したときには、終了値-1ぴったりにならない場合でも、終了値を超えれば繰り返しが終わります。

4

制御構文

4.6

range関数とreversed関数

101

reversed関数とは

　reversed関数は、リストの末尾から順に要素を取り出して変数に代入し、指定された処理を行う、という動作を繰り返す関数です。for文とreversed関数を組み合わせると、**リストを逆順に取り出す**ことができます。

> **書式**　リストに対する逆順の繰り返し
>
> ```
> for  変数  in reversed( リスト ):
>     処理
> ```

　例えば、以下のリストfruitを、for文とreversed関数を使って要素を逆順に表示するには、次のように書きます。

インタプリタ

```
>>> fruit = ['apple', 'banana', 'coconut']
>>> for f in reversed(fruit):
...     print(f)
...
coconut
banana
apple
```

4.7 for文やwhile文のelse節

if文と同様に、for文やwhile文にもelse節を付けることができます。break文で繰り返しを中断しない限り、繰り返しの終了後にelse節の 処理B を実行します。

書式 for文のelse節

```
for 変数 in リスト :
    処理A
else:
    処理B
```

書式 while文のelse節

```
while 式 :
    処理A
else:
    処理B
```

どちらの場合も、break文で中断した場合には、else節の処理は実行されません。

 else節は一体何に使うの？

繰り返しの中でif文を使って、何か**繰り返しを中止しなければならない**ような状況が起こったかどうかを調べ、break文で繰り返しを中断する、という処理をしたいことがあります。

例えば、繰り返しでデータを処理している間に、不適切なデータを見つけたら繰り返しを中止する、といった場合です。このようなプログラムでelse節を使うと、繰り返しが最後まで無事に実行できたときに限って、else節の処理を実行することができます。

例えば、次のように試験の点数を格納したリストscoreがあり、すべての点数が70点以上ならば合格、1つでも70点未満の点数があったら不合格とします。このような場合に、for文とelse節を使って、合格の場合だけ「合格」と表示するにはどのようなプログラムを書けばよいでしょうか。

合格になるリストの例

```
score = [80, 100, 90]
```

不合格になるリストの例

```
score = [80, 60, 90]
```

以下のプログラムの空欄□に、適切な整数を書き込むことで、このプログラムを完成させてください。

```
for s in score:
    if s < □:
        break
else:
    print('合格')
```

インタプリタ 合格の場合

```
>>> score = [80, 100, 90]
>>> for s in score:
...     if s < 70:
...         break
... else:
...     print('合格')
...
合格
>>>
```

インタプリタ 不合格の場合

```
>>> score = [80, 60, 90]
>>> for s in score:
...     if s < 70:
...         break
... else:
...     print('合格')
...
>>>
```
———— 70点未満の点数があるので不合格

4.8 pass文

pass文とは

pass文は**何もしない**文です。

 疑問　何もしない文ならば、そもそも書かなくてもよいのでは？

　Pythonの文法上、必ず何らかの処理を書かなければならない箇所があります。例えば、以下のfor文、while文、if文において、 処理 と示した部分には、少なくとも一行は処理を書く必要があります。処理を省略することはできません。

書式　for文

```
for 変数 in リスト :
    処理
```

書式　while文

```
while 式 :
    処理
```

書式　if文

```
if 式 :
    処理
elif 式 :
    処理
else:
    処理
```

　プログラムを書いていると、制御構文（for、while、if）の内部で行っていた処理が不要になったけれども、制御構文自体は後でまた使うかもしれないので残しておきたい、という状況が生じることがあります。こんなときには、元の処理をpass文に置き換えれば、制御構文は残したままで、何もしないプログラムにすることができます。

105

例えば、以前書いたbreak文のプログラム（p.97）で、ステージ4になったときの特別な処理を無効にするには、次のように書きます。

インタプリタ

```
>>> stage = 1
>>> while stage <= 8:
...     print(stage)
...     if stage == 4:
...         pass
...     stage += 1
1
2
3
4
5
6
7
8
```

ステージ4に関するif文は残っていますが、pass文の働きで何もしません。そのため最初のプログラムと同様に、ステージ1からステージ8までを順番に表示します。

ここまでのChapter2 ～ Chapter4で、Pythonの基本的な文法を理解することができました。これまでに学んだ文法だけで、いろいろなプログラムを書くことができますし、既存のプログラムを読み解くこともできるでしょう。

なお、早く応用に進みたい方は、ここでChapter8やChapter9に進んでも構いません。読めるところまで進んで、もしわからないことが出てきたら、Chapter5 ～ Chapter7に戻ってみてください。

本章のまとめ

本章では以下のようなことを学びました。

解説項目	概要
for文	イテラブル（リストや文字列など）に対して繰り返しを行う制御構文です。
if文	条件で分岐する制御構文です。
while文	条件がTrueの間だけ繰り返す制御構文です。
break文	繰り返しを中断する構文です。
continue文	繰り返し部分の先頭に戻って処理を継続する構文です。
pass文	何もしない文です。

Chapter

5

関数の定義と変数のスコープ

Chapter5 〜 Chapter7では、今までよりも高度なPythonの文法を学びます。これらの文法を学ぶと、読み書きできるプログラムの幅が大きく広がります。本章ではまず、自分で関数を「定義」する方法を学びます。今までのようにPythonがあらかじめ用意してくれている関数を使うだけではなく、自分で必要な関数を作成できるようになりましょう。次に関数に関連する概念として、変数の有効範囲を表す「スコープ」を学びます。

Chapter 5 ● 関数の定義と変数のスコープ

5.1 関数を定義する

今までも色々な関数を使ってきました。例えば、画面に値を出力するprint関数、文字列やリストの長さを返すlen関数などがありました。関数を使うことには、次のような利点があります。

- 似た処理を何度も記述する必要がなくなって、プログラムが簡潔になる。
- プログラムの構造を整理することでき、開発効率が上がる。

本章では、自分で関数を定義する方法について学びます。自分で関数を定義してみると、関数の機能について理解が深まります。

関数の定義

関数は次のように定義します。

書式 関数の定義

```
def  関数名 ( 引数 , …):
     関数の処理
     return  戻り値
```

表 ▶ 関数の定義

キーワード	解説
def	関数を定義するには「def」というキーワードを使う。defはdefinition（定義）の略
関数名	関数の命名規則については、p.110のコラムを参照
引数	関数は引数を持つことができます。複数の引数がある場合、引数をカンマ(,)で区切って並べる。引数を持たない場合は「関数名()」のように括弧の中を空白にする
return	戻り値を返すためにはreturn文を使う。戻り値を返さない関数では、return文を省略することができる
戻り値	戻り値として返す値を指定する

関数の処理は、複数行にわたって書くことができます。関数の内部と外部を区別するために、関数の内部は次のようにインデントします。

| 書式 | 関数内部のインデント |

```
def  関数名 ( 引数 , …):
        関数の処理1
        関数の処理2
        関数の処理3
        …
        return  戻り値

 外部の処理
```

> **Memo**
> 文法上は、関数定義の前後に全く空行がなくてもプログラムは正しく動作します。スタイルガイド（PEP8）では、関数定義の前後に2行ずつ空行を配置することが推奨されています。本書では誌面の都合上、空行を1行以下にしています。

return文は関数の最後以外にも配置できます。例えば、関数の途中でif文を使って、その中にreturn文を配置することがあります。以下の関数は、if文の式がTrueのときには 戻り値1 を、Falseのときには 戻り値2 を返します。

| 書式 | return文を関数の途中に配置 |

```
def  関数名 ( 引数 , …):
    if  式 :
            関数の処理1
        return  戻り値1
        関数の処理2
    return  戻り値2
```

練習問題

ドライブ、サイクリング、ウォーキングなどの所要時間を計算する関数を定義してみましょう。距離と速度を与えると、所要時間を返すような関数を定義します。

ヒント

所要時間を返す関数tripを定義してください。引数は距離を表すdistと、速度を表すspeedです。以下のプログラムの空欄（四角で囲んだ部分）に、適切な変数名を書き込んでください。

```
def trip(dist, speed):
    time = ____ / ____
    return ____
```

解答例

インタプリタ

```
>>> def trip(dist, speed):
...     time = dist / speed
...     return time
...
>>>
```

Pythonインタプリタで関数を定義する場合、1行目を入力すると、プロンプトが>>>から...に変化します。関数内部の処理は、インデントして入力します。入力が終わったらEnterキーを押すと、プロンプトが>>>に戻ります。

図 ▶ プロンプトの変化

```
>>> def trip(dist, speed):       1行目を入力すると、プロンプトが>>>から...に変化する
...     time = dist / speed
...     return time
...                              ここでEnterキーを入力すると、関数定義が終了する
>>>
```

Column　関数名の命名規則

スタイルガイド（PEP8）で推奨されている関数名の命名規則は、以前に学んだ変数名の命名規則と同じです。本書もこの方針に従っています。

- 半角の英小文字を使用する
- 関数名の2文字目以降には、半角の数字を使用することもある
- 英単語の区切りは「_（アンダースコア）」で示す

関数の呼び出し

　関数は名前を指定して呼び出します。関数を呼び出す際に、引数を渡すことができます。複数の引数を持つ関数を呼び出すときには、関数の定義で設定したのと同じ順番で引数を渡します。また、関数の呼び出しの際に引数が不足していると、プログラムを実行する際にエラーとなるので、ご注意ください。

　以下に関数の呼び出し方を示します。なお、ここでは次のように複数の引数を持つ関数を呼び出すものとします。

```
def  関数名 ( 引数A , 引数B , …):
      関数の処理
    return 戻り値
```

書式 関数の呼び出し

```
関数名 ( 引数Aの値 , 引数Bの値 , …)
```

練習問題

前問で定義したtrip関数を、次のような引数を渡して呼び出してください。

- ①距離140km、速度80km/h
- ②距離15km、速度4km/h

なお、Pythonインタプリタは終了するまで関数の定義を記憶してくれるので、前問で関数tripを定義してあれば、この問題のために再度定義する必要はありません。

解答例

インタプリタ

```
>>> trip(140, 80)
1.75  ●────────────────── 1.75時間 (1時間45分)
>>> trip(15, 4)
3.75  ●────────────────── 3.75時間 (3時間45分)
```

　関数の戻り値を計算に使いたい場合には、関数の呼び出しを式の中で行うこともできます。次の練習問題で試してみてください。

練習問題

次の①と②の引数を渡してtrip関数を呼び出して、結果の合計時間を計算してください。

- ①距離140km、速度80km/h
- ②距離15km、速度4km/h

解答例

インタプリタ

```
インタプリタ
>>> trip(140, 80) + trip(15, 4)
5.5  ●────────────────── 5.5時間 (5時間30分)
```

　この他にも、関数の戻り値を変数に保存したり、関数の戻り値を他の関数呼び出しの引数に使ったりすることもできます。

ドキュメンテーション文字列

ドキュメンテーション文字列という機能を使うと、関数の説明を記述することができます。

一般に「ドキュメント」とは文書のことです。一方で「ドキュメンテーション」は、文書を作成/管理/提供することを指します。ドキュメンテーション文字列は、Pythonプログラムの説明書を作成/管理/提供するための機能です。ドキュメンテーション文字列は関数以外にも使えますが、ここでは関数への適用例を紹介します。

書式 ドキュメンテーション文字列

```
def 関数名( 引数 , …):
    """ 概要説明 .

        詳細説明
    """
    関数の処理
    return 戻り値
```

三重のシングルクォート(''')または三重のダブルクォート(""")で囲んだ文字列のことを、三重クォート文字列(または三連クォート文字列)と呼びます。ドキュメンテーション文字列を書くときには、三重クォート文字列を使います。

> **Memo**
> 本書で示したドキュメンテーション文字列は、スタイルガイド(PEP8)が推奨する次のような形式に沿っています。
> - 三重のダブルクォート(""")を使う
> - 1行目に概要説明を書く。末尾はピリオド(.)にする
> - 2行目は空行にする
> - 3行目以降に詳細説明を書く

三重クォート文字列の特徴は、複数行に渡る文字列が書けることです。通常の文字列を使って、複数行に渡る文字列を書く場合には、末尾に円記号(¥)またはバックスラッシュ(\)を付ける必要があります。

```
'Hello¥
World'
```

112

三重クォート文字列の場合には、円記号やバックスラッシュは不要です。

```
"""Hello
World"""
```

練習問題 //

以下のような内容のドキュメンテーション文字列を付けて、trip関数を定義してみてください。

- 概要説明　距離と速度から所要時間を計算して返します.
- 詳細説明　引数:
　　　　　dist -- 距離
　　　　　speed -- 速度

解答例

テキストエディタ　　　　　　　　　　　　　　　　　　　　　　　📄 **doc.py**

```
def trip(dist, speed):
    """距離と速度から所要時間を計算して返します.

    引数:
    dist -- 距離
    speed -- 速度
    """
    time = dist / speed
    return time
```

Pythonインタプリタにプログラムを入力する際には、入力の簡単さを重視して、説明を付けることは少ないでしょう。説明を書くのは、主にプログラムをファイルに保存する場合と思われます。そこで上記の解答例も、ファイルに保存するプログラムとして示しました。

疑❓問　書いたドキュメンテーション文字列は、どうやって活用するの？

pydocというツールを使うと、ドキュメンテーション文字列からドキュメントを自動生成することができます。またPythonインタプリタにおいてhelp関数を使うと、指定した関数の説明を表示することができます。

書式　help関数

```
help( 関数名 )
```

5

関数の定義と変数のスコープ

5.1 関数を定義する

113

練習問題

Pythonインタプリタでhelp関数を使って、trip関数の説明を表示してください。なお、trip関数はすでにインタプリタ上で定義してあるものとします。

解答例

インタプリタ
```
>>> help(trip)
Help on function trip in module __main__:

trip(dist, speed)
    距離と速度から所要時間を計算して返します．
    
    引数：
    dist -- 距離
    speed -- 速度
```

Memo
本書を読みながらPythonの学習をしている間は、ドキュメントを充実させるよりも、どんどんプログラムを書いて練習することを優先するのがおすすめです。他の人にも使ってもらうプログラムを書くようになったら、ドキュメンテーション文字列を活用してみてください。

再帰呼び出し

ある関数の中から、その関数自身を呼び出すことを、**再帰呼び出し**（さいきよびだし）といいます。再帰呼び出しを行う関数は、定義の中に、その関数自身の呼び出しを行う命令を含んでいます。

書式 関数の再帰呼び出し
```
def  関数名 ( 引数 , …):
    …
     関数名 ( 引数 , …)
    …
```

 少し難しく感じるけど、再帰呼び出しって頻繁に使う機能なの？

再帰呼び出しを使うと、ある種の処理が簡潔に書けることがあります。しかし、再帰呼び出しの代わりに繰り返しを使っても書くことができたり、繰り返しを使って書いた方が高速に実行できたりすることもあるので、無理に再帰呼び出しを使う必要はありません。

とはいえ、再帰呼び出しを学んでおくと、関数に対する理解を深めたり、プログラムの書き方の幅を広げたりする効果があります。簡単な再帰呼び出しの例を紹介しましょう。

```
def sum(n):                    ── sum関数を定義
    if n > 0:                  ── nが0より大きいときの処理
        return n + sum(n-1)    ── n + sum(n-1)を返す
    return 0                   ── 0を返す
```

この関数を呼び出すと何が起きるのか、「sum(3)」という呼び出し（sum関数に引数として「3」を与えて呼び出す）を例に考えてみましょう。

- (1)「sum(3)」において、「3 > 0」なので、「3 + sum(2)」を返す
- (2)「sum(2)」において、「2 > 0」なので、「2 + sum(1)」を返す
- (3)「sum(1)」において、「1 > 0」なので、「1 + sum(0)」を返す
- (4)「sum(0)」において、「0 > 0」ではないので、「0」を返す

上記の処理を通じて、次のような計算が行われます。

図 ▶ 再帰呼び出しによる計算処理

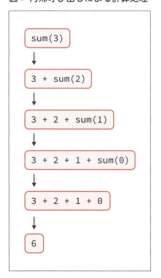

この「sum(n)」という関数は、実はn以下の整数の合計値を返すものでした。合計値を求める処理は、for文やwhile文による繰り返しを使って書くこともできますが、このように再帰を使うと、繰り返しの構文は使わずに書くことができます。これは再帰が一種の繰り返し処理になっているためです。

練習問題

sum関数を定義し、1から10までの合計値を求めてください。

解答例

インタプリタ sum関数の定義

```
>>> def sum(n):
...     if n > 0:
...         return n + sum(n-1)
...     return 0
...
```

インタプリタ sum関数の呼び出し

```
>>> sum(10)
55
```
← 1から10までの合計値

位置引数とキーワード引数

　すでに学んだように、関数を定義したときの引数の順序と、関数呼び出しにおける引数の順序は一致させる必要があります。このような引数のことを**位置引数**と呼びます。

　例として、ランチを注文するlunch関数を作成しましょう。引数はメイン（main）、サイド（side）、ドリンク（drink）とします。関数の処理は、受け取った引数の内容を表示することにします。

　lunch関数は次のように書くことができます。

```
def lunch(main, side, drink):
    print('main :', main)
    print('side :', side)
    print('drink:', drink)
```

　このlunch関数では戻り値を返す必要がないので、return文は省略しました。

　関数が計算結果などを呼び出し元に返したい場合には、return文を使って戻り値を返します。一方、このlunch関数のように出力だけを行うような関数は、呼び出し元に返したい計算結果がないため、return文を省略することがよくあります。

　位置引数を使って、このlunch関数を呼び出してみましょう。

◢ **練習問題** //

lunch関数を定義した後に、メインを'beef'、サイドを'soup'、ドリンクを'coffee'として関数を呼
び出してください。

解答例

インタプリタ ▶ lunch関数の定義

```
>>> def lunch(main, side, drink):
...       print('main :', main)
...       print('side :', side)
...       print('drink:', drink)
...
```

インタプリタ ▶ lunch関数の呼び出し

```
>>> lunch('beef', 'soup', 'coffee')
main : beef
side : soup
drink: coffee
```

疑問 ＜ 実際の店では、メイン、サイド、ドリンクを注文する順番を変えても受け付けてくれる。
関数の引数でも似たようなことはできないの？

実は**キーワード引数**という機能を使うと、引数を指定する順番を自由に決めることができます。次の
ような関数に対して、それぞれ位置引数とキーワード引数で呼び出す場合の書式を示します。

def 関数名 (引数A , 引数B , …)

書式 位置引数による呼び出し

関数名 (引数Aの値 , 引数Bの値 , …)

書式 キーワード引数による呼び出し

関数名 (引数A = 引数Aの値 , 引数B = 引数Bの値 , …)

位置引数については、引数の順序を自由に変えることはできず、関数定義に一致させる必要がありま
す。キーワード引数については、どの値をどの引数に割り当てるのかを明示しているので、引数の順序
を自由に変えることができます。つまり、以下のように引数の順番を入れ替えても問題ありません。

5

関数の定義と変数のスコープ

5.1 関数を定義する

117

書式	キーワード引数による呼び出し②

関数名（ 引数B = 引数Bの値 ， 引数A = 引数Aの値 ，…）

練習問題

前問で定義したlunch関数について、前問と同じくメインを'beef'、サイドを'soup'、ドリンクを'coffee'として関数を呼び出してください。その際にキーワード引数を使って、次のような順序で引数を指定してください。

- ①サイド、ドリンク、メイン
- ②ドリンク、メイン、サイド

解答例

インタプリタ ①サイド、ドリンク、メイン

```
>>> lunch(side='soup', drink='coffee', main='beef')
main : beef
side : soup
drink: coffee
```

インタプリタ ②ドリンク、メイン、サイド

```
>>> lunch(drink='coffee', main='beef', side='soup')
main : beef
side : soup
drink: coffee
```

どちらも同じ結果になりました。このようにキーワード引数を使うと、自由な順序で引数を指定できます。

疑問 位置引数とキーワード引数は、どう使い分けるの？

位置引数の利点は、引数名を指定しないので、**関数呼び出しの記述が短くなる**ことです。キーワード引数の利点は、**引数の順序を自由に入れ替えられる**ことです。状況に応じてどちらでも使いやすい方を使えばよいのですが、例えばこんな使い方がおすすめです。

- 通常は位置引数を使用する（関数呼び出しが短いと、プログラムが簡潔になり、見通しがよくなるため）
- オプションの引数（設定してもしなくてもよい引数）には、キーワード引数を使用する

オプションの引数は、次に学ぶデフォルトの引数値を使うと定義することができます。

> **疑問** 位置引数とキーワード引数を、混ぜて使うことはできる？

できます。lunch関数で試してみましょう。

練習問題

前問のlunch関数を、次のように呼び出します。

lunch('beef', drink='coffee', side='soup')

どのような結果が表示されるのか、実行して確かめてください。

解答例

インタプリタ

```
>>> lunch('beef', drink='coffee', side='soup')
main : beef
side : soup
drink: coffee
```

メインの'beef'は位置引数で、ドリンクとサイドはキーワード引数で渡しました。ドリンクとサイドは位置引数ではサイドが先ですが、キーワード引数で渡せば順序を入れ替えることができます。

なお、位置引数とキーワード引数を併用する場合には、位置引数を左に、キーワード引数を右にまとめます。

書式 位置引数とキーワード引数の併用

関数名（ 位置引数 ，…， キーワード引数 ，…）

引数のデフォルト値

関数定義において、引数のデフォルト値を指定することができます。

書式 引数のデフォルト値

def 関数名（ 引数 = 値 ，…）

デフォルト値を指定した引数は、**呼び出しの際に省略する**ことができるようになります。省略した場合、デフォルト値が使われます。省略しなかった場合は、渡した値が使われます。

練習問題

メインは'beef'、サイドは'soup'、ドリンクは'coffee'をデフォルト値にして、lunch関数を定義してください。

ヒント

以下のプログラムの空欄(四角で囲んだ部分)に、適切な文字列を書き込んでください。

```
def lunch(main=□, side=□, drink=□):
    print('main :', main)
    print('side :', side)
    print('drink:', drink)
```

解答例

インタプリタ lunch関数の定義

```
>>> def lunch(main='beef', side='soup', drink='coffee'):
...     print('main :', main)
...     print('side :', side)
...     print('drink:', drink)
...
```

練習問題

前問で定義したlunch関数を、次のように呼び出してください。それぞれどのような結果が表示されるのかを予想してから、呼び出しを実行してください。

- ① lunch('fish', 'salad')
- ② lunch(drink='tea')

解答例

インタプリタ 呼び出し①

```
>>> lunch('fish', 'salad')
main : fish
side : salad
drink: coffee
```
← drinkは指定しなかったのでデフォルト値になる

インタプリタ 呼び出し②

```
>>> lunch(drink='tea')
main : beef
side : soup
drink: tea
```
← mainは指定しなかったのでデフォルト値になる
← soupは指定しなかったのでデフォルト値になる

デフォルト値と位置引数を組み合わせる場合、引数を省略するには、**右から省略**してください。左や途中を省略することはできません。例えばlunch関数の場合、次のような呼び出しが可能です。

```
lunch('fish', 'salad', 'tea')    ──────────── 省略しない
lunch('fish', 'salad')           ──────────── drinkを省略
lunch('fish')                    ──────────── sideとdrinkを省略
lunch()                          ──────────── すべて省略
```

> **Memo**
> このlunch関数では、すべての引数にデフォルト値を指定していますが、一部の引数だけにデフォルト値を指定することもできます。この場合、デフォルト値を指定しない引数を左に、指定する引数を右に書きます。
>
> def [関数名] ([引数] , …, [引数] = [値] , …)

ラムダ式

ラムダ式を使うと、**名前がない関数**(無名関数)を定義することができます。

ラムダというのはギリシア文字の「λ」のことです。計算を理論的に考察するための「ラムダ計算」という体系において、関数を表す文字としてλが使われています。ラムダ計算における式のことを、ラムダ式と呼びます。

ラムダ式はもともとは「関数型言語」と呼ばれる分野のプログラミング言語において提供されていた機能です。最近では関数型言語以外のプログラミング言語についても、ラムダ式の機能が広く提供されるようになりました。

書式 ラムダ式

```
lambda [引数] , … : [戻り値]
```

ラ ム ダ
lambdaキーワードに続いて引数を指定します。引数は「,(カンマ)」で区切って複数指定することができます。引数の後には「:(コロン)」を記述し、続けて戻り値を指定します。引数は省略することが可能です(戻り値は省略することができません)。

 名前がない関数って、何の役に立つの？

ラムダ式が役立つのは、次に紹介するmap関数のように、「関数を引数とする関数」を使うときです。

書式 map関数

```
map( 関数名 , リスト )
```

　このmap関数は、リストの各要素に対して、指定した関数を適用します。map関数の引数には、関数名の代わりにlambda式を記述することもできます。

書式 map関数（lambda式を利用）

```
map( lambda式 , リスト )
```

　このように書くと、リストの各要素に対して、指定したlambda式を適用することができます。また、lambda式は変数に代入することもできます。

書式 map関数（変数＋lambda式を利用）

```
変数 = lambda式
map( 変数 , リスト )
```

　map関数の結果をリストとして取得するには、list関数と組み合わせます。list関数はリストを作成する関数です。

書式 map関数とlist関数の組み合わせ

```
list(map( lambda式 , リスト ))
```

　引数として指定したリストを元にした新たなリストを作成して、戻り値として返します。

> **Memo**
> map関数の戻り値はイテラブル（要素に対する繰り返し処理が可能なもの）です。list関数は引数で渡されたイテラブルのリストを作ります。

　ここで実際にラムダ式を使ってみましょう。

練習問題

次のプログラムはどんな結果になるでしょうか。結果を予想してから、実行してみてください。

```
list(map(lambda x: x*x, [1, 2, 3, 4, 5]))
```

解答例

インタプリタ

```
>>> list(map(lambda x: x*x, [1, 2, 3, 4, 5]))
[1, 4, 9, 16, 25]
```

リスト [1, 2, 3, 4, 5] の要素を二乗した、リスト [1, 4, 9, 16, 25] が得られました。ラムダ式を見ると、引数xに対して、戻り値として「x*x（xの二乗）」を返す関数になっています。この関数をリストの要素に適用したので、リストの要素を二乗したリストが得られたというわけです。

❓疑問　ラムダ式を使う利点は？

ラムダ式を使うと、リストの要素に対して何らかの関数を適用するような処理を、簡潔に書くことができます。例えば、前問のプログラムを繰り返しを使って書くと、次のようになります。

```
a = []
for x in [1, 2, 3, 4, 5]:
    a.append(x*x)
```

変数aが結果のリスト [1, 4, 9, 16, 25] です。最初に空のリストを作り、for文の中でappendメソッド（p.72）を使って、要素を一個ずつ追加していきます。

この場合はラムダ式を使った方が、繰り返しを使うよりも、プログラムを短く書くことができます。ラムダ式は、このようにプログラムが簡潔になる場合に使うのがおすすめです。

5.2 変数のスコープ

スコープというのは、ある名前（変数名や関数名）が使用できる範囲のことです。Pythonの変数は、定義する場所によって、次の2種類に分けられます。

表 ▶ 変数の種類

変数の種類	性質
グローバル変数	関数の外側で定義した変数。関数の外側でも内側でも使える
ローカル変数	関数の内側で定義した変数。その関数の内側だけで使える

グローバル変数のスコープは、関数の**外側と内側**の両方です。ローカル変数のスコープは、**その変数を定義した関数の内側**だけです。

図 ▶ 変数の有効範囲

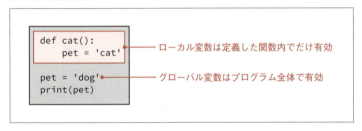

 グローバル変数とローカル変数は、どんなふうに使い分けたらいいの？

プログラム全域で使いたい変数は、グローバル変数にします。ある関数の内側だけで使いたい変数は、ローカル変数にします。ローカル変数は、その関数の外側には影響を与えないので、関数の外側のことは気にせずに気楽に使うことができます。

練習問題

次のプログラムがどんな結果を出力するのかを予想してから、実行して結果を確認してください。

テキストエディタ — scope.py

```
def show():          ← show関数の定義
    print(pet)       ← グローバル変数petの表示

pet = 'dog'          ← グローバル変数pet
show()               ← show関数の呼び出し
```

解答例

コマンドライン
```
$ python scope.py
dog
```

変数petはグローバル変数なので、show関数の内側でも使えます。したがってshow関数を呼び出すと、petに格納されている'dog'が表示されます。

図 ▶ グローバル変数の動き

❶グローバル変数を定義する
❷show関数内でグローバル変数の値を使用できる
❸グローバル変数 pet の値（dog）を表示する

global文

グローバル変数は関数内でも使えますが、関数内でグローバル変数に値を代入する場合には、次のような**global文**が必要です。

書式 global文

```
global  変数
```

global文を書かずに関数内でグローバル変数に値を代入しようとすると、ローカル変数の定義になってしまいます。次のプログラムで実験してみましょう。

テキストエディタ 📄 **global1.py**

```
def cat():           ──── cat関数の定義
    pet = 'cat'      ──── ローカル変数petの定義

pet = 'dog'          ──── グローバル変数petへの代入
cat()                ──── cat関数の呼び出し
print(pet)           ──── グローバル変数petの表示
```

cat関数では変数petに「cat」を代入していますが、global文がないので、petはcat関数内でのみ有効な

125

ローカル変数として定義されてしまいます。そのため、cat関数を実行してもグローバル変数の値には影響せずに、結果として「dog」が出力されます。

コマンドライン

```
$ python global1.py
dog
```

練習問題

先ほどのプログラムにglobal文を追加して、関数内でグローバル変数に値を代入できるようにしてみましょう。

解答例

テキストエディタ 　global2.py

```
def cat():           ── cat関数の定義
    global pet       ── global文
    pet = 'cat'      ── グローバル変数petへの代入

pet = 'dog'          ── グローバル変数petへの代入
cat()                ── cat関数の呼び出し
print(pet)           ── グローバル変数petの表示
```

コマンドライン

```
$ python global2.py
cat
```

nonlocal文

　global文に関連する文に、nonlocal文があります。実はPythonでは、**関数の内側で別の関数を定義**することができます。このとき内側の関数において、**外側の関数のローカル変数に値を代入**するときに必要なのが、nonlocal文です。nonlocal文を書かずに、内側の関数で変数に値を代入しようとすると、内側の関数におけるローカル変数の定義になってしまいます。

書式 nonlocal文

nonlocal 変数

　次のプログラムは、内側のcat関数において、外側のdog関数のローカル変数petに、値「cat」を代入します。

テキストエディタ **nonlocal1.py**

```
def dog():
    def cat():
        nonlocal pet
        pet = 'cat'

    pet = 'dog'
    cat()
    print(pet)

dog()
```

- dog関数の定義
- cat関数の定義
- nonlocal文
- dog関数のローカル変数petへの代入
- dog関数のローカル変数pet
- cat関数の呼び出し
- dog関数のローカル変数petの表示
- dog関数の呼び出し

このプログラムの実行結果は、以下のようになります。

コマンドライン

```
$ python nonlocal1.py
cat
```

練習問題 ///

nonlocal1.pyからnonlocal文を削除した、nonlocal2.pyを実行してみてください。

解答例

テキストエディタ **nonlocal2.py**

```
def dog():
    def cat():
        pet = 'cat'

    pet = 'dog'
    cat()
    print(pet)

dog()
```

- dog関数の定義
- cat関数の定義
- cat関数のローカル変数petへの代入
- dog関数のローカル変数pet
- cat関数の呼び出し
- dog関数のローカル変数petの表示
- dog関数の呼び出し

コマンドライン

```
$ python nonlocal2.py
dog
```

cat関数における変数petへの代入が、cat関数のローカル変数petの定義になります。dog関数のローカル変数petは変更されなくなるので、出力はdogになります。

本章のまとめ

本章では以下のことを学びました。

解説項目	概要
関数	関数は、ある機能を持つプログラムを、名前で呼び出せるようにしたものです。既存の関数を使うだけでなく、自分で関数を定義することもできます。
変数のスコープ	変数にはグローバル変数とローカル変数があります。関数の外側にある変数に値を代入する場合には、global文やnonlocal文を使います。

自分で関数を定義する方法を知っていると、既存の関数を使うときにも、どのような仕組みで動いているのかを理解する助けになります。ぜひ簡単な関数を自分で定義して、理解を深めてください。

Chapter

6

さまざまなデータ構造

本章ではPythonが提供するさまざまなデータ構造について解説します。すでに学んだ「リスト」の他にも、Pythonには多くのデータ構造があります。各データ構造の性質を理解して使い分けたり、異なるデータ構造を組み合わせたりすることで、高度なプログラムを効率よく作成することができます。

Chapter 6 ● さまざまなデータ構造

6.1 タプル

タプルとは

タプルとは、リストと同様にデータ構造の1つで、複数のデータをまとめるのに便利な機能です。複数のデータをまとめるという点はリストと共通していますが、次のような違いがあります。

表 ▶ リストとタプルの違い

リストの特徴	[値, 値, …] のように、角括弧で囲んで作成する ミュータブルなので、要素の追加/挿入/変更/削除が**できる**
タプルの特徴	(値, 値, …) のように、丸括弧で囲んで作成する イミュータブルなので、要素の追加/挿入/変更/削除が**できない**

 イミュータブルということは、一度作ったタプルは変更できないのですか？

文字列と同様に、**一度作ったタプルは変更できません**。変更したい場合には、新しいタプルを丸ごと作り直します。丸ごと作り直すのが性能上問題になるような場合、例えば要素数が非常に多いタプルを頻繁に変更する場合などは、タプルではなくリストを使うとよいでしょう。

タプルは決まった要素数のデータをまとめるのに便利です。要素数が比較的少なく、かつ要素数が変化しないときには、リストではなくタプルを使うとよいでしょう。後で学ぶように、タプルを作る簡潔な記法（パック）と、要素を変数へ取り出す簡単な方法（アンパック）を組み合わせると、さらに便利に使えます。

タプルの作成

タプルは丸括弧で囲んで作成します。

書式 タプルの作成

(値 , 値 , …)

カンマで区切られた値をタプルに登録します。値は、それぞれ別の要素として登録されます。作成したタプルは変数に代入することができます。

> **書式** タプルの代入
>
> 変数 = (値 , 値 , …)

値を持たない空のタプルを作ることもできます。空のタプルは「()」と書きます。

タプルを利用して、品物のカタログを表現するプログラムを作ってみましょう。「青い帽子」「赤いシャツ」といった品物について、「blueとhat」「redとshirt」のように、色と品名をまとめて管理したいと思います。'blue'と'hat'という値を持つタプルを作成し、変数itemに代入するには次のように書きます。

インタプリタ

```
>>> item = ('blue', 'hat')
>>> item
('blue', 'hat')
```

タプルの要素

タプルの要素は、リストと同様にインデックスを使って取り出せます。インデックスに対応する、タプル内の要素を返します。

> **書式** タプルとインデクス
>
> タプル [インデクス]

上記で作成したタプルitemについて、2つの要素をそれぞれ取り出して表示するには、次のように書きます。

インタプリタ

```
>>> item[0]
'blue'
>>> item[1]
'hat'
```

なお、Pythonインタプリタは終了するまで変数を記憶してくれるので、前問でタプルitemを作成してあれば、この問題のために再度作成する必要はありません。上記の場合、一度タプルを作成して変数（ここではitem）に代入しておけば、この変数を他の値で上書きしたり、Pythonインタプリタを終了しない限り、再度タプルを作成する必要はありません。

パック

実は丸括弧で囲まなくても、タプルを作ることができます。この機能のことを**パック**またはパッキングと呼びます。

> **書式** パック
>
> 変数 = 値 , 値 , …

複数の値をまとめてタプルを作成し、変数に代入します。丸括弧で囲まないので、記述が少なくなります。

一方では、丸括弧で囲むことでタプルであることを見た目で判別しやすくなります。また、複数のタプルを組み合わせた処理をしたい場合、各タプルを区別するために、丸括弧で囲まなくてはならない場合もあります。

パックを使って、'red'と'shirt'という値を持つタプルを作成し、変数item2に代入するには次のように書きます。

インタプリタ

```
>>> item2 = 'red', 'shirt'
>>> item2
('red', 'shirt')
```

アンパック

パックとは逆に、タプルの要素を複数の変数に代入することができます。この機能のことを**アンパック**またはアンパッキングと呼びます。なお、この機能は文字列やリストにも使えます。

> **書式** アンパック
>
> 変数 , 変数 , … = タプル

タプルから要素を取り出し、複数の変数に代入します。タプルが持つ要素の数と、代入する変数の数は一致させる必要があります。また、左側の変数から順番に、タプル内の要素0、要素1、…を代入します（ここで「0」や「1」はインデックスを表します）。

アンパックを使って、上記で作成したタプルitem2から要素を取り出すには次のように書きます。取り出し先の変数はcolorとnameとします。

インタプリタ

```
>>> color, name = item2
>>> color
'red'
>>> name
'shirt'
>>>
```

複数同時代入

複数の変数に対して、複数の値を同時に代入することができます。パックとアンパックを組み合わせたような機能です。

書式 複数同時代入

変数A , 変数B , … = 値A , 値B , …

変数Aに値A、変数Bに値B…のように代入します。代入に使う変数と値の個数は一致させるのが基本ですが、「*変数」のように書くことで、1個の変数に複数の値をまとめて代入する機能もあります。

複数同時代入を使って、変数colorとnameに対して、値'green'と'socks'を同時に代入するには次のように書きます。

インタプリタ

```
>>> color, name = 'green', 'socks'
>>> color
'green'
>>> name
'socks'
>>>
```

タプルのリスト

タプルを利用して、品物の色と品名をまとめることができました。このような品物の情報を複数まとめて管理するには、どうしたらよいでしょうか。複数のデータをまとめるには**リスト**が有効です。

タプルとリストは組み合わせて使うことができます。例えば、要素がタプルであるリストを作ることが可能です。

書式	タプルのリスト

[(値 , …), (値 , …), …]

以下のようなタプルを要素に持つリストを作り、変数catalogに代入するには、次のように書きます。

```
('blue', 'hat')
('red', 'shirt')
('green', 'socks')
```

インタプリタ

```
>>> catalog = [('blue', 'hat'), ('red', 'shirt'), ('green', 'socks')]
>>> catalog
[('blue', 'hat'), ('red', 'shirt'), ('green', 'socks')]
```

タプルのリストから情報を取り出すには、次のようにします。

①**リストから要素（タプル）を取り出す**
②**タプルの要素（この場合は文字列）を取り出す**

リストやタプルから要素を取り出すには、インデクスやfor文を使います。タプルに関しては、アンパックを使うのもおすすめです。タプルは要素数が変化しないので、取り出す要素数と代入先の変数の数を一致させやすく、アンパックを適用しやすいのです。

練習問題 //

前問で作成したリストcatalogに対して、以下を実行すると何を取り出せるでしょうか。取り出せる値を予想してから、実行してみてください。

①catalog[1]
②catalog[1][1]

解答例

🔑

インタプリタ

```
>>> catalog[1]  ←————————————— リストの要素（タプル）を取り出す。
('red', 'shirt')
>>> catalog[1][1]  ←——————————— リストの要素（タプル）を取り出し、
'shirt'                           次にタプルの要素（文字列）を取り出す。
```

134

疑問 色と品名をまとめるのにはタプルを使って、複数の品物をまとめるのにはリストを使うのは、なぜ？

タプルは**決まった個数のデータ**をまとめるのに向いています。ここで紹介したタプルの例では、品物の情報を「色」と「品名」という2個のデータでまとめています。アンパックを使えば、これらのデータを別々の変数へ取り出すことも簡単です。

リストは**個数が決まらないデータ**をまとめるのに向いています。後からデータを追加したり、データを削除したりすることが簡単にできるためです。ここで紹介した例で言えば、品物の種類は後から増やしたり減らしたりする可能性がありそうです。そのため、複数の品物はリストを使ってまとめます。

enumerate関数

enumerate関数はfor文と一緒に使う関数です。この関数を理解するにはタプルの知識が必要なので、ここで紹介することにしました。

書式 enumerate関数

```
for 変数A , 変数B in enumerate( イテラブル ):
    処理
```

リストなどに対して繰り返しを行うときに、「0, 1, 2…」のように何番目の要素なのかを表す番号が欲しいことがあります。このような場合に役立つのがenumerate関数です。

上記のように記述することで、 イテラブル （リストや文字列など）から順に要素を取り出し、 変数B に代入します。 変数A には「0, 1, 2…」のように、0から開始して1ずつ増加する整数が入ります。

enumerate関数は指定したイテラブルを元に、（**番号, 要素**）のようなタプルを生成します。上記の 変数A と 変数B のように2つの変数を指定すれば、このタプルをアンパックして、 変数A に番号、 変数B に要素を取り出すことができます。

次のようにenumerate関数の引数を追加すると、番号の開始値を指定することができます。 変数A には、開始値から1ずつ増加する整数が代入されます。

書式 enumerate関数における開始値の指定

```
for 変数A , 変数B in enumerate( イテラブル , 開始値 ):
    処理
```

p.134で作成したリストcatalogから要素を順に取り出し、1からはじまる番号つきで表示するには、次のように書きます。

> インタプリタ

```
>>> for index, item in enumerate(catalog, 1):
...     print(index, item)
...
1 ('blue', 'hat')
2 ('red', 'shirt')
3 ('green', 'socks')
```

> **Memo**
> すべての引数を左から順に、間隔(空白)をあけて表示します。
>
> print(引数 , 引数 , …)

可変長引数とタプル

可変長引数というのは、個数を変更することができる引数のことです。次のように関数を定義する際に、引数の前に「*」を付けると、可変長引数を使うことができます。

書式 位置引数の可変長引数

```
def 関数名 (* 引数 ):
    処理
```

位置引数の可変長引数を受け取る関数を定義します。可変長引数はタプルとして受け取ります。

練習問題

次のような関数を定義してください。

```
def test(*x):
    print(x)
```

このtest関数はどのような結果を表示するでしょうか。test関数を定義してから、次のようにtest関数を呼び出して、動作を確かめてください。

- ①test(1, 2)
- ②test(1, 2, 3)

解答例

インタプリタ

```
>>> def test(*x):
...     print(x)
...
>>> test(1, 2)
(1, 2)                                        ——— (1, 2)というタプルを表示
>>> test(1, 2, 3)
(1, 2, 3)                                     ——— (1, 2, 3)というタプルを表示
```

可変長引数を使うと、**任意個の位置引数を受け取る関数**を定義することができます。任意個のキーワード引数を受け取る関数を定義する方法は、後で「辞書」という機能を学んだときに紹介します。

可変長引数を使って、もう少し実用的な関数を定義してみましょう。次のようなsum関数を定義してください。

```
def sum(*number):
    s = 0
    for n in number:
        s += n
    return s
```

このsum関数はどのような結果を返すでしょうか。sum関数を定義してから、次のようにsum関数を呼び出して、動作を確かめてみましょう。sum関数は任意個の引数を受け取り、引数の合計値を計算する関数です。

①sum(1, 2)
②sum(1, 2, 3)

インタプリタ

```
>>> def sum(*number):
...     s = 0
...     for n in number:                    ——— number(タプル)から要素を取り出してnに代入
...         s += n                           ——— sにnを加算
...     return s                             ——— sを戻り値として返す
...
>>> sum(1, 2)
3                                            ——— 1 + 2 = 3を計算
>>> sum(1, 2, 3)
6                                            ——— 1 + 2 + 3 = 6を計算
```

6

さまざまなデータ構造

6.1

タプル

137

Chapter 6 ● さまざまなデータ構造

6.2 集合

　集合はリストやタプルと同様に、データ構造の1つです。セット（set）とも呼ばれます。複数のデータをまとめる機能があるのはリストやタプルと同じですが、次のような特徴があります。

- 重複する要素は持たない
- 要素の順序は指定できない
- インデックスやスライスは使えない

　1つの集合に対して、**同一の要素は1つしか格納することができません。**同一の要素を格納しようとしても自動的に1つになります。リストやタプルの場合は、同一の要素をいくつでも格納することができます。

　集合に格納する**要素の順序は、指定することができません。**要素を取り出す順序は、格納した順序とは異なる可能性があります。リストやタプルの場合は、要素を格納する順序を指定することができます。

　集合に対してインデックスやスライスは使えません。要素を格納する順序が指定できないので、インデックスやスライスを使うことにあまり意味がないともいえます。リストやタプルの場合は、インデックスやスライスが使えます。

 それでは、集合は一体何に使うの？

　リストやタプルに比べて、集合には次のような利点があります。これらの利点が活かせるような場面において、集合を使ってみてください。

- 要素の有無を高速に調べられる
- 集合用の特別な演算がある

　後で紹介するin演算子やnot in演算子を使って、指定した要素が集合に含まれるかどうかを素早く調べることができます。リストやタプルよりも、処理速度が高速になるような手法が使われています。

　さらに、集合と集合の間で行える特別な演算があります。2つの集合に共通で含まれる要素を抜き出したり、2つの集合を合成したりといった操作を、後で学ぶ集合用の演算子を使って簡単に実行できます。

> **Memo**
> 集合ではハッシュと呼ばれる手法を使って、要素を管理しています。ハッシュは要素の有無を調べたり、要素を検索したりすることを高速に行える手法です。

> **Memo**
> 集合にはsetとfrozensetがあります。setはミュータブルで、frozensetはイミュータブルです。本書ではsetを扱います。ミュータブルなので、要素の追加や削除が可能です。

集合の作成

最初に集合を作成する方法を学びましょう。集合は波括弧 {} で囲んで作成します。

書式 集合の作成

```
{ 値 , 値 , …}
```

「, 」(カンマ)で区切られた値を集合に登録します。値は、それぞれ**別の要素**として登録されます。集合は変数に代入することができます。

書式 集合の代入

```
変数 = { 値 , 値 , …}
```

動物園にいる動物の種類を管理するプログラムを作りましょう。動物園のパンフレットには、動物の種類が一覧表になっていることがありますね。このような一覧表を作るときに集合は役立ちます。

動物の「種類」を管理するので、同じ種類は1つだけ登録して、重複しないようにします。「重複する要素を持たない」という集合の特性を活用します。

ここでは、次のような動物の種類を集合に登録し、変数zooに代入してみます。

- 'lion' (ライオン)
- 'tiger' (トラ)
- 'elephant' (ゾウ)
- 'giraffe' (キリン)

インタプリタ

```
>>> zoo = {'lion', 'tiger', 'elephant', 'giraffe'}
>>> zoo
{'tiger', 'lion', 'elephant', 'giraffe'}
```

> **Memo**
> 値を持たない空の集合を作成するには、{}ではなくset()と書きます。
>
> ```
> zoo = set()
> ```
>
> {}と書くと空の辞書になります。辞書については後で学びます。

メンバーシップ・テスト演算子

メンバーシップ・テスト演算子のinとnot inを、文字列やリストに適用する方法について学びました（p.91）。inやnot inは集合に対しても適用することができます。特に集合は、これらの演算子を高速に実行することができます。

書式 集合とin演算子

値 in 集合

指定した値の要素が含まれている場合にはTrue、含まれていない場合にはFalseを返します。

書式 集合とnot in演算子

値 not in 集合

指定した値の要素が含まれていない場合にはTrue、含まれている場合にはFalseを返します。

動物園にゾウがいるかどうかを調べましょう。前ページで作成した集合zooの中に、'elephant'が含まれているかどうかを、in演算子を使って調べてみます。なお、変数（ここではzoo）に代入した集合は、この変数を他の値で上書きしたり、Pythonインタプリタを終了しない限り、記憶されています。

インタプリタ

```
>>> 'elephant' in zoo
True
```

Trueが返ってきていることから、動物園にはゾウがいることがわかります。

> **練習問題**

動物園にパンダがいないかどうかを調べましょう。前問の集合zooの中に、'panda'が含まれていないかどうかをnot in演算子を使って調べてください。

解答例

インタプリタ
```
>>> 'panda' not in zoo
True
```

Trueが返ってきていることから、動物園にはパンダがいないことがわかります。

要素の追加

集合に要素を追加するには、**|=演算子**を使います。|=は+=や-=などと同様に、累算代入演算子の一種です。なお、集合には要素の順序という概念がないので、追加した要素が集合のどこに追加されるのかはわかりません。

書式 集合への要素の追加

```
集合 |= { 要素 }
```

以下のように書くと、一度に複数の要素を追加することもできます。

書式 複数要素の追加

```
集合 |= { 要素 , 要素 , …}
```

動物園にヘビを追加しましょう。集合zooに'snake'を追加するには、次のように書きます。

インタプリタ
```
>>> zoo |= {'snake'}
>>> zoo
{'snake', 'tiger', 'lion', 'giraffe', 'elephant'}
```

すでに集合に含まれている要素を追加しようとしても、重複する要素を追加することはできません(エラーにはなりません)。次の練習問題で確認しましょう。

> **練習問題**

動物園にライオンを追加しましょう。ライオンはすでに動物園にいるので、動物の種類は増えません。前問の集合zooに対して'lion'を追加してください。そして、集合が変化しないこと('lion'が1つしか登録されていないこと)を確認してください。

解答例

インタプリタ

```
>>> zoo |= {'lion'}
>>> zoo
{'snake', 'tiger', 'lion', 'giraffe', 'elephant'}
```

要素の削除

集合から要素を削除するには、**-=演算子**を使います。

書式 集合から要素の削除

```
集合 -= { 要素 }
```

以下のように書くと、一度に複数の要素を削除することもできます。

書式 複数要素の削除

```
集合 -= { 要素 , 要素 , …}
```

集合zooから'tiger'を削除するには、次のように書きます。

インタプリタ

```
>>> zoo -= {'tiger'}
>>> zoo
{'snake', 'lion', 'giraffe', 'elephant'}
```

なお、集合に含まれていない要素を削除しようとしても、エラーにはなりませんが、集合は変化しません。次の練習問題で確認しましょう。

練習問題

集合zooから'koala'を削除してください。ただし、元々コアラはいないので、動物の種類は変化しません。

解答例

インタプリタ
```
>>> zoo -= {'koala'}
>>> zoo
{'snake', 'lion', 'giraffe', 'elephant'}
```

積集合を求める「&」演算子

2つの動物園にいる動物の種類を、次のような集合で表現してみました。これらの集合に演算子を適用して、いろいろな情報を引き出してみましょう。

```
zoo1 = {'lion', 'tiger', 'elephant', 'giraffe'}
zoo2 = {'elephant', 'panda', 'snake', 'lion'}
```

集合に適用できる特別な演算子について学びましょう。最初は積集合を求める「&」演算子です。積集合というのは、数学の集合で使う用語です。「&」演算子は 集合1 と 集合2 が共通して含む要素を持つ集合（積集合）を返します。

書式 積集合

集合1 & 集合2

&演算子を使って、zoo1とzoo2に共通する動物を調べるには、次のように書きます。

インタプリタ
```
>>> zoo1 & zoo2
{'lion', 'elephant'}
```
← 共通する動物はライオンとゾウ

和集合を求める「|」演算子

次は、和集合を求める「|」演算子です。集合1 と 集合2 が含むすべての要素を持つ集合（和集合）を返します。

> **書式** 和集合
>
> 集合1 | 集合2

zoo1とzoo2に含まれているすべての動物を表示するには、次のように書きます。

> **インタプリタ**
>
> ```
> >>> zoo1 | zoo2
> {'tiger', 'panda', 'elephant', 'snake', 'lion', 'giraffe'}
> ```

ここでは、2つの動物園に共通する動物（'lion'と'elephant'）が、**1つのみ**登録されていることに注目してください。

差集合を求める「-」演算子

差集合を求める「-」演算子です。 集合1 から 集合2 の要素を削除した集合（差集合）を返します。

> **書式** 差集合
>
> 集合1 - 集合2

zoo1からzoo2にいる動物を除いた一覧を作成するには、次のように書きます。

> **インタプリタ**
>
> ```
> >>> zoo1 - zoo2
> {'tiger', 'giraffe'}
> ```
> ← ライオンとゾウが消え、トラとキリンが残った

対称差を求める「^」演算子

対称差を求める「^」演算子です。 集合1 または 集合2 のどちらか一方だけが含む要素からなる集合（対称差）を返します。

> **書式** 対称差
>
> 集合1 ^ 集合2

zoo1にしかいない動物と、zoo2にしかいない動物を合わせた一覧を作るには、次のように書きます。

インタプリタ

```
>>> zoo1 ^ zoo2
{'tiger', 'panda', 'snake', 'giraffe'}
```
トラ、パンダ、ヘビ、キリンは片方の
動物園にしかいない

最後に各演算子をまとめます。

表 ▶ 集合に使用する演算子

演算子	働き
|=	要素の追加
-=	要素の削除
&	積集合を求める（集合1と集合2に共通する要素を返す）
|	和集合を求める（集合1と集合2が含むすべての要素を返す）
-	差集合を求める（集合1から集合2を削除した要素を返す）
^	対称差を求める（集合1または集合2のどちらか一方だけが含む要素を返す）

Column ｜ ＆とand、｜とor

「集合1 & 集合2」は、「集合1『かつ』集合2が含む要素の集合」を意味します。「かつ」は英語ではandですが、先に学んだように、Pythonのandはbool型に対して使う論理演算子です。

同様に「集合1 ｜ 集合2」は、「集合1『または』集合2が含む要素の集合」を意味します。「または」は英語ではorですが、こちらも先に学んだように、Pythonのorはbool型に対して使う論理演算子です。

どのような演算子が使えるのかは、値の型によって異なります。Pythonはプログラム上で型の名前を明示的に書くことが少ないプログラミング言語ですが、逆に「今扱っている値はどの型なのか」を意識しながら、プログラムを書く必要があります。

6

さまざまなデータ構造

6.2

集合

Chapter 6 ● さまざまなデータ構造

6.3 辞書

辞書とは

辞書はリスト、タプル、集合と同様にデータ構造の1つです。ディクショナリ（dictionary）とも呼ばれます。複数のデータをまとめる機能があるのは他のデータ構造と同じですが、次のような特徴があります。

- 格納する要素はキーと値のペアである
- 重複したキーを持たない
- インデックスやスライスは使用できない

辞書は、1つのキーに対して1つの値を対応づけます。**同一のキーは1つ**しか格納できません。同一のキーを格納しようとすると、既存のキーに対応づけられた値を変更することになります。

辞書にインデックスやスライスは使えません。後述するように、インデックスに似た記法で、キーを指定して要素を取り出すことはできます。

辞書に格納する要素の順序については、Python 3.6では実行環境が格納したときの順序を保存するようになり、Python 3.7では順序の保存が正式な仕様になりました。したがってPython 3.6以降では、要素を格納した順序と、要素を取り出す順序は一致します。

 他のデータ構造と比べたときの、辞書の特徴は？

キーと値の組み合わせを格納できることです。そして、指定したキーの要素を素早く取り出すことができます。キーの検索には、集合と同じくハッシュと呼ばれる手法が使われています。

辞書の作成

辞書は集合と同じく、「{}」（波括弧）で囲んで作成します。集合と違うのは、キーと値のペアを並べることです。

> **書式** 辞書の作成

{ キー : 値 , キー : 値 , … }

キーと値のペアを「:」(コロン)で繋げて指定します。キーと値のペアは、「,」(カンマ)で区切って複数指定することができます。

辞書も変数に代入することができます。

> **書式** 辞書の代入

変数 = { キー : 値 , キー : 値 , … }

ここでは、ピザ店のトッピングを管理するプログラムを作ってみましょう。次のようなトッピングの名前と価格を辞書に登録し、変数toppingに代入します。キーは名前(文字列)、値は価格(数値)です。

表 ▶ 辞書に登録する要素

名前	価格	意味
bacon	210	ベーコン
mushroom	140	マッシュルーム
onion	100	オニオン
tomato	130	トマト

インタプリタ

```
>>> topping = {'bacon':210, 'mushroom':140, 'onion':100, 'tomato':130}
>>> topping
{'bacon': 210, 'mushroom': 140, 'onion': 100, 'tomato': 130}
```

ここで作成した辞書は、次の図のようになります。キーと値のペアが登録されています。

図 ▶ 辞書の構造

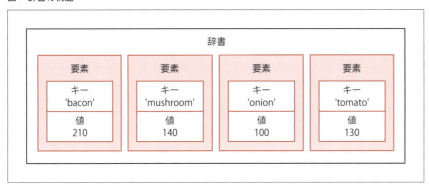

> **Memo**
> 辞書のキーはイミュータブル（要素の追加、変更および削除不能）である必要があります。辞書が使用するハッシュと呼ばれる手法では、キーが変化しないことを前提にしている（キーが変化すると処理するのに不都合である）ためです。
> Pythonの文字列がイミュータブルであることは、辞書のキーとして使ううえで好都合です。実際、文字列は辞書のキーとして非常によく使われます。

要素の取得

辞書から要素を取得するには、次のように書きます。指定したキーに対応する値を返します。

書式 辞書の要素の取得

    辞書 [キー]

辞書toppingから、マッシュルーム（'mushroom'）の価格を取得するには次のように書きます。なお、変数（ここではtopping）に代入した辞書は、この変数を他の値で上書きしたり、Pythonインタプリタを終了しないかぎり、記憶されています。

インタプリタ

```
>>> topping['mushroom']
140
```

キーの取得

for文を辞書に適用すると、すべてのキーを1つずつ取り出すことができます。

書式 for文によるキーの取得

    for 変数 in 辞書 :
        処理

上記のように指定すると、辞書からキーを1つずつ取り出して変数に代入し、処理を行うことを繰り返します。

> **練習問題**
>
> 前述の辞書toppingを使って、トッピングの名前を一覧表示してください。
>
> **解答例**
>
> **インタプリタ**
> ```
> >>> for key in topping:
> ...     print(key)
> ...
> bacon
> mushroom
> onion
> tomato
> ```

キーと値の取得

for文ですべてのキーを取り出す方法はわかりました。すべてのキーと値のペアを取り出す場合は、辞書の**itemsメソッド**を使います。

書式 キーと値の取得

```
for 変数A , 変数B in 辞書 .items():
    処理
```

辞書からキーと値のペアを一組ずつタプルとして取り出し、処理を行うことを繰り返します。タプルのアンパック(p.132)によって、変数Aにはキー、変数Bには値が入ります。

辞書toppingを使って、トッピングの名前と価格を一覧表示するには、次のように書きます。

インタプリタ
```
>>> for key, value in topping.items():
...     print(key, value)
...
bacon 210
mushroom 140
onion 100
tomato 130
```

要素の追加または変更

辞書はミュータブルなので、**要素の追加、変更、削除が可能**です。

> **書式** 要素の追加または変更
>
> 辞書 [キー] = 値

まだ辞書にないキーを指定した場合には、キーと値のペアを追加します。もう辞書にあるキーを指定した場合には、そのキーに対応する値を変更します。

辞書toppingに対して「名前は'cheese'（チーズ）、価格は160」という要素を追加するには、次のように書きます。

インタプリタ

```
>>> topping['cheese'] = 160
>>> topping
{'bacon': 210, 'mushroom': 140, 'onion': 100, 'tomato': 130, 'cheese': 160}
```

練習問題

トマトが値上がりしました。上記の「チーズ追加後の辞書topping」を使って、'tomato'の価格を150に変更し、価格が変更されたことを確認してください。

解答例

インタプリタ

```
>>> topping['tomato'] = 150
>>> topping
{'bacon': 210, 'mushroom': 140, 'onion': 100, 'tomato': 150, 'cheese': 160}
```

要素の削除

辞書から要素を削除するには、**del文**を使います。

書式 要素の削除

```
del 辞書 [ キー ]
```

辞書から**指定したキーの要素**(キーと値のペア)を削除します。

前ページで作成した辞書toppingから、'bacon'の要素を削除するには次のように書きます。

インタプリタ

```
>>> del topping['bacon']
>>> topping
{'mushroom': 140, 'onion': 100, 'tomato': 150, 'cheese': 160}
```

可変長引数と辞書

可変長引数というのは、**個数を変更することができる引数**のことです。位置引数の可変長引数をタプルとして受け取る方法はすでに学びました。ここではキーワード引数の可変長引数を辞書として受け取る方法を学びます。

書式 キーワード引数の可変長引数

```
def 関数名 (** 引数 ):
    処理
```

キーワード引数の可変長引数を受け取る関数を定義します。可変長引数は辞書として受け取ります。ここでは次のような関数を定義します。

```
def test(**y):
    print(y)
```

このtest関数はどのような結果を表示するでしょうか。test関数を定義してから、次のようにtest関数を呼び出して、動作を確かめてください。

①test(a=4, b=5)
②test(a=4, b=5, c=6)

インタプリタ

```
>>> def test(**y):
...     print(y)
...
>>> test(a=4, b=5)
{'a': 4, 'b': 5}
>>> test(a=4, b=5, c=6)
{'a': 4, 'b': 5, 'c': 6}
```

← 2個の要素を持つ辞書を表示

← 3個の要素を持つ辞書を表示

次の練習問題のように、位置引数の可変長引数と、キーワード引数の可変長引数を併用することもできます。

練習問題

次のような関数を定義してください。

```
def test2(*x, **y):
    print(x)
    print(y)
```

このtest2関数はどのような結果を表示するでしょうか。test2関数を定義してから、次のようにtest2関数を呼び出して、動作を確かめてください。

- ①test2(1, 2, 3)
- ②test2(a=4, b=5, c=6)
- ③test2(1, 2, 3, a=4, b=5, c=6)

解答例

インタプリタ

```
>>> def test2(*x, **y):
...     print(x)
...     print(y)
...
>>> test2(1, 2, 3)
(1, 2, 3)
{}
>>> test2(a=4, b=5, c=6)
()
{'a': 4, 'b': 5, 'c': 6}
>>> test2(1, 2, 3, a=4, b=5, c=6)
(1, 2, 3)
{'a': 4, 'b': 5, 'c': 6}
```

← 位置引数だけを渡す場合

← キーワード引数だけを渡す場合

← 位置引数とキーワード引数の両方を渡す場合

6.4 内包表記

内包表記とは

内包表記という機能を使うと、リストなどのデータ構造を作成するプログラムを簡潔に書けることがあります。内包表記はコンプリヘンション（comprehension）とも呼ばれます。

例として、1から9までの整数を2乗した値を格納した、次のようなリストを作成するプログラムを書いてみましょう。

```
[1, 4, 9, 16, 25, 36, 49, 64, 81]
```

for文とrange関数による繰り返し、リストのappendメソッドによる要素の追加を使うと、次のようなプログラムが書けます。変数aが結果のリストです。

```
a = []
for x in range(1, 10):
    a.append(x ** 2)
```

内包表記を使うと、同じリストを作るプログラムを、次のように簡潔に書くことができます。

```
a = [x ** 2 for x in range(1, 10)]
```

リストの内包表記は次のように書きます。イテラブルの部分には、リストや文字列、range関数やenumerate関数などを指定することができます。

書式 リストの内包表記

[式 for 変数 in イテラブル]

イテラブルから値を取り出し、変数に代入します。次に式を評価し、結果をリストに追加します。以上を繰り返すことによって、リストを作成します。

Pythonインタプリタを使って、以下の内包表記を評価（実行）するには、次のように記述します。

● 内包表記の例

```
[x ** 2 for x in range(1, 10)]
```

インタプリタ

```
>>> [x ** 2 for x in range(1, 10)]
[1, 4, 9, 16, 25, 36, 49, 64, 81]
```

練習問題

1から9までの整数を3乗した値を格納したリストを、内包表記を使って作成してください。

解答例

インタプリタ

```
>>> [x ** 3 for x in range(1, 10)]
[1, 8, 27, 64, 125, 216, 343, 512, 729]
```

内包表記とif

内包表記にifを組み合わせると、条件に合う値だけをリストに追加することができます。

書式 リストの内包表記とif

[式 for 変数 in イテラブル if 条件]

イテラブル から値を取り出し、 変数 に代入して、 条件 を評価します。 条件 がTrueの場合だけ、 式 を評価して、結果をリストに追加します。以上を繰り返すことによって、リストを作成します。

例えば、1から9までの整数のうち、3の倍数だけを格納したリストを内包表記を使って作成するには次のように書きます。

インタプリタ

```
>>> [x for x in range(1, 10) if x % 3 == 0]
[3, 6, 9]
```

Memo
3の倍数かどうかを判定するには、剰余（割り算の余り）を求める%演算子を使って、3で割ったときの余りが0かどうかを調べます。

内包表記を使って集合や辞書を作ることもできます。リストは「[]」(角括弧)を使いますが、集合や辞書は「{}」(波括弧)を使います。さらに辞書の場合は「キーの式」と「値の式」を指定します。

> **書式** 内包表記による集合の作成
>
> { 式 for 変数 in イテラブル if 条件 }

> **書式** 内包表記による辞書の作成
>
> { キーの式 : 値の式 for 変数 in イテラブル if 条件 }

内包表記と三項演算子

三項演算子とは、条件に応じて異なる値を返す演算子です。Pythonでは条件式とも呼ばれますが、if文などの条件を表す式と紛らわしいので、本書では三項演算子と呼びます。

> **書式** 三項演算子
>
> Trueの値 if 条件 else Falseの値

条件 がTrueのときは「Trueの値」、Falseのときは「Falseの値」を返します。

> **Memo**
> 三項演算子の三項というのは、項(演算の対象)が3個あるという意味です。三項演算子の場合、項は「条件」「Trueの値」「Falseの値」の3個です。

三項演算子を使わなくても、if文を使って同様の処理を実現することはできます。しかし三項演算子を使うと、if文よりもプログラムを簡潔に書ける場合があります。こんな例を考えてみましょう。

Fizz Buzzというゲームを知っていますか? 参加者が交代で、1から順番に数を数えるのですが、3の倍数のときには「Fizz」、5の倍数のときには「Buzz」、15の倍数のときには「FizzBuzz」といいます。いい間違えたり、いいよどんだりすると負けです。

Fizz Buzzゲームのルールに基づいて数を数えるプログラムは、for文やif文を使って比較的簡単に書くことができるので、プログラマの入社試験問題に使われることがあります。ここではFizz Buzzゲームのルールを一部取り入れて、三項演算子や内包表記を使って、xが3の倍数のときには'Fizz'を返し、3の倍数ではないときにはxの値をそのまま返すプログラムを書いてみましょう。そしてxが2の場合と3の場合について、各々どのような値を返すのかを確認してみます。

インタプリタ

```
>>> x = 2
>>> 'Fizz' if x % 3 == 0 else x
2                                                    ────── xが2のときは2を返す
>>> x = 3
>>> 'Fizz' if x % 3 == 0 else x
'Fizz'                                               ────── xが3のときは'Fizz'を返す
```

Column | **内包表記のネスト**

　繰り返し構文をネスト（入れ子）にするように、内包表記もネストにすることができます。内包表記をネストにしたときの動作は、繰り返し構文をネストにしたときの動作に似ています。

　例えば次のような内包表記を書くことができます。

```
[x * y for x in range(1, 10) for y in range(1, 10)]
```

　xは1から9まで変化します。xの各値に対して、yは1から9まで変化します。これらのxとyを使って「x * y」を計算し、リストに格納します。結果のリストは次のようになります（九九の表です）。

```
[1, 2, 3, 4, 5, 6, 7, 8, 9, 2, 4, 6, 8, 10, 12, 14, 16, 18, …, 9,
18, 27, 36, 45, 54, 63, 72, 81]
```

Chapter 6 ● さまざまなデータ構造

6.5 ジェネレータ式

ジェネレータ式とは

内包表記に似た記法に、**ジェネレータ式**という記法があります。

書式 ジェネレータ式

(式 for 変数 in イテラブル)

イテラブル から値を取り出し、値を 変数 に代入し、 式 を評価した結果を出力する、という処理を繰り返します。次のように、ifを組み合わせることもできます。

書式 ジェネレータ式とif

(式 for 変数 in イテラブル if 条件)

イテラブル から値を取り出し、 変数 に代入して、 条件 を評価します。 条件 がTrueの場合だけ、 式 を評価した結果を出力します。以上の処理を繰り返します。リストの内包表記は角括弧[]で囲みますが、ジェネレータ式は丸括弧()で囲みます。括弧の内部の書き方は同じです。動きもよく似ていますが、異なるのは結果の生成方法です。

リストの内包表記は、すべての内容を一度に生成してリストに格納します。ジェネレータ式はすべての内容を一度に生成することはせずに、要求に応じて1つずつ結果を生成します。

 内包表記とジェネレータ式は、どのような状況で動きの違いが出るの？

次のようなプログラムを使うと、内包表記とジェネレータ式の動きの違いがよくわかります。

● 内包表記のプログラム

```
number = [x for x in range(1000000000)] ──── 内包表記は角括弧[]で囲む
for n in number:
    print(n)
```

● ジェネレータ式のプログラム

```
number = (x for x in range(1000000000))          ジェネレータ式は丸括弧()で囲む
for n in number:
    print(n)
```

見た目はそっくりですね。どちらのプログラムも、0以上1000000000未満の整数を生成し、順に表示します。

内包表記のプログラムは、最初にすべての整数を一気に生成しようとするため、非常に処理時間がかかります。環境によりますが、メモリ不足に陥って、正しく動作しない場合もあります（マシンの応答が著しく低下する可能性があるので、このプログラムは不用意に動かさないことをおすすめします）。

ジェネレータ式のプログラムは、**要求に応じて整数を1つずつ生成**し、表示するため、処理時間がかかることもメモリ不足に陥ることもなく、問題なく動作します。

実際にジェネレータ式を使ったプログラムを実行してみます。

インタプリタ

```
>>> number = (x for x in range(1000000000))
>>> for n in number:
...     print(n)
...
0
1
2
3
4
...          以下、整数の出力が続く（Ctrl + C キーで止めてください。Macは control + C）
```

ジェネレータとyield文

ジェネレータ式に関連する機能に「**ジェネレータ**」という機能があります。ジェネレータは関数に似ていますが、関数がreturn文を使って戻り値を返すのに対して、ジェネレータは**yield文**を使って、複数の値を順番に生成します。まずはFizz Buzzゲーム（p.155）を通して、return文とyield文の違いを学び、次にジェネレータについて学びましょう。

呼び出しを繰り返し行ったら、「1」「2」「Fizz」「4」「Buzz」という戻り値を返すつもりで、return文を使って以下のdo_return関数を書きました。果たして思ったように動くでしょうか？

● **return文を使ったプログラム**

```python
def do_return():
    return 1
    return 2
    return 'Fizz'
    return 4
    return 'Buzz'
```

do_return関数を呼び出して、結果を表示してみましょう。

インタプリタ

```
>>> def do_return():
...     return 1
...     return 2
...     return 'Fizz'
...     return 4
...     return 'Buzz'
...
>>> do_return()
1
>>> do_return()
1
>>> do_return()
1
>>> do_return()
1
>>> do_return()
1
```

「1、2、Fizz、4、Buzz」という値を順に返すつもりだったのですが、何度呼び出しても、最初の「1」しか返ってきません。このようにreturn文は、そこで関数の実行を終了して、戻り値を返します。このプログラムの場合、最初の「return 1」で関数の実行を終了し、関数の続きは実行しないので、「1」しか返ってこないのです。

今度は、return文の代わりにyield文を使って、同様の関数を定義してみましょう。

書式 yield文

yield [値]

このdo_yield関数も、「1」「2」「Fizz」「4」「Buzz」という値を順に返す関数、というつもりで書きました。

● **yield文を使ったプログラム**

```
def do_yield():
    yield 1
    yield 2
    yield 'Fizz'
    yield 4
    yield 'Buzz'
```

do_yield関数を呼び出して、結果を表示してみましょう。

インタプリタ

```
>>> def do_yield():
...     yield 1
...     yield 2
...     yield 'Fizz'
...     yield 4
...     yield 'Buzz'
...
>>> do_yield()
<generator object do_yield at 0x00000171BDA55990>
```

　今度は「1」や「2」のような値ではなく、「<generator object …>」が返ってきました。実はこれが、ジェネレータ（generator）と呼ばれるものです。関数の定義においてyield文を使うと、通常の関数ではなく、ジェネレータを返す関数になります。

　ジェネレータは、複数の値を順番に生成するための仕組みです。要求に応じて、1つずつ結果を生成する機能を作ることができます。働きはジェネレータ式に似ていますが、ジェネレータは通常の関数と同様に、変数への代入や制御構文などを使って記述できるので、ジェネレータ式に比べて複雑なプログラムが書きやすくなっています。

　ジェネレータ式やジェネレータは、range関数（p.100）やenumerate関数（p.135）などと同様に、イテラブルとして使えます。例えば次のように、for文と組み合わせて使うことができます。

インタプリタ

```
>>> for i in do_yield():
...     print(i)
...
1
2
Fizz
4
Buzz
```

最初のもくろみどおり、「1、2、Fizz、4、Buzz」を出力することができました。また、次のように list関数と組み合わせると、ジェネレータが生成した値のリストを作ることができます。

インタプリタ

```
>>> list(do_yield())
[1, 2, 'Fizz', 4, 'Buzz']
```

ジェネレータを使って、より本格的なFizz Buzzゲームのプログラムを作ってみましょう。

テキストエディタ　　　　　　　　　　　　　　　　　　　　　　　　　　　　　📄 **yield.py**

```
def fizzbuzz(n):
    for x in range(1, n):
        if x % 15 == 0:              ← xが15で割り切れたら、
            yield 'FizzBuzz'         ← 'FizzBuzz'を出力。
        elif x % 5 == 0:             ← xが5で割り切れたら、
            yield 'Buzz'             ← 'Buzz'を出力。
        elif x % 3 == 0:             ← xが3で割り切れたら、
            yield 'Fizz'             ← 'Fizz'を出力。
        else:                        ← それ以外の場合には、
            yield x                  ← xを出力。

print(list(fizzbuzz(16)))
```

pythonコマンドを使ってプログラムを実行し、結果を確認してみましょう。

コマンドライン

```
$ python yield.py
[1, 2, 'Fizz', 4, 'Buzz', 'Fizz', 7, 8, 'Fizz', 'Buzz', 11, 'Fizz', 13,
14, 'FizzBuzz']
```

Fizz Buzzゲームのルールにしたがって、15まで数えたリストが得られました。プログラム末尾の16 を変更すれば、いくらでも長いリストが作れます。Fizz Buzzゲームの特訓に役立ちそうです。

　このプログラムでは、list関数の引数にジェネレータ（fizzbuzz）を指定しています。ジェネレータは イテラブルとして動作し、list関数に対して「1」「2」「'Fizz'」「4」「'Buzz'」…のような値を1個ずつ生成し て返します。list関数はこれらの値をまとめて、[1, 2, 'Fizz', 4, 'Buzz', …]のようなリストにします。

本章のまとめ

本章では以下のようなことを学びました。

解説項目	概要
タプル	複数の要素をまとめるイミュータブルなデータ構造です。丸括弧()で囲んで作成します。パックによる要素の格納や、アンパックによる要素の取り出しを組み合わせると便利です。
集合	重複する要素を持たないデータ構造です。波括弧{}で囲んで作成します。指定した要素の有無を素早く調べたり、集合間で特別な演算をしたりできます。
辞書	キーと値のペアを格納するデータ構造です。波括弧{}でキーと値のペアを囲んで作成します。指定したキーに対応する値を素早く取り出すことができます。
内包表記	リストなどのデータ構造を定義するプログラムを簡潔に書くための仕組みです。
ジェネレータ式	記法は内包表記に似ていますが、要求に応じて1つずつ結果を生成します。

この章までに学んだデータ構造（リスト・タプル・集合・辞書）は、Pythonを使いこなすうえで非常に重要な事柄です。ぜひPythonインタプリタを片手に、色々なプログラムを動かして、使い方に慣れてみてください。

Chapter 7

オブジェクト指向の基本と発展的な機能

本章ではオブジェクト指向について解説します。オブジェクト指向はPythonに限らず、多くのプログラミング言語が採用している概念です。Pythonを通じてオブジェクト指向の基本を習得しておけば、他のプログラミング言語を使うときにも役立ちます。次に学ぶのは例外処理です。プログラムの実行中に、例外的な事柄が起きたときの対処方法を解説します。そして本章の最後では、少し発展的なPythonの文法を解説します。ここで学ぶ多くの文法は、オブジェクト指向に関連する文法です。

Chapter 7 ● オブジェクト指向の基本と発展的な機能

7.1 オブジェクト指向プログラミング

オブジェクト指向とは

　オブジェクト指向は、プログラミングを効率的に行うための考え方の1つです。オブジェクト指向プログラミングでは、関連が深いデータと操作をまとめて、「**オブジェクト**」という部品にすることによって、プログラムの構造を整理します。

　オブジェクト指向プログラミングの基本となるのは、**クラス**と**インスタンス**という概念です。クラスは、**データと操作をまとめた構造の定義**です。Pythonでは、データは**データ属性**、操作は**メソッド**で表現します。データ属性とメソッドについては、後ほど詳しく解説します。

　クラスで定義した構造を、実際にメモリ上に生成したものがインスタンスです。インスタンスのことをオブジェクトと呼ぶこともあります。

　「構造をメモリ上に生成する」とは何でしょうか？

　次ページの図はクラスとインスタンスの関係です。クラスにはデータ属性（ここではAとB）とメソッド（ここではMとN）が定義されています。

　1つのクラスから、メモリが許す限り、いくつでもインスタンスを生成することができます。インスタンスを生成するには、インスタンスの内容を保存するための領域をメモリ上に確保し、データ属性の値を書き込みます。データ属性の構造（ここではAとB）はどのインスタンスにも共通ですが、データ属性の値はインスタンスごとに異なっても構いません。例えば次の図において、値a_1と値a_2、値b_1と値b_2は、それぞれ異なる値でも構いません。むしろ、インスタンスごとにデータ属性の値が異なっている方が一般的です。

　一方、メソッドのプログラムはどのインスタンスでも共通なので、メソッドのプログラムを保存する領域はインスタンスごとに用意する必要はありません。一箇所に保存したメソッドのプログラムを、複数のインスタンスで共有して使います。

　メソッドを呼び出す際に使ったインスタンスが、メソッドが処理する対象のインスタンスになります。例えば、インスタンス1を使ってメソッドを呼び出すと、メソッドはインスタンス1に対する処理を行います。インスタンス2を使って呼び出すと、メソッドはインスタンス2に対する処理を行います。メソッドのプログラムは共通ですが、処理の対象となるインスタンスが変わるので、処理の結果も変化します。

図 ▶ クラスとインスタンス

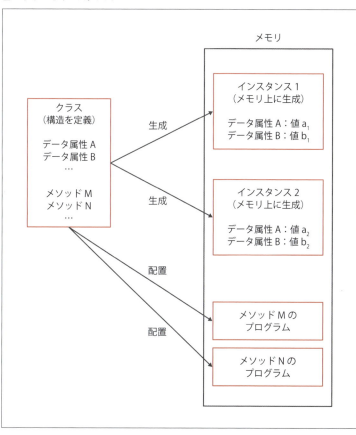

> **Memo**
> Pythonはオブジェクト指向プログラミングのための文法を用意していますが、複雑な文法は避けて、できるだけシンプルな形で提供しています。Pythonを使ったプログラミングにおいては、オブジェクト指向に頼る度合いはそれほど大きくなく、むしろ各種のデータ構造（リスト、タプル、集合、辞書など）を適切に使いこなすことの方が、効率よくプログラミングを進めるために重要です。

クラスの定義

クラスは次のように定義します。

書式 クラスの定義

```
class クラス名 :
```

スタイルガイド（PEP8）で推奨されているクラス名の命名規則は次のとおりです。本書もこの方針に従っています。変数名や関数名とは命名規則が異なることに注意してください。

- 半角の英文字（小文字および大文字）を使用する
- クラス名の1文字目は英大文字にする
- クラス名の2文字目以降には、半角の数字を使用することもある
- 英単語の区切りは、各単語の先頭を英大文字にすることで示す

メソッドの定義

クラスの内側はインデントして、メソッドの定義を記述します。

書式　メソッドの定義

```
class クラス名:
    def メソッド名(self, 引数, …):
        処理
```

メソッドは関数と同様にdefキーワードで定義します。クラスの内側にメソッドを定義します。メソッドの最初の引数は、selfという名前にすることが推奨されています。この変数selfには、メソッドの操作対象となるインスタンスが入ります。

 なぜクラスには関数ではなく、メソッドを使うのでしょうか？

クラスと関数を組み合わせることもできますが、メソッドを使った方が関数名を管理するうえで便利だからです。こんな例を考えてみましょう。顧客を表すインスタンスが、変数customerに代入されているとします。顧客が買い物をする処理を、buy関数およびbuyメソッドとして定義したとして、それぞれの呼び出し方を比べてみます。

関数　　：buy(customer, 'carrot')
メソッド：customer.buy('carrot')

buy関数の場合、「buy」が「顧客が買い物をする処理」の名前として、プログラム全体で有効になります。「buy」という名前はここで使ってしまったので、プログラムの他の箇所で「buy」という名前を使いたくなったときには、別の名前を付けなければなりません。例えば「店が仕入れをする処理」に「buy」という名前を付けようとすると、「顧客が買い物をする処理」の「buy」と名前が衝突してしまうので、何か別の名前を考える必要が生じます。結果として、名前の衝突を避けるために長い名前や簡潔でない名前を付けることになり、プログラムが読みにくくなる傾向があります。

buyメソッドの場合、「buy」は顧客のクラスに属する名前になります。プログラム全体で有効ですが、顧客のオブジェクトを伴わないと使えません。もし「店が仕入れをする処理」に「buy」という同じ名前を付けたとしても、呼び出しに用いるオブジェクトによって、どちらの「buy」を呼び出しているのかを区別することができます。以下の例では、変数customerには顧客のオブジェクト、変数shopには店のオブジェクトが代入されているとします。

```
customer.buy('carrot')
shop.buy('radish')
```

このように**関数ではなくメソッドを使うのは、名前の衝突を避けるため**です。「メソッドを使った方がわかりやすいので」という説明も見かけますが、わかりやすくなるのは「名前が単純になる」ことの副次的な効果であって、本当の目的は「名前の衝突を回避すること」にあります。

> **Memo**
> pass文を使うと、空のクラスを定義することができます。
>
> | **書式** | 空のクラスの定義 |
>
> ```
> class クラス名 :
>     pass
> ```

RPGのプレイヤー（プレイヤーキャラクタ）をクラスで表現してみましょう。プレイヤーには名前とレベルがあるとします。

以下のプログラムでは、プレイヤーを表すPlayerクラスを定義します。

テキストエディタ　　　　　　　　　　　　　　　　　　　　　　　　　📕 **class1.py**

```
class Player:                    ← Playerクラスの定義
    def display(self):           ← displayメソッドの定義
        print('Name :', self.name)   ← 名前の表示
        print('Level:', self.level)  ← レベルの表示
```

Playerクラスの内部では、displayメソッドを定義しています。displayメソッド内では、名前（name）とレベル（level）を表示する処理を記述しています。メソッドの定義は関数の定義と同じ形式ですが、selfという引数を受け取ることが特徴です。メソッドの内部では、この引数selfを使って、インスタンスに対して処理を行います。p.164で説明したように、メソッドを呼び出す際に使ったインスタンスが、メソッドが処理する対象のインスタンスになります。引数selfには、メソッドを呼び出す際に使ったインスタンスが代入されます。

インスタンスの生成

　p.165で示した図のように、**インスタンスの生成**とは、クラスで定義したデータ属性を保存するためのメモリを確保し、データ属性の値を書き込むことです。
　インスタンスは次のように生成します。クラスのインスタンスを生成し、変数に代入します。

> **書式** インスタンスの生成
>
> 変数 = クラス名 ()

　インスタンスに属するデータのことを、**データ属性**と呼びます。p.165で示した図のように、データ属性を保存するための領域は、各インスタンス用のメモリ領域内に確保されます。データ属性を参照するには、次のように書きます。

> **書式** データ属性の参照
>
> 変数 . データ属性名

　変数にインスタンスが代入されているとき、インスタンスのデータ属性を参照します。データ属性を変更する場合には、次のように書きます。これは通常の変数への代入に似ています。

> **書式** データ属性の変更
>
> 変数 . データ属性名 = 値

　インスタンスを使ってメソッドを呼び出すには、次のように書きます。メソッドの呼び出しは、すでに何度も使ってきたので、見慣れているかと思います。

> **書式** メソッドの呼び出し
>
> 変数 . メソッド名 (引数 , …)

　変数にインスタンスが代入されているとき、そのインスタンスの元となるクラスで定義されたメソッドを呼び出します。引数を渡して呼び出すこともできます。
　Playerクラスのインスタンスを生成してみましょう。インスタンスを生成した後に、データ属性を設定します。名前（name）は'Daikon'、レベル（level）は1です。最後にdisplayメソッドを呼び出して、名前とレベルを表示します。先ほどのclass1.pyに処理を追加します。

テキストエディタ　　　　　　　　　　　　　　　　　　　　　　　■ **class1.py**

```
class Player:
    def display(self):
        print('Name :', self.name)
        print('Level:', self.level)


p1 = Player()          ●──────────────────────────── インスタンスの生成
p1.name = 'Daikon'     ●──────────────────────────── 名前を設定
p1.level = 1           ●──────────────────────────── レベルを設定
p1.display()           ●──────────────────────────── 名前とレベルの表示
```

　1つのクラスを使って、複数のインスタンスを作ることができます。もう1つPlayerクラスのインスタンスを作りましょう。先ほどと同じ要領で、名前は'Ninjin'、レベルは2に設定します。最後にdisplayメソッドを使って、名前とレベルを表示します。

テキストエディタ　　　　　　　　　　　　　　　　　　　■ **class1.py**（続き）

```
p2 = Player()          ●──────────────────────────── インスタンスの生成
p2.name = 'Ninjin'     ●──────────────────────────── 名前を設定
p2.level = 2           ●──────────────────────────── レベルを設定
p2.display()           ●──────────────────────────── 名前とレベルの表示
```

　クラスとインスタンスの関係は次の図のようになります。**クラスは設計（設計図）、インスタンスは設計図から生成された製品に相当するといえます。** すべてのインスタンスは、クラスで定義された構造を持ちますが、格納されたデータ（nameやlevelの値）はインスタンスごとに異なる場合があります。

　上記のプログラムでは、データ属性nameやlevelを、クラスの内側ではなく外側で定義しています。クラスは設計図、インスタンスは製品に喩えたのに、これではデータ属性の定義が設計図に含まれていない、ということになります。次に説明する__init__メソッドを使えば、クラスの内部でデータ属性を定義できます。

> **Memo**
> Pythonでは、インスタンスのデータ属性を、クラスの内側でも外側でも定義することができます。さらに、インスタンスごとにデータ属性の構成を変えることも可能です。例えばPlayerクラスのインスタンス1にはname属性だけが、インスタンス2にはlevel属性だけがある、といった状態も作れます。しかし一般的には、クラスの内側でデータ属性を定義し、すべてのインスタンスが同じデータ属性を持つようにした方が、インスタンスが管理しやすく便利です。

7

オブジェクト指向の基本と
発展的な機能

7.1

オブジェクト指向プログラミング

169

図 ▶ クラスとインスタンス

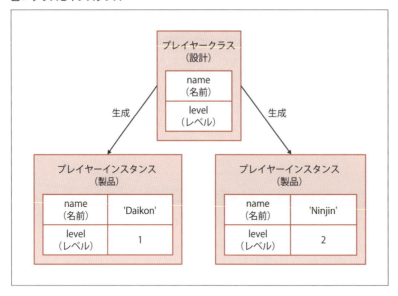

前述のプログラム（class1.py）をpythonコマンドを使って実行し、結果を確認してみます。

コマンドライン

```
$ python class1.py
Name : Daikon
Level: 1
Name : Ninjin
Level: 2
```

__init__メソッド

__init__という特別な名前のメソッドを定義すると、インスタンスを生成する際に、同時にデータ属性を設定することができます。

書式 __init__メソッドの定義

```
class クラス名 :
    def __init__(self, 引数 , …):
        self. データ属性名 = 値
```

次のプログラムは、Playerクラスに__init__メソッドを定義した例です。この__init__メソッドは、

name（名前）とlevel（レベル）という引数を受け取り、データ属性の初期化に使います。

テキストエディタ　　　　　　　　　　　　　　　　　　　　　　　　📄 **class2.py**

```
class Player:
    def __init__(self, name, level):  ●────────────────────  __init__メソッドの定義
        self.name = name  ●───────────────────────────────  名前を設定
        self.level = level  ●─────────────────────────────  レベルを設定

    def display(self):  ●─────────────────────────────  displayメソッドはclass1.pyと同じ
        print('Name :', self.name)
        print('Level:', self.level)
```

　__init__メソッドを使う場合、インスタンスの生成時に、__init__メソッドの引数からselfを除いた引数を指定します。

書式　　__init__メソッドを使ったインスタンスの生成

> ┌────┐　 ┌─────┐ ┌────┐
> │ 変数 │ ＝ │ クラス名 │（│ 引数 │, …）
> └────┘　 └─────┘ └────┘

　クラスのインスタンスを生成し、変数に代入します。引数は__init__メソッドがデータ属性の初期化に使います。

　次のプログラムは、__init__メソッドを定義したPlayerクラスを使って、インスタンスを生成する例です。

テキストエディタ　　　　　　　　　　　　　　　　　　　　　📄 **class2.py（続き）**

```
p1 = Player('Daikon', 1)  ●──────────────  インスタンスの生成とデータ属性の設定
p1.display()  ●──────────────────────────────────  名前とレベルの表示

p2 = Player('Ninjin', 2)  ●──────────────  インスタンスの生成とデータ属性の設定
p2.display()  ●──────────────────────────────────  名前とレベルの表示
```

　プログラム（class2.py）をpythonコマンドを使って実行し、結果を確認してみます。

コマンドライン

```
$ python class2.py
Name : Daikon
Level: 1
Name : Ninjin
Level: 2
```

7

オブジェクト指向の基本と
発展的な機能

7.1

オブジェクト指向プログラミング

171

メソッドの追加

クラスには、**複数のデータ属性やメソッドを持たせる**ことができます。既存のクラスに新たにメソッドを追加すれば、クラスの機能を拡張することができます。例えばPlayerクラスに、レベルアップの処理をするlevel_upメソッドを追加してみます。他のメソッドと同様に、level_upメソッドの定義には、引数selfが含まれていることに注意してください。

テキストエディタ　　　　　　　　　　　　　　　　　　　　　　　　　　　📄 **class3.py**

```python
class Player:
    def __init__(self, name, level):          # __init__メソッドの定義（以前と同じ）
        self.name = name
        self.level = level

    def display(self):                         # displayメソッドの定義（以前と同じ）
        print('Name :', self.name)
        print('Level:', self.level)

    def level_up(self, number):                # level_upメソッドの定義
        self.level += number                   # レベルを変更する
```

level_upメソッドの引数として数値を渡すと、その数値がレベルに加算されます。以下はlevel_upメソッドを呼び出すプログラムの例です。level_upメソッドの引数のうち、selfを除いた引数numberだけを渡していることに注意してください。

テキストエディタ　　　　　　　　　　　　　　　　　　　　　　　📄 **class3.py（続き）**

```python
p1 = Player('Daikon', 1)      # インスタンスの生成とデータ属性の設定
p1.level_up(2)                # レベルの変更(+2)
p1.display()                  # 名前とレベルの表示
```

プログラム（class3.py）をpythonコマンドを使って実行し、結果を確認してみます。

コマンドライン

```
$ python class3.py
Name : Daikon
Level: 3
```

インスタンスを生成した段階ではレベルは1ですが、level_upメソッドを呼び出すことで、レベルが3に変化します。

マングリング

　一般にメソッドはクラスの外部からでも呼び出せますが、ときには**クラスの内部だけで使うメソッドを定義**したいことがあります。そのメソッドを定義することによって、クラス内部の処理が実装しやすくなるけれども、外部に公開するほどの機能ではない、というような場合です。

　例えばPlayerクラスに、レベルアップをレベル10までに制限する__check_levelメソッドを追加してみます。このメソッドはクラスの内部だけで使います。level_upメソッドでレベルを上げた後に、制限を超えていないことを確認するために、__check_levelメソッドを呼び出します。

テキストエディタ　　　　　　　　　　　　　　　　　　　　　　　　　　**class4.py**

```
class Player:
    def __init__(self, name, level):           ── __init__メソッドの定義(以前と同じ)
        self.name = name
        self.level = level

    def display(self):                          ── displayメソッドの定義(以前と同じ)
        print('Name :', self.name)
        print('Level:', self.level)

    def level_up(self, number):                 ── level_upメソッドの定義
        self.level += number                    ── レベルを変更する
        self.__check_level()                    ── レベルを確認する

    def __check_level(self):                    ── __check_levelメソッドの定義
        if self.level > 10:                     ── レベルが10を超えていたら
            self.level = 10                     ── レベルを10に補正する
```

　__check_levelのように、2個のアンダースコア「__」から始まるメソッド名は、自動的に「_クラス名__メソッド名」という名前に変換されます。これは**マングリング**と呼ばれる機能です。マングリングは、内部だけで使うメソッドを間違って外部から呼んでしまう危険性を減少させます。

　例えば上記の__check_levelメソッドは、_Player__check_levelという名前のメソッドに変換されます。変換後の_Player__check_levelというメソッド名を使えば、クラスの外部からでも呼び出すことはできますが、__check_levelという元の名前では呼び出せないので、うっかり呼び出すことは少なくなります。

> **Memo**
> __init__も2個のアンダースコアから始まりますが、このように末尾に2個以上のアンダースコアが付くメソッドは、マングリングされません。

変更したlevel_upメソッドは次のように使用します。使用方法は以前と変わりませんが、レベルが10を超えると、自動的に10に補正されます。

テキストエディタ　　　　　　　　　　　　　　　　　　　　　　　　**class4.py（続き）**

```
p1 = Player('Daikon', 1)      ── インスタンスの生成とデータ属性の設定
p1.level_up(10)               ── レベルの変更（+10）
p1.display()                  ── 名前とレベルの表示
```

プログラム（class4.py）をpythonコマンドを使って実行し、結果を確認してみます。

コマンドライン

```
$ python class4.py
Name : Daikon
Level: 10       ── レベルが11から10に補正されている
```

クラス属性と定数

前のプログラム（class4.py）では、レベルの上限値（10）をif文の中に直接書き込んでいました。もし上限値を別の値に変更したくなったら、以下の2箇所の「10」を間違いなく同じ値に書き換える必要があります。

```
if self.level > 10:
    self.level = 10
```

こういった複数箇所で使う値は、**変数**や**定数**にしておくのがおすすめです。定数というのは**変更しない値**のことです。Pythonには定数を定義するための文法はありませんが、以下のような命名規則を使って変数を定義することで、プログラマが誤って変更してしまうことを防いでいます。

- 半角の英大文字を使用する
- 変数名の2文字目以降には、半角の数字を使用することもある
- 英単語の区切りはアンダースコアで示す

Playerクラスにおけるレベルの上限値のように、複数のインスタンスで共通に使う変数や定数を定義する場合には、クラス属性にするのがおすすめです。次の図はクラス属性と、クラスやインスタンスの関係です。クラス属性は複数のインスタンスに共通なので、インスタンスごとにクラス属性を保存する必要はありません。メソッドのプログラムと同様に、一箇所に保存したクラス属性を、複数のインスタンスが共有して使います。

図 ▶ クラス属性

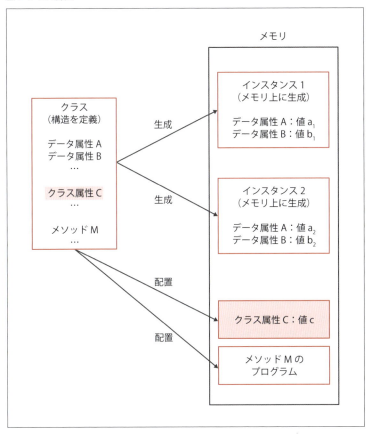

クラス属性は次のように定義します。

書式 クラス属性の定義

```
class クラス名 :
    クラス属性名 = 値
```

クラス属性の参照を行うには、次のように書きます。

書式 クラス属性の参照

```
クラス名 . クラス属性名
```

一方、クラス属性の変更を行うには、次のように書きます。

| 書式 | クラス属性の変更 |

| クラス名 | . | クラス属性名 | = | 値 |

Memo

クラスの内側からクラス属性を参照するには、次のようにも書けます。

| 書式 | クラス属性の参照 |

`self.` クラス属性名

クラスの外側から、クラス属性の参照を行うには、次のようにも書けます。変数にはインスタンスが代入されているとします。クラスの外側からクラス属性の変更をすることも同様に書けます。

| 書式 | クラス属性の参照 |

変数名 `.` クラス属性名

Playerクラスにおいて、レベルの上限値をクラス属性LEVEL_LIMITで表現してみました。

テキストエディタ　　　　　　　　　　　　　　　　　　　　　　**class5.py**

```python
class Player:
    LEVEL_LIMIT = 10                              クラス属性（レベルの上限値）

    def __init__(self, name, level):              __init__メソッドの定義（以前と同じ）
        self.name = name
        self.level = level

    def display(self):                            displayメソッドの定義（以前と同じ）
        print('Name :', self.name)
        print('Level:', self.level)

    def level_up(self, number):                   level_upメソッドの定義（以前と同じ）
        self.level += number
        self.__check_level()

    def __check_level(self):                      __check_levelメソッドの定義
        if self.level > Player.LEVEL_LIMIT:       レベルが上限値を超えていたら
            self.level = Player.LEVEL_LIMIT       レベルを上限値に補正する
```

以下はPlayerクラスを利用する例です（class4.pyと同じプログラムです）。

176

テキストエディタ 　　　　　　　　　　　　　　　class5.py（続き）

```python
p1 = Player('Daikon', 1)
p1.level_up(10)
p1.display()
```

プログラム（class5.py）をpythonコマンドを使って実行し、結果を確認してみます。

コマンドライン

```
$ python class5.py
Name : Daikon
Level: 10
```
← レベルが11から10に補正されている（以前と同じ）

継承

既存のクラスを拡張して、新しいクラスを定義することができます。このとき新しいクラスは、既存のクラスが持つすべての機能（データ属性およびメソッド）を引き継ぎます。この性質のことを「**継承**（けいしょう）」といいます。また、このときの既存のクラスを「**基底クラス**（きてい）」、新しいクラスを「**派生クラス**（はせい）」といいます。

派生クラスには、基底クラスに対して追加する機能や、基底クラスから変更する機能だけを記述します。基底クラスとの差分だけを記述するので、プログラムが簡潔になります。

派生クラスは次のように定義します。

書式　派生クラスの定義

```
class 派生クラス名 ( 基底クラス名 ):
    メソッドや変数の定義
```

Player（プレイヤー）クラスを基底クラスにして、Fighter（戦士）クラスとWizard（魔法使い）クラスを定義してみましょう。戦士クラスは剣（データ属性sword）を持っていて、斬る（slashメソッド）ことができます。魔法使いクラスは杖（データ属性wand）を持っていて、魔法を使う（magicメソッド）ことができます。

テキストエディタ 　　　　　　　　　　　　　　　class6.py

```
class Player:        ← Playerクラスの定義（以前と同じ）
    ...

class Fighter(Player):   ← Fighterクラスの定義
```

```
        def __init__(self, name, level, sword):  ←──── __init__メソッドの定義(オーバーライド)
            Player.__init__(self, name, level)  ←── Playerクラスの__init__メソッドを呼び出す
            self.sword = sword  ←──────────────────────── データ属性swordの設定

        def display(self):  ←──────────────────── displayメソッドの定義(オーバーライド)
            Player.display(self)  ←───────────── Playerクラスのdisplayメソッドを呼び出す
            print('Sword:', self.sword)  ←──────────── データ属性swordの表示

        def slash(self):  ←──────────────────── Fighterクラスに特有のslashメソッド
            print('Slashing!')

class Wizard(Player):  ←─────────────────────────────── Wizardクラスの定義
        def __init__(self, name, level, wand):  ←──── __init__メソッドの定義(オーバーライド)
            Player.__init__(self, name, level)  ←── Playerクラスの__init__メソッドを呼び出す
            self.wand = wand  ←──────────────────────── データ属性wandの設定

        def display(self):  ←──────────────────── displayメソッドの定義(オーバーライド)
            Player.display(self)  ←───────────── Playerクラスのdisplayメソッドを呼び出す
            print('Wand :', self.wand)  ←──────────── データ属性wandの表示

        def magic(self):  ←──────────────────── Wizardクラスに特有のmagicメソッド
            print('Casting a magic!')
```

　基底クラスにあるメソッドを派生クラスで再定義することを「**オーバーライド**」といいます。上記の
プログラムでは、__init__メソッドとdisplayメソッドをオーバーライドしています。派生クラスにおい
ては、継承したメソッドの代わりに新しく定義したメソッドが使われます。

　上記のプログラムでは、__init__メソッドやdisplayメソッドを定義する際に、基底クラスの同名のメ
ソッドを利用しています。オーバーライドされる前の基底クラスのメソッドを呼び出すには、次のよう
に書きます。

書式 基底クラスのメソッド呼び出し

| 基底クラス名 |.| メソッド名 |(self, | 引数 |, …)

> **Memo**
> 基底クラスのメソッド呼び出しは、super関数を使って、次のように書くこともできます。
>
> ```
> super().メソッド名(引数, …)
> ```

派生クラスには、基底クラスにはないメソッドを追加することもできます。上記のプログラムでは、

Fighterクラスのslashメソッドと、Wizardクラスのmagicメソッドが、新規に追加したメソッドです。

どのクラスでどのメソッドが使えるのかを、表に整理してみました。また、各メソッドがなぜ使えるのか、なぜ使えないかの理由を（）内に記しました。もしわからない部分があったら、理由（例えばオーバーライドやマングリングなど）に該当する節を読み返してみてください。

表 ▶ Playerクラス、Fighterクラス、Wizardクラスそれぞれで使えるメソッド

メソッド	Playerクラス	Fighterクラス	Wizardクラス
__init__	○（定義）	○（オーバーライド）	○（オーバーライド）
display	○（定義）	○（オーバーライド）	○（オーバーライド）
level_up	○（定義）	○（継承）	○（継承）
__check_level	○（定義）	×（マングリング）	×（マングリング）
slash	×（未定義）	○（追加で定義）	×（未定義）
magic	×（未定義）	×（未定義）	○（追加で定義）

定義したFighterクラスとWizardクラスは、次のようなプログラムで使います。

テキストエディタ　　　　　　　　　　　　　　　　　　　　　　　📄**class6.py（続き）**

```
f = Fighter('Daikon', 1, 'iron')      ← Fighterインスタンスの生成
f.display()                            ← displayメソッドの呼び出し
f.slash()                              ← slashメソッドの呼び出し

w = Wizard('Ninjin', 2, 'wood')        ← Wizardインスタンスの生成
w.display()                            ← displayメソッドの呼び出し
w.magic()                              ← magicメソッドの呼び出し
```

プログラム（class6.py）をpythonコマンドを使って実行し、結果を確認してみます。

コマンドライン

```
$ python class6.py
Name : Daikon
Level: 1
Sword: iron        ← Fighterクラスのdisplayメソッドによる表示
Slashing!          ← Fighterクラスのslashメソッドによる表示
Name : Ninjin
Level: 2
Wand : wood        ← Wizardクラスのdisplayメソッドによる表示
Casting a magic!   ← Wizardクラスのmagicメソッドによる表示
```

多重継承

派生クラスを定義する際に、複数の基底クラスを指定することができます。次のように、クラス名を「,」(カンマ) で区切ります。

> **書式** 複数の基底クラスを持つ派生クラスの定義
>
> class 派生クラス名 (基底クラス名 , 基底クラス名 , …):
> 　　メソッドや変数の定義

複数の基底クラスから機能を継承することを「**多重継承**」といいます。多重継承を利用することで、**複数のクラスの機能を合わせ持ったクラス**を作ることができます。

> **Memo**
> 1つの基底クラスから機能を継承することを、単一継承と呼びます。

多重継承を使って、Fighter (戦士) クラスとWizard (魔法使い) クラスを基底クラスとする、MagicKnight (魔法騎士) クラスを作ってみました。

テキストエディタ　　　　　　　　　　　　　　　　　　　　　　　class7.py

```
class Player:                           ← Playerクラスの定義 (以前と同じ)
    ...
class Fighter(Player):                  ← Fighterクラスの定義 (以前と同じ)
    ...
class Wizard(Player):                   ← Wizardクラスの定義 (以前と同じ)
    ...
class MagicKnight(Fighter, Wizard):     ← MagicKnightクラスの定義
    def __init__(self, name, level, sword, wand):    ← __init__メソッドの定義 (オーバーライド)
        Player.__init__(self, name, level)           ← Playerクラスの__init__メソッドを呼び出す
        self.sword = sword                           ← データ属性swordの初期化
        self.wand = wand                             ← データ属性wandの初期化

    def display(self):                               ← displayメソッドの定義 (オーバーライド)
        Player.display(self)                         ← Playerクラスのdisplayメソッドを呼び出す
        print('Sword:', self.sword)                  ← データ属性swordの表示
        print('Wand :', self.wand)                   ← データ属性wandの表示
```

次の図はPlayer、Fighter、Wizard、MagicKnightクラスの継承関係です。継承の関係を図示するときには、一般に派生クラスから基底クラスに向かう白抜きの矢印を使います。矢印の向いている先が基底クラスであることに注意してください。

図 ▶ 継承関係

> **Memo**
> 多重継承を使うと、派生クラスから基底クラスへの経路が複数できることがあります。上記の図において、MagicKnightクラスからPlayerクラスの経路は、Fighter経由のものと、Wizard経由のものがあります。これをダイヤモンド継承（あるいは菱形継承）と呼びます。

MagicKnightクラスは次のように使います。FighterクラスとWizardクラスの、両方から継承したメソッドを呼び出すことができます。

テキストエディタ　　　　　　　　　　　　　　　　　📘 class7.py（続き）

```
mk = MagicKnight('Gobou', 3, 'silver', 'glass')
mk.display()
mk.slash()       ← Fighterクラスから継承したslashメソッドの呼び出し
mk.magic()       ← Wizardクラスから継承したmagicメソッドの呼び出し
```

プログラム（class7.py）をpythonコマンドを使って実行し、結果を確認してみます。

コマンドライン

```
$ python class7.py
Name : Gobou
Level: 3
Sword: silver
Wand : glass
Slashing!           ← Fighterクラスから継承したslashメソッドによる表示
Casting a magic!    ← Wizardクラスから継承したmagicメソッドによる表示
```

Chapter 7 ● オブジェクト指向の基本と発展的な機能

7.2 例外処理

例外とは

例外はプログラムの実行中に起こるエラーです。例外が発生すると、プログラムはエラーメッセージを表示して終了します。ただし、**例外処理**を記述しておけば、エラー発生後もプログラムの実行を継続することができます。

例外処理の書き方

例外処理は次のようなtry文で行います。

> **書式** try文とexcept節
> ```
> try:
>     処理A
> except 例外名 :
>     処理B
> ```

最初に**try節**の処理Aを実行します。処理Aの実行中にエラーが発生した場合、処理Aの実行を中断し、**エラー内容に合わせた例外（例外インスタンス）を発信**します。exceptに続けて、対処したい例外名（例外クラス名）を記述します。もし発生した例外が**except節**の例外名に一致していたら、処理Bを実行します。

except節は複数並べることができます。発生した例外がどのexcept節の例外名とも一致しない場合には、エラーメッセージを表示してプログラムは終了します。

> **書式** 複数のexcept節
> ```
> except 例外名 :
>     処理
> except 例外名 :
>     処理
> …
> ```

182

> **Memo**
> 次のように書くと、1つのexcept節で複数種類の例外を処理することができます。
>
> | **書式** | 複数の例外を処理するexcept節 |
>
> ```
> except ( 例外名 , 例外名 , …):
> ```

例外処理を確認する例として、リストに格納されたデータの合計値を求める、次のようなプログラムを書きました。

このプログラムは、リストに格納されたデータの合計値を求めるものですが、データは'1'や'2'のような数値に変換できる文字列だけでなく、一部'three'のような数値に変換できない文字列が混じっています。変換できない文字列は処理せずに数値の合計だけを求めるには、どうすればよいでしょうか？

テキストエディタ　　　　　　　　　　　　　　　　　　　　　　　　　　　　📕**try1.py**

```
number = ['1', '2', 'three', '4']
sum = 0
for n in number:                            ── リストから値を取り出す
    sum += int(n)                           ── 値を数値に変換して合計する
print(sum)
```

プログラム（try1.py）をpythonコマンドを使って実行すると、次のような結果が得られます。

コマンドライン

```
$ python try1.py
Traceback (most recent call last):
  File "try1.py", line 4, in <module>
    sum += int(n)
ValueError: invalid literal for int() with base 10: 'three'
```

ValueErrorという例外が発生しました。プログラムの4行目で、int関数を使って'three'という文字列を数値に変換しようとしたことが例外の原因です。

> **Memo**
> ValueErrorはPythonがあらかじめ用意している例外（組み込み例外）の一種です。組み込み例外は多数用意されています。例えばKeyError、NameError、TypeErrorなどがあります。プログラムを実行したときに例外が発生すると、エラーメッセージとして例外名が表示されます。どのような状況でどういった例外が発生するかを知るヒントにしてみてください。

そこで、try文を使って次のようにプログラムを修正します。このプログラムはValueErrorが発生し

たときには何もせずに処理を続けます。pass文を使っています。Chapter4で学んだように、pass文は「何もしない文」であり、「何もしないが文を書く必要がある箇所を埋めるための文」として使います。ここではexcept節で何もしないでほしいのですが、except節には文を書く必要があるので、pass文を使っています。

テキストエディタ 📄 **try2.py**

```
number = ['1', '2', 'three', '4']
sum = 0
for n in number:
    try:
        sum += int(n)
    except ValueError:        ──── ValueErrorが起きたときの処理
        pass                  ──── 何もしない
print(sum)
```

プログラム（try2.py）をpythonコマンドを使って実行し、結果を確認してみます。

コマンドライン

```
$ python try2.py
7
```

無事に数値の合計だけを求めることができました（1 + 2 + 4 = 7）。このプログラムでは、例外が発生したときには何もしませんが、メッセージを表示するなどの処理を行うこともできます。

else節とfinally節

さて、try文にはexcept節だけではなく、**else節**や**finally節**を書くことも可能です。else節やfinally節は省略可能なので、必要なときだけ使うことができます。

書式 else節とfinally節

```
try:
    処理A
except 例外名 :
    処理B
else:
    処理C
finally:
    処理D
```

184

最初にtry節の処理Aを実行します。処理Aの実行中に例外が発生した場合、処理Aの実行を中止して、except節に進みます。もし発生した例外がexcept節の例外名に一致していたら、処理Bを実行します。例外が発生しなかったら、処理Cを実行します。例外が発生してもしなくても、最後に処理Dを実行します。

else節やfinally節の動作を確認するために、次のようなプログラムを書きました。

テキストエディタ　　　　　　　　　　　　　　　　　　　　　　📄**try3.py**

```
try:
    print('try')
    int('123')  ————————————————— 文字列'123'を数値に変換する
except ValueError:
    print('except')
else:
    print('else')
finally:
    print('finally')
```

try、except、else、finallyをどのような順番で実行するのかを予想してから、プログラム（try3.py）をpythonコマンドを使って実行してみてください。

コマンドライン

```
$ python try3.py
try
else
finally
```

文字列'123'を数値に変換しても、例外は発生しません。そのため、try、else、finallyの順に実行します。

練習問題 //

プログラム（try3.py）について、int('123')の部分をint('abc')に書き換えてから、pythonコマンドを使って実行し、結果を確認してください。try、except、else、finallyはどのような順番で実行するでしょうか。

解答例

コマンドライン

```
$ python try3.py
try
except
finally
```

文字列'abc'を数値に変換しようとすると、例外（ValueError）が発生します。そのため、try、except、finallyの順に実行します。

Memo
ValueErrorは、演算子や関数に対して与えられた値の型は適切だが、値の内容が不適切なときに発生する例外です。int関数に'abc'を与えている上記の例では、'abc'の型（文字列）は適切だが、値の内容は不適切である（数値に変換できる内容ではない）ので、ValueErrorが発生しています。

7.3 発展的な機能

ここまででPythonの主要な文法については学ぶことができました。ここからは少し発展的な機能を解説していきます。これらの機能を使わなくても、本書を読み進めることはできます。**早く先に進みたい人は、Chapter8以降を先に読んで、後で必要になったときにこちらを読んでください。**

デコレータ

デコレータ（decorator）とは、関数やメソッドを加工する機能です。Pythonが提供するデコレータを適用することで、関数やメソッドに色々な機能を追加することができます。デコレータを適用するには、関数やメソッドの定義の直前に、次のように書きます。

書式 デコレータの適用

```
@ デコレータ名
```

Pythonはさまざまなデコレータを提供します。後ほど、@staticmethod、@classmethod、@property、@abc.abstractmethodといったデコレータを紹介します。

以下は主要なデコレータの一覧表です。この表は暗記する必要はありません。他のプログラムで使われているのを見かけたときなどに、参考にしてみてください。

表 ▶ 主要なデコレータ一覧

デコレータ名	機能
@abc.abstractmethod	抽象メソッド
@abc.abstractproperty	抽象プロパティ
@asyncio.coroutine	ジェネレータベースのコルーチン
@atexit.register	終了時に実行する関数
@classmethod	クラスメソッド
@contextlib.contextmanager	with文コンテキストマネージャ用のファクトリ関数
@functools.lru_cache	戻り値のキャッシュ（一時保存）
@functools.singledispatch	ジェネリック関数
@functools.total_ordering	拡張順序比較メソッドの定義
@functools.wraps	ラッパー関数の定義
@property	プロパティ
@staticmethod	静的メソッド

187

デコレータ名	機能
@types.coroutine	ジェネレータからコルーチンへの変換
@unittest.mock.patch	オブジェクトに対するパッチ（修正）と復元
@unittest.mock.patch.dict	辞書に対するパッチと復元
@unittest.mock.patch.multiple	単一呼び出しに対する複数のパッチ
@unittest.mock.patch.object	オブジェクト属性のパッチ

　デコレータは自分で定義することもできます。ここでは関数の前後に処理を追加するデコレータを定義する方法を紹介します。

書式　デコレータの定義

```
import functools
def  デコレータ名 (f):
    @functools.wraps(f)
    def wrapper(*x, **y):
        前処理
        f(*x, **y)
        後処理
    return wrapper
```

　このデコレータを適用した関数を呼び出すと、最初に前処理を行い、次に関数を実行し、最後に後処理を行います。つまり関数に対して、前処理と後処理を追加することができます。なお、上記の変数名（f、x、y）や関数名（wrapper）は、別の名前にすることもできます。

　デコレータを定義するためには、プログラムの先頭に「import functools」という記述が必要です。importはモジュールをインポートするための構文で、詳しくはChapter8で学びます。モジュールというのはいろいろな機能を提供するプログラムの部品です。つまりインポートというのは、モジュールを取り込んで使えるようにする操作のことです。ここではデコレータの定義に関連するfunctoolsモジュールをインポートします。

　簡単なデコレータを定義してみましょう。デコレータ名はdecoとします。このデコレータを適用すると、関数の実行前に「BEGIN!」と表示し、実行後に「END!」と表示します。

テキストエディタ　　　　　　　　　　　　　　　　　　　　　　　　　📄 **deco1.py**

```
import functools

def deco(f):                                    ──── デコレータ名(deco)
    @functools.wraps(f)
    def wrapper(*x, **y):
        print('BEGIN!')                         ──── 前処理(BEGIN!と表示する)
        f(*x, **y)                              ──── 関数の呼び出し
        print('END!')                           ──── 後処理(END!と表示する)
    return wrapper
```

　次のようなhello関数に、デコレータdecoを適用してみます。hello関数は「hello」と表示するだけの簡単な関数です。

テキストエディタ　　　　　　　　　　　　　　　　　　　　📄 **deco1.py**（続き）

```
@deco                                           ──── デコレータの適用
def hello():                                    ──── hello関数の定義
    print('hello')

hello()                                         ──── hello関数の呼び出し
```

　デコレータを適用したhello関数を、pythonコマンドを使って実行してみましょう。

コマンドライン

```
$ python deco1.py
BEGIN!                                          ──── デコレータによる前処理
hello                                           ──── hello関数の処理
END!                                            ──── デコレータによる後処理
```

　このようにデコレータを使うと、関数の前後に任意の処理を追加することができます。ここではデコレータの動作を確認しやすくするために、関数の前後にメッセージを表示する例にしました。他の用途としては、例えば関数の実行時間を計測するとか、開発やデバッグのために関数の情報をログに出力する、といった使い方が考えられます。

189

練習問題 //

前述のプログラム (deco1.py) を改造して、次のようなHTML形式のコメントを出力するプログラム (deco2.py) を作成し、pythonコマンドで実行してください。

```
<!--
コメント
-->
```

ヒント

コメントの部分は前問のhello関数が出力します。デコレータcommentを定義して、前処理で「<!--」を、後処理で「-->」を、出力するようにしてください。

解答例

テキストエディタ　　　　　　　　　　　　　　　　　　　　　　　**📕 deco2.py**

```python
import functools

def comment(f):                    ────── デコレータ名(comment)
    @functools.wraps(f)
    def wrapper(*x, **y):
        print('<!--')              ────── 前処理(<!-- を出力する)
        f(*x, **y)                 ────── 関数の呼び出し
        print('-->')               ────── 後処理(-->を出力する)
    return wrapper

@comment                           ────── デコレータの適用
def hello():
    print('hello')

hello()
```

コマンドライン

```
$ python deco2.py
<!--
hello
-->
```

静的メソッド

メソッドについてはすでに学びました(p.166)。メソッドはインスタンスを使って呼び出します。指定したインスタンスが、メソッドの操作対象となります。

一方、ここで学ぶ**静的メソッド**は、インスタンスを使わないで呼び出すことができます。静的メソッドは、クラスに関する情報を参照したり設定したりする用途に向いています。

静的メソッドは次のように定義します。@staticmethodはPythonが提供するデコレータの一種で、指定したメソッドを静的メソッドにします。staticは静的という意味です。

書式 静的メソッドの定義

```
class クラス名 :
    @staticmethod
    def メソッド名 ( 引数 , …):
        処理
```

通常のメソッドでは最初の引数がselfですが、静的メソッドでは引数selfは使いません。

以下のプログラムでは、プレイヤーを表すPlayerクラスに、静的メソッドのprint_limitを定義します。このprint_limitメソッドは、クラス属性のLEVEL_LIMITを表示します。

テキストエディタ　　　　　　　　　　　　　　　　　　　　method1.py

```
class Player:
    LEVEL_LIMIT = 10          ← クラス属性

    @staticmethod             ← 静的メソッドの定義
    def print_limit():
        print(Player.LEVEL_LIMIT)   ← クラス属性のLEVEL_LIMITを表示
```

静的メソッドを呼び出すには、次のように書きます。通常のメソッドとは違い、クラス名を使って呼び出します。

書式 静的メソッドの呼び出し

```
クラス名 . メソッド名 ( 引数 , …)
```

以下はPlayerクラスのprint_limitメソッドを呼び出す例です。

テキストエディタ **method1.py（続き）**

```
Player.print_limit()
```

プログラム（method1.py）はどのような結果を表示するのか、予想してください。pythonコマンドを使ってプログラムを実行し、結果を確認してください。

コマンドライン

```
$ python method1.py
10
```
──── LEVEL_LIMITの値が表示される

クラスメソッド

クラスメソッドは、先ほど学んだ静的メソッドと同様に、インスタンスを使わないで呼び出すことができます。用途も静的メソッドと同様で、クラスに関する情報を参照したり設定したりするような使い方に向いています。

クラスメソッドは次のように定義します。@classmethodはPythonが提供するデコレータの一種で、指定したメソッドをクラスメソッドにします。

書式 クラスメソッドの定義

```
class クラス名 :
    @classmethod
    def メソッド名 (cls, 引数 , …):
        処理
```

クラスメソッドの最初の引数名は、clsにすることが推奨されています。この引数clsには、クラスメソッドを呼び出したときに使ったクラスが入ります。clsを使ってクラス属性などを操作することができます。

以下のプログラムでは、プレイヤーを表すPlayerクラスに、クラスメソッドのprint_limitを定義します。このprint_limitメソッドは、クラス属性のLEVEL_LIMITを表示します。

テキストエディタ **method2.py**

```
class Player:
    LEVEL_LIMIT = 10  ──────────── クラス属性

    @classmethod  ──────────── クラスメソッドの定義
```

```
def print_limit(cls):
    print(cls.LEVEL_LIMIT) ●────────────── クラス属性のLEVEL_LIMITを表示
```

　静的メソッドのプログラム（method1.py）と比べてみてください（p.191）。クラスメソッドのプログラム（method2.py）では、クラスが格納された変数clsを使って、クラス属性のLEVEL_LIMITを参照しています。

　クラスメソッドを呼び出すには、次のように書きます。静的メソッドと同様に、クラス名を使って呼び出します。

書式 クラスメソッドの呼び出し

| クラス名 | . | メソッド名 | (| 引数 | , …) |

　以下はPlayerクラスのprint_limitメソッドを呼び出す例です。静的メソッドの例（method2.py）と同じプログラムになります（p.192）。

テキストエディタ　　　　　　　　　　　　　　　　　　　　　　　　　　📄 **method2.py（続き）**

```
Player.print_limit()
```

　プログラム（method2.py）はどのような結果を表示するのか、予想してください。pythonコマンドを使ってプログラムを実行し、結果を確認してください。

コマンドライン

```
$ python method2.py
10 ●──────────────────────────── LEVEL_LIMITの値が表示される
```

疑❓問〈 静的メソッドとクラスメソッドの使い分けは？

　静的メソッドとクラスメソッドの違いは、クラスメソッドには引数clsがあることです。引数clsには、クラスメソッドの呼び出しに使われたクラスが入っています。つまりクラスメソッドは、引数clsを通じて、自分がどのクラスに対して呼び出されたのかを知ることができます。

　この違いは、継承を使ったときに大きな違いになります。静的メソッドやクラスメソッドは、通常のメソッドと同様に継承されます。この場合、メソッドがどのクラスに対して呼び出されたのかが絞れなくなります。基底クラスに対して呼び出されたのかもしれないし、派生クラスに対して呼び出されたのかもしれません。静的メソッドの場合、どのクラスに対して呼び出されたのかを知る方法はありません。クラスメソッドの場合、引数clsを使えば、どのクラスに対して呼び出されたのかを知ることができます。

以上をまとめると、メソッド（通常のメソッド）、クラスメソッド、静的メソッドは、次のように使い分けるとよいでしょう。

表 ▶ 各種メソッドの使い分け

メソッドの種類	機能と用途
メソッド	引数selfでインスタンスを特定できるので、特定のインスタンスに対する処理を定義するために使います。
クラスメソッド	インスタンスは特定できませんが、引数clsでクラスを特定できるので、特定のクラスに対する処理を定義するために使います。
静的メソッド	インスタンスもクラスも特定できませんが、あるクラスに関連する処理を、そのクラスの中に整理して定義したいときに役立ちます。

プロパティ

プロパティというのは、データ属性の参照や設定に関する機能です。データ属性の参照や設定を行う際に、指定した処理を実行することができます。プロパティを利用すると、例えばデータ属性を設定する際に値をチェックすることによって不適切な値が設定されないように防止する、といったことができます。

次のようなプログラムを考えてみましょう。プレイヤーを表すPlayerクラスです。クラス属性のLEVEL_LIMITが、レベルの上限値（10）を表しています。

テキストエディタ　　　　　　　　　　　　　　　　　　　　　　　📄 **property1.py**

```
class Player:
    LEVEL_LIMIT = 10  ●────────────────── クラス属性
```

このPlayerクラスを使って、次のような処理を行います。インスタンスを生成し、データ属性のlevelに100を設定します。最後にlevelの値を表示します。

テキストエディタ　　　　　　　　　　　　　　　　　　　　　📄 **property1.py（続き）**

```
p = Player()      ●────────────────── インスタンスの生成
p.level = 100     ●────────────────── データ属性のlevelに100を設定
print(p.level)    ●────────────────── levelを表示
```

表示されるlevelの値は何でしょうか。値を予想してください。プログラム（property1.py）を、pythonコマンドを使って実行し、結果を確認してみましょう。

コマンドライン

```
$ python property1.py
100 ●────────────────────────────────── レベルが100に設定される
```

データ属性には任意の値を設定することができます。レベルの上限値を表すクラス属性を定義しただけでは、データ属性に設定する値を制限することはできません。しかしプロパティを使えば、設定値を制限することができます。

プロパティは次のように書きます。@propertyはプロパティを作成するためのデコレータで、@ [プロパティ名] .setterはプロパティに値を設定するためのメソッドを定義するためのデコレータです。

書式 プロパティの定義

```
class [クラス名] :
    @property
    def [プロパティ名] (self):
        [処理A]

    @ [プロパティ名] .setter
    def [プロパティ名] (self, [変数] ):
        [処理B]
```

一般に、処理Aにはプロパティの値を返す処理を書き、処理Bにはプロパティの値を保存する処理を書きます。

> **Memo**
> プロパティに値を設定する処理のことを、一般にセッター (setter) と呼びます。

次のように、@ [プロパティ名] .setterのメソッドを省略すると、読み出し専用のプロパティになります。プロパティの値を参照することはできますが、値を設定することはできません。

書式 読み出し専用プロパティの定義

```
class [クラス名] :
    @property
    def [プロパティ名] (self):
        [処理A]
```

一般に、処理Aにはプロパティの値を返す処理を書きます。

Playerクラスに、レベルを表すlevelプロパティを定義してみます。レベルの値を保存するために、デー

7

オブジェクト指向の基本と発展的な機能

7.3

発展的な機能

195

タ属性__levelを使いました。__levelはクラスの外側からは直接操作しないことを想定しています。変数名の先頭に「__」(アンダースコア2個)が付いているので、マングリングが行われます。

テキストエディタ　　　　　　　　　　　　　　　　　　　　　　　　　　📄**property2.py**

```
class Player:
    LEVEL_LIMIT = 10 ●────────────────────────────── クラス属性

    @property ●────────────────────────────────── プロパティの定義
    def level(self):
        return self.__level ●────────────── データ属性__levelの値を返す

    @level.setter ●─────────────────────────────── セッターの定義
    def level(self, value):
        if value > Player.LEVEL_LIMIT: ●────── レベルが上限値を超えていたら
            value =  Player.LEVEL_LIMIT ●────── レベルを上限値に補正する
        self.__level = value ●────────── データ属性__levelにレベルを保存する
```

　以下はPlayerクラスを利用する例です。以前と同じプログラムですが、今度はレベルの上限値を超えないようにする処理を追加したので、結果が変わります。

テキストエディタ　　　　　　　　　　　　　　　　　　　　　📄**property2.py**（続き）

```
p = Player()
p.level = 100
print(p.level)
```

　levelの値はどのように表示されるのかを確認してみましょう。property2をpythonコマンドで実行してみます。

コマンドライン

```
$ python property2.py
10 ●────────────────────────────── レベルが上限値の10に設定される
```

　プロパティはデータ属性と同様の方法で、簡単に読み書きすることができます。一方で、値の範囲が適切かどうかを確認するような処理を組み込むことが可能です。利便性を確保しつつ、より安全に使えるクラスにすることができます。

練習問題

Playerクラスで設定できるレベルは、1以上にしたいと思います。先のプログラム (property2.py) では、レベルの下限値に関する処理は行いません。そのため、次のようなプログラムを実行すると、レベルが0に設定されてしまいます。

テキストエディタ　　　　　　　　　　　　　　　　　　　　　**property3.py（後半部分）**

```
p = Player()
p.level = 0
print(p.level)
```

プログラム (property2.py) を改造して、レベルに1よりも小さな値を設定しようとしたときには、レベルを1にするようなプログラム (property3.py) を作成してください。そして、上記のレベルを0にする処理を実行して、結果を確認してください。

解答例

テキストエディタ　　　　　　　　　　　　　　　　　　　　　**property3.py（前半部分）**

```
class Player:
    LEVEL_LIMIT = 10

    @property
    def level(self):
        return self.__level

    @level.setter
    def level(self, value):
        if value < 1:
            value = 1
        if value > Player.LEVEL_LIMIT:
            value = Player.LEVEL_LIMIT
        self.__level = value
```

コマンドライン

```
$ python property3.py
1
```
　　　　　　レベルが下限値の1に設定される

インスタンスの判定

　isinstance関数を使うと、あるインスタンスが指定したクラスのインスタンスかどうかを調べることができます。

書式	isinstance関数

```
isinstance( 変数 , クラス名 )
```

　変数にインスタンスが代入されているとき、そのインスタンスが指定したクラスのインスタンスかどうかを調べます。指定したクラスのインスタンスならばTrue、そうでなければFalseを返します。

　次のプログラム (isinstance1.py) は、Playerクラスのインスタンスを作成し、これがPlayerクラスのインスタンスかどうかを調べます。

テキストエディタ　　　　　　　　　　　　　　　　　　　　　　　　　　　▮isinstance1.py

```
class Player: ─────────────────────────── Playerクラスの定義
    pass

p = Player() ─────────────────────────── Playerのインスタンスを生成
print(isinstance(p, Player)) ──────────── Playerクラスのインスタンスか？
```

isinstance1.pyを実行してみましょう。

コマンドライン

```
$ python instance1.py
True ─────────────────────────────── Playerクラスのインスタンスである
```

　継承を使う場合、派生クラスは基底クラスが持つすべての機能を引き継ぎます。そのため、派生クラスのインスタンスは、基底クラスのインスタンスとしても動作します。したがって、isinstance関数を使って、派生クラスのインスタンスが基底クラスのインスタンスかどうかを調べると、結果はTrueになります。

◢ 練習問題 //

　次のプログラム (isinstance2.py) は、Fighterクラスのインスタンスを作成し、これがPlayer、Fighter、Wizardクラスのインスタンスかどうかを調べます。表示される結果がTrueかFalseかを予想してから、プログラムをpythonコマンドを使って実行し、結果を確認してみてください。結果は3つ表示されます。

テキストエディタ　　　　　　　　　　　　　　　　　　　　　　　　　　　▮isinstance2.py

```
class Player: ─────────────────────────── Playerクラスの定義
    pass

class Fighter(Player): ────────── Fighterクラス (Playerの派生クラス) の定義
```

198

```
        pass

class Wizard(Player):                               Wizardクラス（Playerの派生クラス）の定義
    pass

f = Fighter()                                       Fighterのインスタンスを生成
print(isinstance(f, Player))                        Playerクラスのインスタンスか？
print(isinstance(f, Fighter))                       Fighterクラスのインスタンスか？
print(isinstance(f, Wizard))                        Wizardクラスのインスタンスか？
```

解答例

コマンドライン

```
$ python instance2.py
True                                                Playerクラスのインスタンスである
True                                                Fighterクラスのインスタンスである
False                                               Wizardクラスのインスタンスではない
```

FighterクラスはPlayerクラスを継承しているので、最初の2つの結果はTrueになります。FighterクラスはWizardクラスを継承していないので、最後の結果はFalseになることに注意してください。

多重継承を使う場合についても、同様にisinstance関数を使って、あるインスタンスが指定したクラスのインスタンスかどうかを調べることができます。

次のプログラム（isinstance3.py）は、MagicKnightクラスのインスタンスを作成し、これがPlayer、Fighter、Wizard、MagicKnightクラスのインスタンスかどうかを調べます。表示される結果がTrueかFalseかを予想してから、プログラムをpythonコマンドを使って実行し、結果を確認してみてください。結果は4つ表示されます。

テキストエディタ   📘**isinstance3.py**

```
class Player:                                       Playerクラスの定義
    pass

class Fighter(Player):                              Fighterクラス（Playerの派生クラス）の定義
    pass

class Wizard(Player):                               Wizardクラス（Playerの派生クラス）の定義
    pass

class MagicKnight(Fighter, Wizard):         MagicKnightクラス（FighterとWizardの派生クラス）の定義
    pass

mk = MagicKnight()                                  MagicKnightのインスタンスを生成
```

```
print(isinstance(mk, Player))         ← Playerクラスのインスタンスか？
print(isinstance(mk, Fighter))        ← Fighterクラスのインスタンスか？
print(isinstance(mk, Wizard))         ← Wizardクラスのインスタンスか？
print(isinstance(mk, MagicKnight))    ← MagicKnightクラスのインスタンスか？
```

コマンドライン

```
$ python instance3.py
True    ← Playerクラスのインスタンスである
True    ← Fighterクラスのインスタンスである
True    ← Wizardクラスのインスタンスである
True    ← MagicKnightクラスのインスタンスである
```

　MagicKnightクラスはFighterクラスとWizardクラスを多重継承しています。FighterクラスとWizardクラスは、それぞれPlayerクラスを継承しています。したがってMagicKnightクラスのインスタンスは、これらすべてのクラスのインスタンスとして動作します。

抽象クラス

　抽象クラスというのは、インスタンスを作れないクラスのことです。インスタンスを作れないというと役に立たなさそうに思えますが、実は抽象クラスを基底クラスにしたうえで継承と組み合わせると、便利に使える場面があります。抽象クラスを基底クラスにしたもののことを、抽象基底（ちゅうしょうきてい）クラスと呼びます。

　RPGのプレイヤーを表すクラスを例に考えてみましょう。プレイヤーを表すPlayerクラス、戦士を表すFighterクラス、魔法使いを表すWizardクラスを定義します。各クラスに関する戦闘の処理を行うために、battleメソッドを定義することを考えます。

　戦士は剣で斬るので「slash」と表示し、魔法使いは魔法を唱えるので「magic」と表示することにします。プレイヤー（Playerクラス）はどう戦うのかというと、具体的な戦い方が決められないので、とりあえず「…」と表示しておくことにします。

　以上の検討に基づいて、次のようにクラスを定義します。

テキストエディタ   **abstract1.py**

```python
class Player:                      ● ─────────── Playerクラスの定義
    def battle(self):
        print('...')

class Fighter(Player):             ● ─────────── Fighterクラスの定義
    def battle(self):
        print('slash')

class Wizard(Player):              ● ─────────── Wizardクラスの定義
    def battle(self):
        print('magic')
```

　各クラスのインスタンスを作成して、battleメソッドを呼び出してみます。次のプログラムは、作成したインスタンスをリストに格納し、for文を使って順番にbattleメソッドを呼び出します。

テキストエディタ   **abstract1.py（続き）**

```python
for p in [Player(), Fighter(), Wizard()]:
    p.battle()
```

　このプログラム（abstract1.py）を実行すると、次のような結果が表示されます。

コマンドライン

```
$ python abstract1.py
...                                ● ─────────── Playerの表示
slash                              ● ─────────── Fighterの表示
magic                              ● ─────────── Wizardの表示
```

　さて、Playerの表示は仮に「...」としておきましたが、これは実際のゲームとしては不都合に感じます。具体的な戦闘の方法が決まっているFighterクラスとWizardクラスのインスタンスだけを作成できるようにして、Playerクラスのインスタンスは作成できないように制限したほうがよさそうです。
　ここで抽象基底クラスを使ってみましょう。Playerクラスを抽象基底クラスにすることによって、Playerクラスのインスタンスの作成を禁止します。抽象基底クラスは次のように定義します。

書式	抽象基底クラスの定義

```
import abc
class クラス名 (abc.ABC):
    @abc.abstractmethod
    def メソッド名 (self, 引数 , …):
        pass
```

　抽象基底クラスを使うためには、プログラムの先頭に「**import abc**」という記述が必要です。ここでは抽象基底クラスの機能を提供するabcというモジュールをインポートしています。abcというのはabstract base classes（抽象基底クラス）の略です。abcはPythonが提供するモジュールの1つです。

　メソッド定義の前に、@abc.abstractmethodと書かれていることに注目してください。このメソッドは抽象メソッド（abstractmethod）といいます。抽象メソッドは、Playerクラスのbattleメソッドのように、具体的な処理の内容を決められないメソッドを定義するための機能です。抽象メソッドに処理を記述することもできますが、上記では簡単にpassとだけ記述する方法を紹介しました。なお@abc.abstractmethodは、指定したメソッドを抽象メソッドにするためのデコレータです。

> **Memo**
> 上記では抽象メソッドを1つだけ定義する記法を紹介しましたが、1つの抽象基底クラスに対して、複数の抽象メソッドを定義することもできます。

　抽象基底クラスと抽象メソッドは、次のように使います。

（1）抽象基底クラスを定義し、抽象メソッドを定義する
（2）抽象基底クラスの派生クラスを定義し、抽象メソッドをオーバーライドする
（3）抽象基底クラスのインスタンスは生成することができない
（4）派生クラスのインスタンスは生成することができる

　実際にPlayerクラスを抽象基底クラスにして、battleメソッドを抽象メソッドにしてみましょう。このPlayerクラスから、FighterクラスとWizardクラスを派生させます。プログラムは次のとおりです。

テキストエディタ　　　　　　　　　　　　　　　　　　　　　　　　　　　　　　**abstract2.py**

```
import abc                              ← abcモジュールのインポート

class Player(abc.ABC):                  ← Playerクラス（抽象基底クラス）の定義
    @abc.abstractmethod
    def battle(self):                   ← battleメソッド（抽象メソッド）の定義
        pass
```

```python
class Fighter(Player):                          Fighterクラス（派生クラス）の定義
    def battle(self):                           battleメソッドのオーバーライド
        print('slash')

class Wizard(Player):                           Wizardクラス（派生クラス）の定義
    def battle(self):                           battleメソッドのオーバーライド
        print('magic')

for p in [Fighter(), Wizard()]:                 FighterとWizardのインスタンスを生成
    p.battle()                                  battleメソッドの呼び出し
```

プログラム（abstract2.py）を実行して、どのような結果が表示されるのか確認してみましょう。

コマンドライン

```
$ python abstract2.py
slash                                           Fighterの表示
magic                                           Wizardの表示
```

抽象基底クラスであるPlayerクラスについて、インスタンスが作れないことを確認してみましょう。
　プログラム（abstract2.py）の次の部分を改造して、Playerクラスのインスタンスも生成するようにしてください。

テキストエディタ　　　　　　　　　　　　　　　　　　　　📄**abstract2.py**（一部を再掲）

```python
for p in [Fighter(), Wizard()]:
    p.battle()
```

pythonコマンドを使ってプログラムを実行し、結果を確認してください。

テキストエディタ　　　　　　　　　　　　　　　　　　　　　　　　　📄**abstract3.py**

```python
import abc

class Player:                                   Playerクラスの定義（以前と同じ）
    ...
class Fighter(Player):                          Fighterクラスの定義（以前と同じ）
    ...
class Wizard(Player):                           Wizardクラスの定義（以前と同じ）
    ...

for p in [Player(), Fighter(), Wizard()]:       Player、Fighter、Wizardのインスタンスを生成
    p.battle()                                  battleメソッドの呼び出し
```

203

コマンドライン

```
$ python abstract3.py
Traceback (most recent call last):
  File "abstract3.py", line 16, in <module>
    for p in [Player(), Fighter(), Wizard()]:
TypeError: Can't instantiate abstract class Player with abstract methods
battle
```

Playerのインスタンスを生成している部分でエラーが出ています。エラーメッセージは「タイプエラー：抽象メソッドbattleを持つ抽象クラスPlayerを、インスタンス化することができません」です。狙いどおり、Playerのインスタンス生成を禁止することができました。

抽象基底クラスから派生するクラス

抽象基底クラスから派生するクラスについて、インスタンスを生成するためには、抽象メソッドをオーバーライドして、具体的な処理を記述する必要があります。もし**抽象メソッドをオーバーライドしないと、派生クラスのインスタンスも生成できなくなります。**

> **Memo**
> 抽象基底クラスに複数の抽象メソッドがある場合、派生クラスのインスタンスを生成するためには、すべての抽象メソッドをオーバーライドする必要があります。

例えばFighterクラスやWizardクラスにおいて、battleメソッドをオーバーライドしないと、これらのクラスのインスタンスも生成できなくなります。

実際に確かめてみましょう。プログラム（abstract2.py）の次の部分を改造して、Fighterクラスからbattleメソッドの定義を取り除いてみます。

テキストエディタ　　　　　　　　　　　　　　　　　　　　　■**abstract2.py**（一部を再掲）

```python
class Fighter(Player):
    def battle(self):
        print('slash')
```

Pythonコマンドを使ってプログラムを実行し、結果を確認してください。

テキストエディタ   **abstract4.py**

```
import abc

class Player(abc.ABC):                          Playerクラスの定義(以前と同じ)
    @abc.abstractmethod
    def battle(self):
        pass

class Fighter(Player):                          Fighterクラスの定義
    pass                                        battleメソッドをオーバーライドしない

class Wizard(Player):                           Wizardクラスの定義(以前と同じ)
    def battle(self):
        print('magic')

for p in [Fighter(), Wizard()]:                 FighterとWizardのインスタンスを生成
    p.battle()                                  battleメソッドの呼び出し
```

コマンドライン

```
$ python abstract4.py
Traceback (most recent call last):
  File "abstract4.py", line 15, in <module>
    for p in [Fighter(), Wizard()]:
TypeError: Can't instantiate abstract class Fighter with abstract methods
battle
```

Fighterのインスタンスを生成している部分でエラーが出ています。エラーメッセージの意味は「タイプエラー：抽象メソッドbattleを持つ抽象クラスFighterを、インスタンス化することができません」です。1つ前の練習問題（abstract3.py）で、Playerのインスタンスを生成しようとしたときと同じエラーです。

このように抽象基底クラスと抽象メソッドを利用することで、次の事柄が実現できます。

（1）インスタンスを生成しないクラスを定義することができる
（2）派生クラスにメソッドのオーバーライドを義務づけることができる

Playerクラスの例でいえば、**（1）**はPlayerのインスタンスを生成しないことに相当します。**（2）**はPlayerクラスの派生クラス（FighterやWizard）において、battleメソッドを必ずオーバーライドするように義務づけることに相当します。

演算子のオーバーロード

演算子のオーバーロードというのは「+」や「*」といった演算子を、プログラマが独自に定義するための機能です。プログラマが定義したクラスに対して演算子を割り当てることによって、そのクラスを使った演算を簡潔に記述できるようになります。

> **Memo**
> オーバーロード(overload)とオーバーライド(override)は違う意味の言葉なので注意してください。オーバーロードは、同じ名前の関数や演算子を、いろいろな型の値に対して多重に定義することです。オーバーライドは、基底クラスで定義されたメソッドを、派生クラスで再定義することです。

例えば、次のようなColorクラスを考えてみましょう。このColorクラスは、色の情報をRGB(Rは赤、Gは緑、Bは青を表します)で表現するためのクラスです。

テキストエディタ　　operator1.py

```
class Color:                          ← Colorクラスの定義
    def __init__(self, r, g, b):      ← __init__メソッドの定義
        self.r = r
        self.g = g
        self.b = b

    def print(self):                  ← printメソッドの定義
        print(self.r, self.g, self.b)
```

このColorクラスは次のように使います。ここでは2つのインスタンスを生成し、変数c1とc2に代入してから、printメソッドを呼び出して内容を表示します。c1のRGB値は10、20、30です。c2のRGB値は40、50、60です。

テキストエディタ　　operator1.py（続き）

```
c1 = Color(10, 20, 30)      ← インスタンスの生成
c1.print()                   ← RGB値を表示

c2 = Color(40, 50, 60)      ← インスタンスの生成
c2.print()                   ← RGB値を表示
```

プログラム(operator1.py)を実行して、結果を確認してみましょう。

コマンドライン

```
$ python operator1.py
10 20 30
40 50 60
```

次に、c1とc2の加算を行いましょう。以下のように、普通の数値を加算するようにプログラムが書けると便利なのですが、果たして正しく動作するのでしょうか。

テキストエディタ　　　　　　　　　　　　　　　　　　　　　📄 **operator2.py（一部）**

```
c3 = c1 + c2
c3.print()
```

プログラム（operator2.py）を実行して、結果を確認してみましょう。

コマンドライン

```
$ python operator2.py
10 20 30
40 50 60
Traceback (most recent call last):
  File "operator2.py", line 16, in <module>
    c3 = c1 + c2
TypeError: unsupported operand type(s) for +: 'Color' and 'Color'
```

「c3 = c1 + c2」の部分でエラーが出てしまいます。エラーの意味は「タイプエラー：+演算子に対するオペランドのタイプとしてColorとColorはサポートされていません」です。オペランド（operand）とは演算の対象となる値のことです。つまり、ColorとColorに対して+演算子を適用することはできない、という意味です。

このColorクラスは、プログラマ（私たち）が独自に定義したクラスです。Python処理系の立場としては、未知のクラスであるColorに対して+演算子が適用されたときに、どのような方法で演算をすればよいのかが決められないので、このようにエラーを出します。

そこで、演算子のオーバーロードを行い、Colorクラスに対する+演算子を定義します。+演算子をオーバーロードするには、次のように書きます。

書式　+演算子のオーバーロード

```
class クラス名 :
    def __add__(self, other):
        処理
```

このクラスのインスタンスに対して+演算子を使用すると、ここで定義した__add__メソッドが呼び出されます。処理の部分には、selfとotherの間で+演算子に相当する演算を行い、結果を返すプログラムを記述します。

演算子をオーバーロードするには、__add__のような特別な名前のメソッドを定義します。__add__以外にも、例えば次のようなメソッドがあります。これらのメソッドを定義することで、各種の演算子をオーバーロードすることができます。

表 ▶ 演算子に対応するメソッドの例

演算子	メソッド	内容
+	__add__	加算
-	__sub__	減算
*	__mul__	乗算
/	__truediv__	除算
//	__floordiv__	除算(結果の小数点以下は切り捨て)
%	__mod__	剰余算
**	__pow__	べき乗

Colorクラスについて__add__メソッドを定義すると、次のようなプログラムになります。

テキストエディタ　　　　　　　　　　　　　　　　　　　　**operator3.py**

```
class Color:                                    Colorクラスの定義
    def __init__(self, r, g, b):                __init__メソッドの定義(以前と同じ)
        …
    def print(self):                            printメソッドの定義(以前と同じ)
        …

    def __add__(self, other):                   __add__メソッドの定義
        r = self.r + other.r
        g = self.g + other.g
        b = self.b + other.b
        return Color(r, g, b)                   結果のインスタンスを生成して返す

c1 = Color(10, 20, 30)
c1.print()

c2 = Color(40, 50, 60)
c2.print()

c3 = c1 + c2                                    +演算子を使用(__add__メソッドを呼び出す)
c3.print()                                      結果の表示
```

プログラム(operator3.py)を実行すると、どのような結果になるのか、予想してください。pythonコ

208

マンドを使ってプログラムを実行し、結果を確認してみましょう。

コマンドライン

```
$ python operator3.py
10 20 30
40 50 60
50 70 90
```

c1の「10 20 30」とc2の「40 50 60」について、RGB値をそれぞれ加算した「50 70 90」が計算できていることがわかります。このように演算子のオーバーロードを活用すると、独自に定義したクラスに対して、Pythonに元々ある数値や文字列などと同じ感覚で、演算ができるようになります。

__str__メソッド

演算子をオーバーロードするための特別なメソッドを紹介しましたが、__str__メソッドも特別なメソッドの1つです。__str__メソッドを定義すると、print関数やformat関数にインスタンスを渡して、出力できるようになります。

以前に作成したColorクラスについて、インスタンスの内容を出力するには、次のようにprintメソッドを使っていました。

テキストエディタ　　　　　　　　　　　　　　　　　　　　　　　📄 **opeartor3.py（一部）**

```
c1 = Color(10, 20, 30)
c1.print()    ←—— printメソッドを使用
```

一方、数値や文字列を出力するには、print関数を使うことが一般的です。Colorのインスタンスについても、次のようにprint関数で出力できれば数値や文字列と同じ感覚で出力できるので、プログラムがわかりやすくなります。

テキストエディタ　　　　　　　　　　　　　　　　　　　　　　　　　📄 **str.py（一部）**

```
c1 = Color(10, 20, 30)
print(c1)    ←—— print関数を使用
```

このようにインスタンスをprint関数やformat関数に渡せるようにするには、次のように__str__メソッドを定義します。

書式　__str__メソッドの定義

```
class クラス名 :
    def __str__(self):
        処理
```

　このクラスのインスタンスに対してprint関数やformat関数を使用すると、ここで定義した__str__メソッドが呼び出されます。処理の部分には、print関数やformat関数に出力させる内容を返すプログラムを記述します。

　Colorクラスの場合には、例えば次のように__str__メソッドを定義します。この__str__メソッドは、RGB値を「R G B」のように、空白で区切って結合した文字列を返します。

テキストエディタ　　　　　　　　　　　　　　　　　　　　　　　　📄 str.py（前半）

```
class Color: •───────────────────── Colorクラスの定義
    def __init__(self, r, g, b): •──────── __init__メソッドの定義(以前と同じ)
        …
    def __add__(self, other): •───────── printメソッドの定義(以前と同じ)
        …

    def __str__(self): •──────────────── __str__メソッドの定義
        return str(self.r) + ' ' + str(self.g) + ' ' + str(self.b)
```

　上記のようにColorクラスを定義すると、次のようにColorのインスタンスに対して、print関数を呼び出せるようになります。

テキストエディタ　　　　　　　　　　　　　　　　　　　　　　　　📄 str.py（後半）

```
c1 = Color(10, 20, 30)
print(c1) •──────────────────────────── print関数を使用

c2 = Color(40, 50, 60)
print(c2) •──────────────────────────── print関数を使用

c3 = c1 + c2
print(c3) •──────────────────────────── print関数を使用
```

　プログラム（str.py）を実行すると、どのような結果になるのか、予想してください。pythonコマンドを使ってプログラムを実行し、結果を確認してみましょう。

210

コマンドライン

```
$ python str.py
10 20 30
40 50 60
50 70 90
```

　このプログラム (str.py) の結果は、以前のプログラム (operator3.py) と同じですが、print関数が使えるようになったことが違います。print関数を使うことによって、通常の数値や文字列と同じ方法で、インスタンスを出力することができます。「Colorインスタンスを出力するためには、printメソッドを使わなければならない」という独自の出力方法を覚える必要がなくなるので、使いやすいクラスになります。

ダックタイピング

　ダック (duck) というのはアヒルのことです。**ダックタイピング** (duck-typing) という言葉は、「ある鳥がアヒルのように見えて、アヒルのように鳴くならば、それはアヒルに違いない」というアイディアに基づいています。プログラミングにおいては「**あるインスタンスが、必要なメソッドやデータ属性を備えていれば、実際にはどのクラスのインスタンスであるかは問わない**」という考え方になります。

　「あるインスタンスが、どのクラスのインスタンスなのか」を問うプログラミング言語もあります。このようなプログラミング言語にとっては、「あるインスタンスが、必要な機能を備えている」ことではなく、「あるインスタンスが、指定したクラスのインスタンスである」ことが重要です。つまり、必要な機能をすべて備えていたとしても、指定したクラスのインスタンスでなければ受け入れない（エラーにする）ということです。アヒルに例えれば、「アヒルのように見えて、アヒルのように鳴いていても、その個体がアヒルという種でなければ受け入れない」といえます。

　Pythonはダックタイピングの立場をとっています。あるインスタンスに対して、ある処理を行うときに、その処理に必要な機能をインスタンスが備えていれば、どのクラスのインスタンスかは問わない（エラーにせずに実行する）という動作です。

　次のようなプログラムを考えてみましょう。引数x、y、zの合計を求めるsum関数です。

テキストエディタ　　　　　　　　　　　　　　　　　　　　　　　　duck.py

```
def sum(x, y, z):
    return x + y + z
```

　このsum関数には数値を渡すことができます。次のプログラムを実行すると、1、2、3の合計が表示されるはずです。

テキストエディタ　　　　　　　　　　　　　　　　　　　　　　　　　　　　　■ **duck.py（続き）**

```
n = sum(1, 2, 3)
print(n)
```

　sum関数に文字列を渡すとどうなるでしょうか。sum関数では、引数のx、y、zに対して+演算子を適用していることに注意してください。そして、文字列に対しても+演算子を実行することができることを思い出してください。このプログラムを実行すると、Hello、Python、Worldを結合した文字列が表示されるはずです。

テキストエディタ　　　　　　　　　　　　　　　　　　　　　　　　　　　　　■ **duck.py（続き）**

```
s = sum('Hello', 'Python', 'World')
print(s)
```

　最後に、sum関数にColorのインスタンスを渡すとどうなるかを、考えてみてください。Colorクラスの定義は、以前のプログラム（str.py）と同じだとします。以下の処理を実行する場合、同じファイル（duck.py）の中で以下の処理よりも前の部分に、Colorクラスの定義を記述する必要があります。

テキストエディタ　　　　　　　　　　　　　　　　　　　　　　　　　　　　　■ **duck.py（続き）**

```
c = sum(Color(10, 20, 30), Color(40, 50, 60), Color(70, 80, 90))
print(c)
```

　前述のように、sum関数は引数のx、y、zに対して、+演算子を適用します。Colorクラスには+演算子に相当する__add__メソッドが定義されていました。ということは、Colorのインスタンスに対しても、sum関数は動作するかもしれません。

　プログラム（duck.py）を実行すると、どのような結果になるのか、予想してください。前述のような数値、文字列、Colorのインスタンスをsum関数に渡します。

　pythonコマンドを使ってプログラムを実行し、結果を確認してみましょう。

コマンドライン

```
$ python duck.py
6 ●━━━━━━━━━━━━━━━━━━━━━━━━━━━━ 数値に対する結果
HelloPythonWorld ●━━━━━━━━━━━━━━━━━ 文字列に対する結果
120 150 180 ●━━━━━━━━━━━━━━ Colorのインスタンスに対する結果
```

　sum関数には、数値、文字列、Colorのインスタンスの、いずれも渡すことができました。sum関数は、+演算子を備えていれば、値の種類は問わずに受け入れます。Color以外のクラスのインスタンスにつ

いても、+演算子さえ用意すれば、sum関数に渡すことができます。

これが、ダックタイピングの効用です。必要な機能さえ用意すれば、色々な種類の値に対して、共通の処理（ここではsum関数）を適用することができます。上手に活用すれば、処理の汎用性が高まり、1つの処理をさまざまな目的に再利用することが可能になります。プログラムが簡潔になり、処理の使い方を覚えるのが簡単になることで、プログラミングの効率がよくなることが期待できます。

本章のまとめ

本章では以下のようなことを学びました。

解説項目	概要
オブジェクト指向プログラミング	関連が深いデータと操作をまとめて、オブジェクトという部品にすることにより、プログラムの構造を整理する手法です。クラス、インスタンス、メソッド、データ属性、クラス属性、継承、オーバーライドなどについて学びました。
例外処理	例外はプログラムの実行中に起きるエラーです。例外処理を記述することで、エラーが起きてもプログラムの実行を継続することができます。
発展的な機能	デコレータ、静的メソッド、クラスメソッド、プロパティ、インスタンスの判定、抽象クラス、演算子のオーバーロード、__str__メソッド、ダックタイピングなど、少し発展的な機能を学びました。

ここまででPythonの主要な文法をマスターすることができました。Pythonにはまだ他にも文法はありますが、**これまでに学んだ文法で、大部分のプログラムを書いたり読んだりできる**でしょう。

次章では、Pythonを使ってできることの幅をさらに広げるために、標準ライブラリの使い方を学びます。

Chapter 8

標準ライブラリを使ってみよう

読者のみなさんは、「Pythonでいろいろなプログラムを組めるようになりたい！」とお考えのことと思います。そのためには、Python言語について学ぶとともに、ライブラリについて学ぶのが有効です。

ライブラリは多彩な処理を簡単に実現するための機能のまとまりで、Pythonは標準で非常に多くのライブラリを備えています。本章では、多くのプログラムで活用できる、乱数、日時、ファイル入出力、正規表現といった機能を題材に、Pythonの標準ライブラリの使い方を学びます。

Chapter 8 ● 標準ライブラリを使ってみよう

8.1 標準ライブラリ

　本章では、実用的なプログラムの作成に欠かせない「**ライブラリ**」の使い方を解説します。
　ライブラリとは、プログラミングにおいてよく使う機能をまとめたソフトウェアのことです。例えば「画面に値を表示する」という機能は、とてもよく使う機能の1つです。こういった機能をプログラミングのたびに毎回新しく作成することもできますが、あらかじめ用意されているライブラリを使えば、限られた時間や労力をプログラミングの他の部分に回すことができます。目的に合ったライブラリを適切に使うと、少ない時間や労力で、高機能なプログラムを作ることが可能になります。
　「**標準ライブラリ**」というのは、プログラミング言語が標準の機能として提供しているライブラリのことです。Pythonにも標準ライブラリがあります。Pythonの標準ライブラリは、組み込みの関数や型などとして、あるいは組み込みではない「**モジュール**」として提供されています。
　Pythonの標準ライブラリにはどんなものがあるのか、Python.jpによる翻訳ドキュメントが以下のURLに掲載されているので、ここで確認してみてください。

> URL　https://docs.python.jp/3/library/index.html

　なお、必要な機能が標準ライブラリに見当たらないときには、標準以外のライブラリを探す方法もあります。Pythonでは標準以外にも、数多くの有用なライブラリがあります（本書でも第9章以降で使用しています）。それでも必要な機能が見つからないときには、自分でライブラリを作る方法もあります。

 標準ライブラリのページを見たけど、こんなに機能があるの！？　これって暗記する必要があるの！？

　標準ライブラリについても、標準以外のライブラリについても、機能をくまなく暗記しておく必要はありません。どんな機能があるのか、ということをなんとなく覚えておけば十分です。機能の詳細な使い方については、実際に使うときにリファレンスを調べることをお勧めします。例えば「乱数の機能は、確か標準ライブラリにあったはず…」くらいに覚えておくとよいでしょう。
　本章では、Pythonの標準ライブラリに含まれるいくつかの機能を実際に使いながら、標準ライブラリの使い方を学んでみましょう。

216

Chapter 8 ● 標準ライブラリを使ってみよう

8.2 モジュール

モジュールとは

　モジュール（module）は「部品」という意味を持つ言葉です。特にプログラミングの分野では、関連した機能をひとまとめにしたプログラムのことを、モジュールと呼びます。Pythonには非常に多くのモジュールがあり、便利なモジュールの使い方を覚えれば、高機能なプログラムを簡単に作ることができます。

　ちなみに、Pythonのモジュールは、定義や文が入った.pyファイルです。そのため、自分で作ったプログラムをモジュールとして使うこともできます。

モジュールを使う方法

　組み込みの関数は特別な操作をしなくても使用することができますが、組み込みではない関数を使うには、その関数の定義を含んだモジュールを**インポート**する必要があります。インポート（import）という言葉には英語で「輸入する」という意味がありますが、Pythonにおいてはプログラムに必要なモジュールの機能を取り込むことをインポートと呼びます。

　ここでは、乱数を生成する機能を提供しているrandomモジュールを通して、モジュールを使う方法を学びましょう。

コンピュータで乱数を生成する

　コンピュータが生成する「適当な数」のことを、乱数（らんすう）と呼びます。英語ではrandom numbers（ランダム・ナンバーズ）です。ランダムという言葉は、日本でも耳にすることがありますね。例えばコンピュータゲームにおいて、でたらめな動きをする敵キャラクターのことを、「この敵はランダムな動きをする」と表現することがあります。

　適当な数を生成する目的としては、例えばサイコロです。1から6までの適当な数が生成できれば、サイコロのプログラムが作れますね。

コンピュータは指示されたとおりに正確に動くのが持ち味。そんなコンピュータが「適当な数」なんて、どうやって生成するの？

217

まず、乱数の定義をきちんと確認しましょう。次々に数を生成するときに、今までに生成した数から次の数が予想できないとき、これを乱数列と呼びます。乱数とは、この乱数列を構成する個々の数のことです。

コンピュータが生成する乱数は、擬似乱数と呼ばれています。擬似乱数は、あたかも乱数のように見えますが、実は計算によって求められています。本来の乱数列には規則性がありませんが、擬似乱数列は計算で求めるので、規則性があります。

とはいえ、乱数の生成方法を工夫すると、本来の乱数列と見分けがつかないような擬似乱数列を作ることができます。そのためコンピュータのプログラムでは、乱数の代わりに擬似乱数を使うことが一般的です。今後は本書でも、擬似乱数のことを、単に「乱数」と呼んで使用することにします。

■ モジュールのインポート

インポートを行うには、次のような**import文**を使います。通常、import文はプログラムの先頭に書きます。

書式 モジュールのインポート

```
import モジュール名
```

練習問題 //

乱数を生成する機能を提供している「random」というモジュールをインポートしてください。

解答例

インタプリタ

```
>>> import random
>>>
```

エラーが表示されずに、プロンプト（>>>）が表示されたら、モジュールが正しくインポートされたということです。import文の書き方を間違えたり、存在しないモジュール名を指定したりすると、エラーが表示されます。

■ モジュールの機能を使用する

モジュールをインポートすると、そのモジュール内の機能（関数、変数、クラスなど）が使えるようになります。例えばモジュール内の関数を呼び出すには、次のように書きます。

書式 モジュール内の関数を呼び出す（引数なしの場合）

```
モジュール名 . 関数名 ()
```

先頭に「モジュール名.」を付けること以外は、通常の関数呼び出しと同じです。関数に引数を指定す

る場合には、次のように書きます。

書式 モジュール内の関数を呼び出す（引数ありの場合）

| モジュール名 | . | 関数名 | (| 引数1 | , | 引数2 | , …) |

randomモジュール内のrandom関数を呼び出す場合は、次のように書きます。

```
random.random()
```

練習問題 ///

randomモジュール内のrandom関数を呼び出してください。引数はありません。

解答例

インタプリタ

```
>>> random.random()
0.969133564420258
```

randomモジュール内のrandom関数は、0.0以上1.0未満の乱数を返します。上記の例では、0.969133564420258を返しました。みなさんが実行するときには、おそらく解答例とは異なる値が表示されるでしょう。
なお、この練習問題を実行する前に、必ずrandomモジュールをインポートしておいてください。インポートしていないと次のようなエラーメッセージが表示されます。エラーメッセージの意味は、『名前エラー：「random」という名前は定義されていない』です。

インタプリタ

```
>>> random.random()
Traceback (most recent call last):
  File "<stdin>", line 1, in <module>
NameError: name 'random' is not defined
```

さて、random関数は、呼び出すたびに異なる値を生成します。実際にrandom関数を何度か呼び出して、乱数が生成されることを確かめてみましょう。

練習問題

random関数を3回呼び出してみてください。

解答例

インタプリタ

```
>>> random.random()
0.029180407323378343
>>> random.random()
0.4881478930046639
>>> random.random()
0.3105945839901022
```

確かに乱数が生成されていますね。

次は1から6までの整数を生成して、サイコロを作りましょう。指定した範囲の整数を生成するには、randint関数を使います。random関数とは違い、randint関数には引数が必要です。

書式 整数A以上、整数B以下の乱数を生成する

```
random.randint( 整数A , 整数B )
```

練習問題

randint関数を使って、1以上6以下の整数を生成します。3回呼び出してみてください。

解答例

インタプリタ

```
>>> random.randint(1, 6)
6
>>> random.randint(1, 6)
2
>>> random.randint(1, 6)
3
```

指定した1以上6以下の乱数が返ります。みなさんが実行するときには、上記の例とは異なる値が表示される場合があります。

これでサイコロができました。プログラムのサイコロなら、無くす心配もないですね。

モジュール名に別名を付ける

便利なモジュールですが、先ほどのように「random.randint(1, 6)」などと何度も書くのは大変です。

そこで、次のようなimport文を書くことで、モジュールに**別名を付けて利用できる**ようになります。モジュール名が長くて入力が大変なときには、短い名前を付ければ入力が楽になります。

書式 モジュールをインポートし、別名を付ける

```
import モジュール名 as 名前
```

練習問題

randomモジュールをインポートし、「r」という別名を付けてください。

解答例

インタプリタ

```
>>> import random as r
>>>
```

別名を付けたモジュールは以後、その名前で使うことができます。上記の場合は、モジュール名を「random.」と指定していた部分を「r.」と書けるようになります。

練習問題

1つ前の練習問題でrandomモジュールに付けた「r」という別名を使って、randint関数を呼び出し、1以上6以下の整数を生成してください。

解答例

インタプリタ

```
>>> r.randint(1, 6)
4
```

「random.randint(1, 6)」と書くのに比べると、だいぶ入力が楽になりました。モジュール名が長い場合や、そのモジュール内の機能をプログラムで何度も使う場合には、モジュールに短い名前を付けると便利です。例えば第11章で紹介するプログラムでは、「tensorflow」という長いモジュール名に対して「tf」という短い名前を付けています(p.307)。

モジュール名を省略できるようにする

非常に頻繁に使う機能の場合は、いっそモジュール名を省略できたら便利ですね。例えば以下のような感じです。

```
random.randint(1, 6)
```

↓

```
randint(1, 6)
```

これにはimport文にfrom節を付けて、モジュール内の機能（関数、変数、クラスなど）をインポートします。これで、モジュール名を省略して、モジュール内の機能を直接使えるようになります。

書式 モジュール内の機能をインポートして、モジュール名なしで使えるようにする

from │ モジュール名 │ import │ 機能名 │

練習問題 //

randomモジュールのrandint関数をインポートし、randintという関数名で直接（モジュール名を省略して）使えるようにしてください。

解答例

インタプリタ

```
>>> from random import randint
>>>
```

練習問題 //

1つ前の練習問題でインポートしたrandint関数を、モジュール名を省略して呼び出し、1以上6以下の整数を生成してください。

解答例

インタプリタ

```
>>> randint(1, 6)
5
```

モジュール名を省略したので、ずいぶん短くなりました。でも実は、もっと短くする方法があります。import文にfrom節とasを組み合わせます。

書式 モジュール内の機能に別名を付けてインポートする

from │ モジュール名 │ import │ 機能名 │ as │ 名前 │

練習問題

randomモジュールのrandint関数をインポートし、「ri」という名前で使えるようにしてください。

解答例

インタプリタ
```
>>> from random import randint as ri
>>>
```

練習問題

1つ前の練習問題でインポートしたrandint関数を、「ri」という名前で呼び出し、1以上6以下の整数を生成してください。

解答例

インタプリタ
```
>>> ri(1, 6)
3
```

もうこれ以上は短くできないくらい、短くできました。プログラム内でよく使う機能については、モジュール名を短くしたり、モジュール名を省略できるようにしたり、元の機能名よりも短い名前を付けたりすることによって、簡単な記述で呼び出せるようになります。

一方で、短い名前にすると、機能が区別しにくくなったり、複数の機能で名前が重複してしまったりする恐れがあります。本書では、特に長い名前（tensorflowなど）を除いては、モジュール名を省略したり別名を付けたりせずに、あえて元のモジュール名のまま使っています。

みなさんがプログラムに慣れて、より短い名前で機能を呼び出したくなったら、本書のプログラム例を改造して、より簡潔なプログラムにしてみてください。

randomモジュールの便利な機能

randomモジュールには乱数に関するいろいろな機能があります。ここでは、今までに学んだrandom関数やrandint関数に加えて、いくつかの便利な関数を使ってみましょう。

choice関数

randomモジュールのchoice関数を使うと、シーケンス（文字列、リスト、タプルなど）からランダムに要素を選ぶことができます。choice（チョイス）というのは、選択という意味の英単語です。

書式 シーケンス（文字列、リスト、タプルなど）からランダムに要素を選んで返す

```
random.choice( シーケンス )
```

練習問題 //

「バニラ」「チョコレート」「ストロベリー」という3つの文字列を含むリストを作ります。そして、randomモジュールのchoice関数を使って、リストの中からランダムに要素を選びます。
以下のプログラムに、適切な変数名を書き込んでください。

```
import random
flavor = ['バニラ', 'チョコレート', 'ストロベリー']
random.choice(□)
```

解答例

インタプリタ

```
>>> import random
>>> flavor = ['バニラ', 'チョコレート', 'ストロベリー']
>>> random.choice(flavor)
'ストロベリー'
```

choice関数を呼び出すたびに、ランダムにフレーバーが選ばれます。何度か呼び出してみてください。続けて同じフレーバーが選ばれることも、ときどきあります。

shuffle関数

今度はrandomモジュールのshuffle関数を使ってみましょう。shuffle関数は、シーケンスが含む要素の位置をランダムに変更します。カードを混ぜ合わせることをshuffle（シャッフル）と呼びますね。

書式 シーケンス（リスト）内に格納されている要素の位置をランダムに変更する

```
random.shuffle( シーケンス )
```

shuffle関数の引数に入るシーケンスは、ミュータブル（変更可能）である必要があります。リストはミュータブルなので、shuffle関数で処理できます。文字列やタプルはイミュータブル（変更不可能）なので、shuffle関数では処理できません。

練習問題

カードゲームのプログラムを作るために、A、2、3、4、5、6、7、8、9、10、J、Q、Kという13個の文字列を含むリストを作ります。randomモジュールのshuffle関数を使って、このリストを混ぜ合わせてください。

解答例

インタプリタ

```
>>> import random
>>> card = ['A', '2', '3', '4', '5', '6', '7', '8', '9',
'10', 'J', 'Q', 'K']
>>> random.shuffle(card)
>>> card
['3', 'Q', 'K', '10', '9', '5', '2', '4', 'J', '8', '7',
'6', 'A']
```

本物のトランプのように、カードを混ぜることができました。

Column 擬似乱数についてもっと詳しく

本節のはじめに、擬似乱数は計算によって求められていること、そのため擬似乱数列には本来の乱数列にはない規則性があることを説明しました。ここでPythonの乱数を安心して使うために、擬似乱数についてもう少し詳しく知っておきましょう。

擬似乱数にはいろいろな生成方法があります。Pythonではメルセンヌツイスタ（Mersenne Twister）と呼ばれる手法が使われています。他のプログラミング言語では、線形合同法と呼ばれる手法もよく使われています。

どちらの手法にも共通しているのは、乱数の種と呼ばれる値を使って、乱数を生成することです。種はシード（seed）と呼ばれることもあります。種に対して特定の計算を適用することによって、乱数の値を決定します。

●線形合同法

擬似乱数の生成方法の中でも、線形合同法は広く利用されていて、なおかつシンプルな方法です。ここでは擬似乱数についての理解を深めるための参考用に、線形合同法について紹介します。

線形合同法では、次のような式を使って乱数を生成します。ここではPythonの演算子を使って式を書きました。*は乗算（掛け算）、+は加算（足し算）、%は剰余算（割り算の余り）です。

(a * s + b) % c ────────────────── 式❶

sは乱数の種（seed）と呼ばれる値です（ここではseedの頭文字を取ってsとしました）。a、b、cは定数で、自由に設定することができますが、これらの定数をどのような値に設定するかによって、生成される乱数の内容が変わります。使いやすい（性質のよい）乱数を生成するためには、a、b、cの値を一定の法則に従って設定する必要があります。

実際にはa、b、cにはかなり大きな値を設定することが多いのですが、ここでは計算を簡単にするために、sを1、aを11、bを7、cを10としてみます。実際に式を計算して、乱数を生成してみましょう。

(11 * 1 + 7) % 10 → 18 % 10 → 8

8という乱数が生成されました。次の乱数を生成するには、生成された乱数(ここでは8)を、新しい乱数の種(式①におけるs)にして、再び式を計算します。

(11 * 8 + 7) % 10 → 95 % 10 → 5

今度は5という乱数が生成されました。同様に、生成された乱数を新しい乱数の種にして、次々に式を計算してみましょう。

(11 * 5 + 7) % 10 → 62 % 10 → 2
(11 * 2 + 7) % 10 → 29 % 10 → 9
(11 * 9 + 7) % 10 → 106 % 10 → 6
(11 * 6 + 7) % 10 → 73 % 10 → 3
(11 * 3 + 7) % 10 → 40 % 10 → 0
(11 * 0 + 7) % 10 → 7 % 10 → 7
(11 * 7 + 7) % 10 → 84 % 10 → 4
(11 * 4 + 7) % 10 → 51 % 10 → 1

ここで生成された1は、最初に種に使った1と同じ値です。ここまでに生成された乱数列は、

8、5、2、9、6、3、0、7、4、1

ですが、ここで1に戻ってきたので、以後は次のように同じパターンを繰り返すことになります。

8、5、2、9、6、3、0、7、4、1、8、5、2、9、6、3、0、7、4、1、……

このように、線形合同法が生成する乱数列には周期性があります。定数の値を工夫することによって、長い周期の乱数列を作ることができます。なお、Pythonが採用しているメルセンヌツイスタにも周期がありますが、非常に周期が長いことが知られています。

Column 乱数の種を指定する方法〜 seed関数

randomモジュールのseed関数を使うと、乱数の種を指定することができます。

```
random.seed( 種 )
```

種 ……乱数の種を指定します。種には数値や文字列などを指定することができます。

コラム「擬似乱数についてもっと詳しく」で説明したように、一般的な擬似乱数には「同じ種を与えると、同じパターンの乱数列を生成する」という性質があります。seed関数を使って種を指定すると、同じパターンの乱数列を何度でも生成することができます。

例えばゲームのプログラムにおいて、リプレイ機能(過去のプレイを再現する機能)を実現する際などに、同じパターンの乱数列を生成する必要が生じます。乱数を使って敵キャラクターなどを動かしている場合には、同じパターンの乱数列を使わないと、リプレイ時に敵キャラクターの動きが以前とは違ってしまうからです。

Chapter 8 ● 標準ライブラリを使ってみよう

8.3 日時を扱うモジュール

今日が何月何日か調べたいときなど、日時を扱うのに使えるのが、標準ライブラリのdatetimeモジュールです。例えば今日の日付を調べるには、次のように書きます。

書式 今日の日付を取得

```
datetime.date.today()
```

練習問題

datetimeモジュールをインポートしてから、datetime.date.today()を使って、今日の日付を調べてください。

解答例

インタプリタ
```
>>> import datetime
>>> datetime.date.today()
datetime.date(2017, 12, 11)    ← 2017年12月11日
```

datetime.date.today()には、ドット(.)が2つ使われていますね。文法的な構造は次の図のとおりです。datetimeはモジュール名、dateはクラス名、todayはメソッド名です。

図 ▶ datetime.date.today()の構造

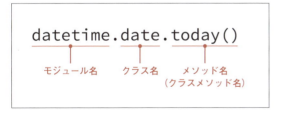

このtodayメソッドはクラスメソッドです(p.192)。クラスメソッドは「クラス名.メソッド名(引数)」の形式で呼び出します。

書式 クラスメソッドの呼び出し

```
クラス名 . メソッド名 ( 引数 )
```

ところで、クラスメソッドではない通常のメソッドは、オブジェクト（インスタンス）を格納した変数を使って「変数名.メソッド名(引数)」という形式で呼び出すのでしたね。通常のメソッドは、**指定されたオブジェクトに対する処理**を行います。

一方、クラスメソッドは、**対象となるオブジェクトがない処理**を行うために使います。言い換えると、クラスメソッドは指定されたオブジェクトに対する処理を行うのではなく、クラス全体に関する機能を提供するために使われます。datetime.date.today()の場合には、dateクラスのオブジェクトを新しく作成して返す、という機能を提供しています。

> **Memo**
> datetime.date.today()メソッドは、今日の日付を表すオブジェクトを返します。today()メソッドを実行する時点では、まだオブジェクトがありません。対象となるオブジェクトがない処理なので、クラスメソッドになっています。

今日の日付と同じように、今の時刻もPythonで調べてみましょう。

datetimeモジュールのdatetimeクラスを使うと、日付と時刻を一緒に扱えます。現在の日時を取得するには、datetimeクラスのnowメソッド（クラスメソッド）を使います。

書式 現在の日付と時刻を取得

```
datetime.datetime.now()
```

練習問題

datetime.datetime.now()メソッドを使って、現在の日時を調べてください。

解答例

インタプリタ

```
>>> datetime.datetime.now()
datetime.datetime(2017, 12, 11, 10, 29, 46, 583680)
```

最後の583680の単位はマイクロ秒です。マイクロ秒とは1/1000000（百万分の一）秒のことです。したがって、解答例の日時は2017年12月11日10時29分46.583680秒を表しています。

> **Memo**
> datetime.datetime.now()メソッドの結果は、datetime.datetime(2017, 12, 11, 10, 29, 46, 583680)のように表示されます。これはdatetimeモジュールのdatetimeオブジェクトを表しています。
> 一方、datetime.date.today()の結果は、datetime.date(2017, 12, 11)のように表示されていました。これはdatetimeモジュールのdateオブジェクトを表しています。

日時の計算

datetimeモジュールを使うと、日時の計算もできます。

日付のオブジェクトを使う方法

「今日から数えて、あと何日でお正月なのか」などを知りたいときは、日付のオブジェクトを使います。指定した日付のdateオブジェクトを作成するには、次のように書きます。

> **書式** 指定した年月日のdateオブジェクトを作成
>
> datetime.date(年 , 月 , 日)

練習問題

お正月（2019年1月1日）の日付を表すdateオブジェクトを作成し、変数new_years_dayに代入してください。また、new_years_dayの値を表示して、指定した日付が格納されていることを確認してください。

解答例

インタプリタ

```
>>> new_years_day = datetime.date(2019, 1, 1)
>>> new_years_day
datetime.date(2019, 1, 1)
```

同じように七夕やクリスマスの日付も作れます。みなさんも好きな日付を作ってみてください。

次に、今日の日付から、作った日付までの日数を計算しましょう。ある日付から別の日付までの日数を求めるには、次のように書きます。

> **書式** 日付Bから日付Aまでの日数を求める
>
> 日付A (dateオブジェクト) - 日付B (dateオブジェクト)

練習問題

1つ前の練習問題で作成したnew_years_dayを使って、今日からお正月までの日数を求めてください。

解答例

インタプリタ
```
>>> new_years_day - datetime.date.today()
datetime.timedelta(300)
```
今日（2018年3月7日）から次のお正月まで、あと300日

これは、2018年3月7日に実行した例です。読者のみなさんが実行する際は、違う答えになるはずです。
結果はdatetimeモジュールのtimedeltaオブジェクトになります。delta（デルタ）というのは、数学や物理学などにおいて、差分を表すために使う言葉です。datetimeモジュールのtimedeltaクラスは、日時の差分、つまり2つの日付や時刻間の差を表します。

日数のオブジェクトを使う方法

「明日から14日間有効」のような日数を計算するときは、日数のオブジェクトを使います。指定した日数を表すtimedeltaオブジェクトは、次のように作成します。

書式 指定した日数を表すtimedeltaオブジェクトを作成

```
datetime.timedelta( 日数 )
```

練習問題

14日間を表すtimedeltaオブジェクトを作ってください。

解答例

インタプリタ
```
>>> datetime.timedelta(14)
datetime.timedelta(14)
```

次に、「今日から〇日後」の日付を計算しましょう。ある日付から指定した日数後の日付を求めるには、次のように書きます。

書式 ある日付に対して、指定した日数を加算した日付を求める

```
 日付 (dateオブジェクト) +  日数 (timedeltaオブジェクト)
```

練習問題

今日から14日後の日付を求めてください。

解答例

インタプリタ
```
>>> datetime.date.today() + datetime.timedelta(14)
datetime.date(2018, 3, 21)
```
← 今日（2018年3月7日）から14日後は2018年3月21日

過去の日付、例えば100日前の日付を計算することもできます。

書式 ある日付に対して、指定した日数を減算した日付を求める

| 日付 |（dateオブジェクト） - | 日数 |（timedeltaオブジェクト）

練習問題

今日から100日前の日付を求めてください。

解答例

インタプリタ
```
>>> datetime.date.today() - datetime.timedelta(100)
datetime.date(2017, 11, 27)
```
← 今日（2018年3月7日）から100日前は2017年11月27日

「100日前」という日付は、「-100日後」ということもできます。実は「今日から-100日後の日付」も計算できます。

練習問題

今日から-100日後の日付を求めてください。

解答例

インタプリタ
```
>>> datetime.date.today() + datetime.timedelta(-100)
datetime.date(2017, 11, 27)
```

1つ前の練習問題の「100日前」と、今回の「-100日後」は同じ日付になります。

Chapter 8 ● 標準ライブラリを使ってみよう

8.4 プログラムの実行時間を計測する

同じ用途のプログラムであっても、**速いプログラム**（実行時間が短い）と**遅いプログラム**（実行時間が長い）があります。速いプログラムには、短い時間で多くの仕事がこなせる、レスポンス（反応）がよく使いやすい、といった利点があります。

プログラムの速さは、書き方によって変わります。いくつかの手法が選べるときには、それぞれの手法でプログラムを書いてみて、実行時間を計測し、速いほうを選ぶのが有効です。

2種類の書き方で速さを比較してみよう

書き方によってプログラムの実行時間が変わる様子を、宛名ラベルを作るプログラムを題材に見てみましょう。

以下のプログラムは、**for文**を使って、変数sに宛名を代入します。変数sの内容を印刷して、1行ずつ切り取れば、宛名ラベルになります（ただし100万行（！）あります）。

▎宛名ラベルを作るプログラム①（time1.py）の一部

```
s = ''
for i in range(1000000):
    s += '根菜町１丁目２番地　人参¥n'
```

一方で、同じことをするのに、次のようにプログラムを書くこともできます。文字列に対して*演算子を使う手法です。*演算子は、文字列を指定した回数だけ、繰り返し連結できます。

▎宛名ラベルを作るプログラム②（time2.py）の一部

```
s = '根菜町１丁目２番地　人参¥n' * 1000000
```

どちらの書き方が速いのか、実行時間を計測して比べてみましょう。

実行時間を計測するには、datetimeモジュールを使うこともできますが、ここでは別のモジュールを使ってみましょう。やはり標準ライブラリに含まれている、timeモジュールを使います。プログラムの実行時間を計るという用途であれば、datetimeモジュールよりもtimeモジュールのほうがプログラムの

記述が簡潔になります。

timeモジュールにはいろいろな機能がありますが、ここでは現在の時間を求めるtime関数を使います。

書式 現在の時間を秒単位で返す

```
time.time()
```

多くの環境では、time関数は1970年1月1日0時0分0秒からの経過秒数を返します。

> **Memo**
> 「1970年1月1日0時0分0秒からの経過秒数」は「UNIX時間」と呼ばれています。UNIX時間はコンピュータ上で時刻を表現する代表的な方式のひとつで、広く使われています。

練習問題

timeモジュールをインポートしてから、time.time()を使って、現在の時間を調べてください。

解答例

インタプリタ
```
>>> import time
>>> time.time()
152042394949.3385189
```
←—— 2018年3月7日20時59分9.338519秒

ある時刻からある時刻の間の、経過時間を計測するにはどうしたらいいの？

開始時間を変数に代入しておいて、終了時間から減算すれば、経過時間が求められます。

練習問題

time.time()で現在の時間を取得し、変数oldに代入してください（これが開始時間です）。次に、再びtime.time()で時間を取得し（これが終了時間です）、変数oldを減算して、経過時間を求めてください。

解答例

インタプリタ
```
>>> old = time.time()
>>> time.time() - old
3.063045024871826
```
←—— 約3秒

この問題では「time.time() - old」と入力して実行する際の経過時間を計ったことになります。この問題を使って、キーボード入力の速さを競うゲームが作れそうですね。

さて、先ほどの宛名ラベルを作る2種類のプログラムの実行時間を計測してみましょう。以下のプログラム（time1.py）は、Pythonのバージョンによっては実行時間が非常に長くなることがあります。実行を中止したい場合は、Ctrlキー＋Cキーを入力してください。

▶ 練習問題 //

宛名ラベルを作るプログラム①（time1.py）の実行時間を計測し、画面に表示してください。

解答例

テキストエディタ time1.py

```
import time
old = time.time()
s = ''
for i in range(1000000):
    s += '根菜町１丁目２番地　人参\n'
print(time.time()-old, '秒')
```

コマンドライン

```
$ python time1.py
41.00425624847412 秒
```

▶ 練習問題 //

宛名ラベルを作るプログラム②（time2.py）の実行時間を計測し、画面に表示してください。

解答例

テキストエディタ time2.py

```
import time
old = time.time()
s = '根菜町１丁目２番地　人参\n' * 1000000
print(time.time()-old, '秒')
```

コマンドライン

```
$ python time2.py
0.0010006427764892578 秒
```

かなりの差が出ましたね！　プログラム①はプログラム②の、なんと4万倍以上も実行時間がかかっています。

疑問 プログラム①（time1.py）は、どうしてこんなに時間がかかるの？

　文字列を連結する処理は、何度も繰り返すと意外に時間がかかることがあります。文字列はイミュータブル（変更不可能）なので、文字列を連結する場合は、古い（連結前の）文字列とは別に、新しい（連結後の）文字列を作成します。新しい文字列のために、古い文字列よりも大きなメモリ領域を確保した上で、古い文字列の内容をコピーし、さらに連結する文字列を書き込む必要があります。文字列の連結を何度も繰り返すと、このような処理が何度も行われることになり、実行時間が長くなる原因になります。

　一方、*演算子を使ったプログラム②（time2.py）は高速です。これは最終的に文字列に必要なメモリ領域をあらかじめ確保してから処理を行うために、メモリ領域の確保や古い文字列のコピーといった処理が行われず、高速に処理できているためと思われます。

Chapter 8 ● 標準ライブラリを使ってみよう

8.5 コマンドライン引数を受け取る

　プログラムを実行するたびに、プログラムが処理するデータを変更したいことがあります。例えば、以下は価格のリストから合計金額を求めるプログラムです。

テキストエディタ　　　　　　　　　　　　　　　　　　　　　　　　　　　📄 argv1.py

```
list = [120, 150, 230]  ← リストには3種類の品物の価格が格納されている
total = 0  ← 合計金額を初期値0で定義
for price in list:
    total += price
print('合計', total, '円')
```

コマンドライン

```
$ python argv1.py
合計 500 円
```

疑問　これでは価格が変わるたびにプログラムを書き換えなくてはいけなくて面倒…。プログラムを変更しなくても済む方法はないの？

　こんな場合は、「**コマンドライン引数**」を使って、プログラムの実行時にコマンドラインからデータを渡せるようにしましょう。価格のリストをプログラム内に記述しないので、価格が変わってもプログラムを変更する必要がなくなります。
　Pythonプログラムを実行するときに、コマンドライン引数を指定するには、次のように書きます。プログラム名の後に、空白で区切って、複数のコマンドライン引数を指定できます。

書式　コマンドライン引数の指定

```
$ python  プログラム名   引数1   引数2  …
```

　後ほど作成するプログラム (argv3.py) では、次のようにコマンドライン引数を使って価格のリストを渡し、合計金額を計算します。

コマンドライン

```
$ python argv3.py 120 150 230    ← 実行時にリストに格納したい価格を入力
合計 500 円
$ python argv3.py 310 250 470
合計 1030 円
```

このように、コマンドライン引数を使えば、プログラムを変更しなくても手軽に入力データを変えることができて便利です。

疑問 < Pythonプログラムは、指定したコマンドライン引数をどうやって受け取るの？

コマンドライン引数を受け取るには、sysモジュールの変数argvを使います。変数argvにはコマンドライン引数の一覧がリストとして保存されています。

書式 コマンドライン引数の取得

```
sys.argv
```

練習問題

sysモジュールをインポートしてから、sys.argvを使って、コマンドライン引数の一覧を表示するプログラム (argv2.py) を作成してください。print関数を使って、sys.argvをそのまま表示すれば大丈夫です。プログラムを入力して保存したら、コマンドプロンプトやターミナルから「python argv2.py 120 150 230」と入力して、実行してください。

解答例

テキストエディタ　　　　　　　　　　　　　　　　　　　　　　　　📄 argv2.py

```
import sys
print(sys.argv)
```

コマンドライン

```
$ python argv2.py 120 150 230
['argv2.py', '120', '150', '230']
```

sys.argvから得られる**リストの最初の要素は、Pythonプログラムのファイル名**です。上記の例では、「argv2.py」が表示されています。Pythonプログラムに対して与えるコマンドライン引数は、2番目の要素からです。また、sys.argv[1:]のようにスライスを使えば、最初の要素 (Pythonプログラムのファイル名) を除いたリストが得られます。

それでは、ここまで学んだ内容で、最初に掲載したプログラム (argv1.py) をコマンドライン引数に対応させてみましょう。

◢ 練習問題 //

価格のリストから合計金額を求めるプログラム（argv1.py）を改造して、コマンドライン引数に対応させたプログラム（argv3.py）を作成してください。なお、コマンドライン引数の要素は文字列として格納されているため、合計を求めるには、int関数を使って数値に変換する必要があります。プログラムを作成して保存したら、コマンドプロンプトやターミナルから「python argv3.py 120 150 230」と入力して、実行してください。

解答例

テキストエディタ　　　　　　　　　　　　　　　　　　　　　　　　　　　　📄**argv3.py**

```python
import sys
total = 0
for price in sys.argv[1:]:
    total += int(price)
print('合計', total, '円')
```

コマンドライン

```
$ python argv3.py 120 150 230
合計 500 円
```

　このように、コマンドライン引数を使うと、プログラムを変更せずにいろいろなデータを処理することができます。

8.6 キーボードからの入力を受け取る

　コマンドライン引数とは少し違った方法で、合計金額を求めるプログラムを作りましょう。ここで作るのは、次のように価格を1つ入力するたびに合計金額を表示するプログラムです。

［1］「98」と入力
　→「合計 98 円」と表示される
［2］「128」と入力
　→「合計 226 円」と表示される
［3］「58」と入力
　→「合計 284 円」と表示される

　また、合計金額が300円を超えたらプログラムが止まるようにしましょう。300円を超えないぎりぎりのところまで買い物をするのに使えます（遠足のおやつなどに使えますね）。

［4］「10」と入力
　→「合計 294 円」と表示
［5］「10」と入力
　→「合計 304 円」と表示
　→プログラム終了

　このプログラムを実現するには、プログラムを起動した後に、キーボードから価格のデータを入力できるようにする必要があります。
　キーボードから入力を受け取るには、**input関数**を使います。input関数を使うために、モジュールをインポートする必要はありません。

> **書式** キーボードから1行の入力を受け取り、末尾の改行を除いて文字列として返す
>
> ```
> input()
> ```

練習問題

input関数を呼び出して、キーボードから入力ができることを確認してください。入力する値は、例えば「98」と入力してみてください。

解答例

インタプリタ

```
>>> input()
98 ●————————————————————————「98」と入力して Enter キーを押す
'98' ●————————————————————数字を入力した場合も、文字列として入力される
```

input関数を呼び出すと、入力待ちになります。キーボードから値を入力して Enter キーを押すと、Pythonインタプリタの場合は入力した値が表示されます。

それでは、input関数を使ってプログラムを作りましょう。

練習問題

input関数を使って、キーボードから価格を入力するたびに、合計金額を「合計 ○○ 円」のように表示するプログラム（input1.py）を作成してください。合計金額が300円以下である限り、繰り返し価格を入力できるようにしてください。プログラムを作成して保存したら、コマンドプロンプトやターミナルから「python input1.py」と入力して、実行してみてください。
以下のプログラムの□に、適切な整数と関数名を書き込んでください。

```
total = 0
while total <= [整数]:
    price = [関数名]()
    total += int(price)
    print('合計', total, '円')
```

解答例

テキストエディタ   ▪input1.py

```
total = 0
while total <= 300:
    price = input()
    total += int(price)
    print('合計', total, '円')
```

コマンドライン

```
$ python input1.py
98 ●————————————————————————「98」と入力して Enter キーを押す
合計 98 円
128 ●———————————————————————「128」と入力して Enter キーを押す
```

240

```
合計  226  円
58                                          ─────── 「58」と入力して Enter キーを押す
合計  284  円
10                                          ─────── 「10」と入力して Enter キーを押す
合計  294  円
10                                          ─────── 「10」と入力して Enter キーを押す
合計  304  円
$                                           ─────── 300円を超えたのでプログラムが終了する
```

Chapter 8 ● 標準ライブラリを使ってみよう

8.7　ファイルの入出力

　今までのプログラムでは、実行結果を画面に出力していましたが、実行結果をファイルに出力することもできます。そうすれば、プログラムの実行結果をずっと保存しておくことができます。ここでは、ファイルへの出力と、その逆の、ファイルからの入力について学びましょう。
　ファイルへの出力を行うには、次のような動作を順番に行うプログラムを書きます。

（1） ファイルを開く
（2） ファイルにデータを書き込む
（3） ファイルを閉じる

　逆に、ファイルからプログラムへの入力を行うには、次のような動作を順番に行うプログラムを書きます。

（1） ファイルを開く
（2） ファイルからデータを読み込む
（3） ファイルを閉じる

　ファイルを読み書きができる状態にすることを、「**ファイルを開く**」または「ファイルをオープン（open）する」と呼びます。読み書きを終えた後には、「**ファイルを閉じる**」または「ファイルをクローズ（close）する」という操作を行います。

ファイル入出力の基本

（1）ファイルを開く

　ファイルを開くには、**open関数**を使います。open関数を使うために、モジュールをインポートする必要はありません。
　ファイルにデータを書き込むときには、次のようにopen関数を「書き込みモード（w）」で呼び出します。

> **書式**　ファイルを「書き込みモード」で開き、ファイルオブジェクトを変数に代入する
>
> 　変数　 = open(ファイル名 , 'w')

　open関数は、開いたファイルを操作するためのファイルオブジェクトを返します。このファイルオ

242

ブジェクトは、ファイルに対してデータを書き込んだり、ファイルを閉じたりするときに必要です。そこで上のように、open関数が返したファイルオブジェクトを変数に代入しておきます。

また、open関数の引数に指定したファイルが存在しないときは、新規作成されます。

練習問題

open関数を呼び出して、greeting.txtというファイルを書き込みモードで開いてください。ファイルオブジェクトは変数fileに代入してください。

解答例

インタプリタ

```
>>> file = open('greeting.txt', 'w')
>>> 
```

(2) ファイルにデータを書き込む

今回はグリーティングカードを出力するプログラムにしましょう。開いたファイルに次のようなメッセージを書き込んでみます。

```
お久しぶりです。↵
お元気ですか？↵
```

ファイルにデータを書き込む方法のひとつは、ファイルオブジェクトの**writeメソッド**を呼び出すことです。

書式 変数にファイルオブジェクトが代入されているとき、そのファイルに文字列を書き込む

| 変数 |.write(| 文字列 |)

▲ 練習問題

1つ前の練習問題で開いたgreeting.txtというファイルに対して、
　お久しぶりです。↵
　お元気ですか？↵
と書き込んでください。改行はエスケープシーケンス（'¥n'）で表します。

解答例	**インタプリタ**
	``
	>>> file.write('お久しぶりです。¥nお元気ですか？¥n')
	17
	``

最後に表示された「17」は、writeメソッドがファイルに書き込んだ文字数です。半角文字（英数字や記号など）と全角文字（仮名や漢字など）のどちらも、各文字を1文字として数えます。また、¥nなどのエスケープシーケンスも1文字として数えます。

■（3）ファイルを閉じる

書き込みが完了したら、最後にcloseメソッドでファイルを閉じて終わります。

書式 変数にファイルオブジェクトが代入されているとき、そのファイルを閉じる

　変数 .close()

▲ 練習問題

1つ前の練習問題でメッセージを書き込んだgreeting.txtというファイルを閉じてください。

解答例	**インタプリタ**
	``
	>>> file.close()
	>>>
	``

さて、ここまででちゃんとgreeting.txtに書き込めたかどうか、テキストエディタで開いてみてください。「お久しぶりです。」「お元気ですか？」と書き込まれていれば成功です。ファイルへの出力では、ファイルは以下の場所に作成されます。

● **Windowsの場合**

コマンドプロンプトの画面に表示されているディレクトリ（カレントディレクトリ）にファイルが作成されます。特に変更していない場合には、「C:¥Users¥ユーザー名」になっていることが多いです。

図 ▶ ファイルの場所（Windows）

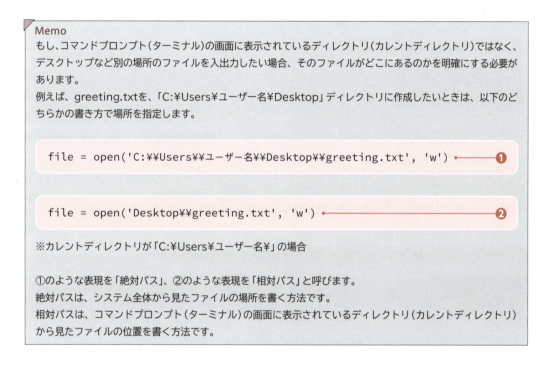

• macOSの場合

ターミナルの画面に表示されているディレクトリ（カレントディレクトリ）にファイルが作成されます。特に変更していない場合には、「/Users/ユーザー名」になっていることが多いです。

> **Memo**
> もし、コマンドプロンプト（ターミナル）の画面に表示されているディレクトリ（カレントディレクトリ）ではなく、デスクトップなど別の場所のファイルを入出力したい場合、そのファイルがどこにあるのかを明確にする必要があります。
> 例えば、greeting.txtを、「C:¥Users¥ユーザー名¥Desktop」ディレクトリに作成したいときは、以下のどちらかの書き方で場所を指定します。
>
> ```
> file = open('C:¥¥Users¥¥ユーザー名¥¥Desktop¥¥greeting.txt', 'w')   ❶
> ```
>
> ```
> file = open('Desktop¥¥greeting.txt', 'w')   ❷
> ```
>
> ※カレントディレクトリが「C:¥Users¥ユーザー名¥」の場合
>
> ①のような表現を「絶対パス」、②のような表現を「相対パス」と呼びます。
> 絶対パスは、システム全体から見たファイルの場所を書く方法です。
> 相対パスは、コマンドプロンプト（ターミナル）の画面に表示されているディレクトリ（カレントディレクトリ）から見たファイルの位置を書く方法です。

また、greeting.txtの文字エンコーディングを調べてみてください。先ほどの練習問題のプログラムをWindows環境で実行したところ、文字エンコーディングはShift_JISになりました。

ファイルの文字エンコーディングは、open関数で指定することができます。文字エンコーディングを指定しない場合には、環境に応じた文字エンコーディングが自動的に選択されます。

ファイルの文字エンコーディングを指定する

ファイルの文字エンコーディングを指定するには、open関数のキーワード引数encodingを使います。

書式 open関数で文字エンコーディングを指定する

```
変数 = open( ファイル名 , 'w', encoding=' 文字エンコーディング ')
```

245

練習問題

文字エンコーディングをUTF-8に指定して、open関数を呼び出し、greeting.txtというファイルを書き込みモードで開いてください。ファイルオブジェクトは変数fileに代入します。そして、「お久しぶりです。」「お元気ですか？」というメッセージを書き込んだ後に、ファイルを閉じてください。なお、UTF-8は、'utf_8'のように指定します。

解答例

インタプリタ

```
>>> file = open('greeting.txt', 'w', encoding='utf_8')
>>> file.write('お久しぶりです。\nお元気ですか？\n')
17
>>> file.close()
```

greeting.txtを、もう一度テキストエディタで開いてみてください。今度は狙いどおり、文字エンコーディングがUTF-8になったはずです。

このように、ファイルを読み書きするときには、文字エンコーディングを明示的に指定するようにしましょう。そうすることで、プログラムの文字エンコーディング不一致による思わぬ文字化けを防ぐ効果があります。

次の表に、主な文字エンコーディングの記法をまとめています。なお、記法における_（アンダースコア）は-（ハイフン）に置き換えても構いません。例えば「utf_8」は「utf-8」と書くこともできます。

表 ▶ 主な文字エンコーディングの記法

名前	使われている環境の例	Pythonにおける記法の例※
UTF-8	Webや多くのOS	utf_8
Shift_JIS	Windows	shift_jis
ISO-2022-JP	メール	iso2022_jp
EUC-JP	UNIX系OS	euc_jp

※Pythonでは1つの文字エンコーディングを表すのにいろいろな記法があり、例えばUTF-8は「U8」「UTF」「utf8」などと指定することもできます。この表では最も基本的な記法を示しました。

ファイル入出力とwith文

ファイルの入出力で気を付けなくてはならないのは、「**読み書きを終えたファイルは閉じる必要がある**」ということです。ファイルを閉じないと、ファイルに書き込んだ内容が反映されないことがあります。また、一度に開けるファイルの数には上限があるので、あまりたくさんのファイルを開いたままにしていると、新しくファイルが開けなくなる可能性があります。

 closeメソッドでファイルを閉じるのを、うっかり忘れそう…。ファイルを閉じるのを忘れない方法はないの？

ファイル入出力の処理とwith文を組み合わせると、closeメソッドを呼び出さなくても、使い終わったファイルを自動的に閉じることができます。書式は次のとおりです。

書式 with文を使ったファイル書き込み

```
with open( ファイル名 , 'w', encoding=' 文字エンコーディング ') as  変数 :
    ファイルへの書き込み処理
```

上の書式では、ファイルを「書き込みモード（w）」で開き、ファイルオブジェクトを変数に代入します。with文の内部では、この変数を使ってファイルへの書き込み処理を行います。

with文が終わると、開いていたファイルは**自動的に閉じられます**。closeメソッドを呼び出す必要はありません。

練習問題

with文を使ってopen関数を呼び出し、greeting.txtというファイルを「書き込みモード」で開いてください。文字エンコーディングはUTF-8を使います。with文の内部では、ファイルに「お久しぶりです。」「お元気ですか？」というメッセージを書き込んでください。

解答例

インタプリタ
```
>>> with open('greeting.txt', 'w', encoding='utf_8') as file:
...     file.write('お久しぶりです。¥nお元気ですか？¥n')
...
17
```

ファイル入出力をする際には、ぜひwith文を組み合わせて楽をしてください。

ファイルからデータを読み込む

今度はPythonプログラムからファイルを読み込んでみましょう。ここでもwith文を使って、closeメソッドを呼び出さなくてもよいようにします。

書式 with文を使ったファイル読み込み

```
with open( ファイル名 , 'r', encoding=' 文字エンコーディング ') as  変数 :
    ファイルからの読み込み処理
```

上の書式では、ファイルを「読み込みモード(r)」で開き、ファイルオブジェクトを変数に代入します。with文の内部では、この変数を使ってファイルからの読み込み処理を行います。

　なお、ファイル名だけを指定した場合はカレントフォルダから読み込みます。p.245で説明したように、絶対パスや相対パスで指定することもできます。

　ファイルからの読み込みにはreadメソッドを使います。

> **書式** 変数にファイルオブジェクトが代入されているとき、そのファイルの内容を読み込み、文字列として返す
>
> 変数.read()

練習問題

with文を使って、open関数を呼び出し、greeting.txtというファイルを「読み込みモード」で開いてください。文字エンコーディングはUTF-8を使います。with文の内部では、readメソッドを使ってファイルの内容を読み込み、変数textに代入してください。最後にwith文の外部で、print関数を使って変数textの内容を表示してください。

解答例

インタプリタ

```
>>> with open('greeting.txt', 'r', encoding='utf_8') as file:
...     text = file.read()
...
>>> print(text)
お久しぶりです。
お元気ですか？
```

ファイルを正しく読み込むには、書き込み時と読み込み時で、同じ文字エンコーディングを指定するのが重要です。試しにopen関数の引数encodingを指定せずに実行してみてください。Windowsの場合、UTF-8のファイルをShift_JISで読み込もうとして、エラーメッセージが表示されます。

ファイルを1行ずつ読み込む

　ファイルを読み込む際に、1行ずつ読み込めると便利なときがあります。例えば、ファイルの内容に行番号を付けて表示するプログラムを作ろうと思ったら、ファイルを1行ずつ読み込みながら各行に対する処理を行っていけばよさそうですね。

　ファイルオブジェクトを代入した変数と、for文を組み合わせると、ファイルを行単位で読み込むことができます。これはファイルオブジェクトがイテラブルであるためです。

| 書式 | ファイルを1行ずつ読み込む |

```
for  変数  in  ファイルオブジェクト :
      ファイルの各行に対する処理
```

　上の書式では、ファイルオブジェクトが表すファイルを1行ずつ読み込み、変数に代入します。for文の内部では、この変数を使ってファイルの各行に対する処理を行います。

　例えば次のプログラムは、greeting.txtを1行ずつ読み込み、行番号を付けて表示します。

テキストエディタ　　　　　　　　　　　　　　　　　　　　　　　　　　**file1.py**

```
with open('greeting.txt', 'r', encoding='utf_8') as file:
    count = 1
    for line in file:
        print('{0:03d} {1}'.format(count, line), end='')
        count += 1
```

コマンドライン

```
$ python file1.py
001 お久しぶりです。
002 お元気ですか？
```

　プログラムの中で、formatメソッドを呼び出す文字列に含まれる|0:03d|は、「10進数の数値を3桁で出力し、3桁に満たない部分は0で埋める」という動作をします。

　また、print関数のキーワード引数で、end=''と指定すると、出力時に改行をしなくなります。ファイルから読み込んだ行に改行が含まれているため、print関数でも改行をしてしまうと、行と行の間に空行が入ってしまいます。これを防ぐために、print関数では改行をしないようにしています。

　上記のプログラムは、次のようにenumerate関数を使って書くこともできます。ファイルオブジェクトはイテラブルなので、enumerate関数で要素（行）を取り出せます。

テキストエディタ　　　　　　　　　　　　　　　　　　　　　　　　　　**file2.py**

```
with open('greeting.txt', 'r', encoding='utf_8') as file:
    for count, line in enumerate(file, 1):
        print('{0:03d} {1}'.format(count, line), end='')
```

249

コマンドライン

```
$ python file2.py
001 お久しぶりです。
002 お元気ですか？
```

練習問題

コマンドライン引数で指定したファイルを1行ずつ読み込んで、行番号を付けて表示するプログラムを作成してください。前掲のプログラムfile2.pyを改造して、file3.pyとしましょう。コマンドライン引数の取得には、sysモジュールの変数argvを使います。プログラムを作成して保存したら、コマンドプロンプトやターミナルから「python file3.py file3.py」と入力して、実行してみてください。

解答例

テキストエディタ　file3.py

```
import sys
with open(sys.argv[1], 'r', encoding='utf_8') as file:
    for count, line in enumerate(file, 1):
        print('{0:03d} {1}'.format(count, line), end='')
```

コマンドライン

```
$ python file3.py file3.py
001 import sys
002 with open(sys.argv[1], 'r', encoding='utf_8') as
file:
003     count = 1
004     for line in file:
005         print('{0:03d} {1}'.format(count, line),
end='')
006         count += 1
```

コマンドに「file3.py」を2つ入力していますが、1つ目は実行するプログラム、2つ目は引数の指定です。結果的に、このプログラム自体（file3.py）を行番号付きで表示します。

8.8 JSONを利用したデータ交換

JSON（JavaScript Object Notation）はデータ形式のひとつで、いろいろなプログラムの間でデータを交換するために広く使われています。もともとはJavaScriptというプログラミング言語に由来するデータ形式ですが、Pythonも含めて、多くのプログラミング言語がJSONに対応しています。

ここではJSONとモジュールの使い方を学んで、プログラム間でのデータの交換を行ってみましょう。

JSONの機能

JSONには次のような機能があります。

配列

JSONの配列は、Pythonのリストに似たデータ構造です。順序付けされた値の集まりを表します。
JSONの配列は、角括弧（[と]）で囲みます。角括弧の内部には、複数の値をカンマ（,）で区切って並べます。

書式 JSONの配列

[値A , 値B , 値C , …]

オブジェクト

JSONのオブジェクトは、Pythonの辞書に似たデータ構造です。名前の付いた値の集まりを表します。
JSONのオブジェクトは、中括弧（{と}）で囲みます。中括弧の内部には、要素をカンマ（,）で区切って並べます。個々の要素は、名前と値の組み合わせです。

書式 JSONのオブジェクト

{ 名前A : 値A , 名前B : 値B , 名前C : 値C , … }

次のように改行で区切って、わかりやすく書くこともできます。

```
{
    名前A : 値A ,
    名前B : 値B ,
    名前C : 値C ,
    …
}
```

値

JSONの配列やオブジェクトには、次のような値を格納することができます。

表 ▶ JSONで扱える値

値の種類	機能
文字列	ダブルクォート(")で囲まれたテキスト
数値	整数および浮動小数点数
配列	順序づけされた値の集まり
オブジェクト	名前の付いた値の集まり
true	真(条件の成立)を表す(PythonのTrueに相当)
false	偽(条件の不成立)を表す(PythonのFalseに相当)
null	値が設定されていないことを表す(PythonのNoneに相当)

　JSONとPythonのデータ構造は、機能も記法もよく似ています。そしてjsonモジュールを使えば、Pythonのデータ構造をJSONに変換してファイルに書き込んだり、ファイルから読み込んだJSONをPythonのデータ構造に変換したり、といった処理がとても簡単に行えます。

Pythonのデータ構造をJSONに変換

　JSONを出力するにはdump関数を使います。

書式　Pythonのデータ構造をJSONに変換して出力する

json.dump(変数 , ファイルオブジェクト)

　上の書式では、変数に格納されたPythonのデータ構造をJSONに変換し、ファイルオブジェクトが表すファイルに出力します。

練習問題

jsonモジュールのdump関数を使って、変数menuに代入されたメニューの内容を、menu.txtというファイルに出力します。メニューの内容は全体がリストになっていて、リストの各要素が辞書になっています。nameは商品名、priceは価格、calorieはカロリーです。
以下のプログラムに、適切なモジュール名と関数名を書き込んでください。

```
import  モジュール名
menu = [
    {'name': 'ハンバーガー', 'price': 100, 'calorie': 260},
    {'name': 'チーズバーガー', 'price': 130, 'calorie': 310},
    {'name': 'フライドポテト', 'price': 150, 'calorie': 420}
]
with open('menu.txt', 'w') as file:
     モジュール名 . 関数名 (menu, file)
```

プログラムを作成したらjson1.pyという名前で保存し、コマンドプロンプトやターミナルから「python json1.py」と入力して実行します。出力されたmenu.txtをテキストエディタで開いて、内容を確認してください。

解答例

テキストエディタ　json1.py

```
import json
menu = [
    {'name': 'ハンバーガー', 'price': 100, 'calorie': 260},
    {'name': 'チーズバーガー', 'price': 130, 'calorie': 310},
    {'name': 'フライドポテト', 'price': 150, 'calorie': 420}
]
with open('menu.txt', 'w') as file:
    json.dump(menu, file)
```

テキストエディタ　menu.txt

```
[{"name": "\u30cf\u30f3\u30d0\u30fc\u30ac\u30fc",
"price": 100, "calorie": 260}, {"name": "\u30c1\u30fc\u3
0ba\u30d0\u30fc\u30ac\u30fc", "price": 130, "calorie":
310}, {"name": "\u30d5\u30e9\u30a4\u30c9\u30dd\u30c6\u3
0c8", "price": 150, "calorie": 420}]
```

　menu.txtには、nameやpriceやcalorieがあるので、確かにメニューが出力されているように見えますが、データが詰まっていて読みづらいですね。改行やインデントを入れて読みやすくしましょう。

　dump関数を呼び出す際にキーワード引数indentを設定すると、改行やインデントで整形してJSONを出力できます。

| 書式 | 改行とインデントで整形してJSONを出力する |

```
json.dump( 変数 , ファイルオブジェクト , indent= インデント幅 )
```

練習問題 //

1つ前の練習問題で作成した、メニューをJSONで出力するプログラム (json1.py) で、dump関数の
呼び出しにキーワード引数indentを付加してください。インデント幅は4とします。プログラムを
実行してから、menu.txtの内容を確認し、出力がどのように変わるか確認してください。

解答例

テキストエディタ　　　　　　　　　　　　　　　　　　　　　　　　json1.py

```
...【中略】...
with open('menu.txt', 'w') as file:
    json.dump(menu, file, indent=4)
```

テキストエディタ　　　　　　　　　　　　　　　　　　　　　　　　menu.txt

```
[
    {
        "name": "¥u30cf¥u30f3¥u30d0¥u30fc¥u30ac¥u30fc",
        "price": 100,
        "calorie": 260
    },
    {
        "name": "¥u30c1¥u30fc¥u30ba¥u30d0¥u30fc¥u30ac¥u3
0fc",
        "price": 130,
        "calorie": 310
    },
    {
        "name": "¥u30d5¥u30e9¥u30a4¥u30c9¥u30dd¥u30c6¥u3
0c8",
        "price": 150,
        "calorie": 420
    }
]
```

これで、かなり読みやすくなりました。nameの値に並んでいる「¥u○○○○」という
記述は、Unicodeエスケープシーケンスと呼ばれる記法です。

> **Memo**
> 先ほどのmenu.txtのnameの値に並んでいる「¥uOOOO」のような記法を、「Unicodeエスケープシーケンス」といいます。OOOOの部分には、文字コードを表す4桁の16進数が入ります。
> Unicodeには、記号や漢字、ひらがな、カタカナ、その他まで、いろいろな文字が含まれていますが、Unicodeエスケープシーケンスを使えば、どんな文字でもASCII文字（英数字と記号）だけで記述することができます。例えばmenu.txtを見てみると、「バーガー」というテキストは「¥u30d0¥u30fc¥u30ac¥u30fc」と表されていますね。
> ASCIIは最も広く普及している文字エンコーディングで、多くの環境で扱うことができます。また、UTF-8などのASCII以外の文字エンコーディングは、ASCIIの上位互換となるように設計されています。
> そのためASCIIによる文字列のデータは、多くの環境において、文字化けせずに正しく扱うことができます。JSONもUnicodeエスケープシーケンスを使っているので、多くの環境において問題なく扱うことが可能です。

ファイルから読み込んだJSONをPythonのデータ構造に変換

　JSON形式のファイルが出力できたので、今度はそれをPythonに読み込んでみましょう。それにはjsonモジュールの**load関数**を使います。

> **書式**　ファイルから読み込んだJSONを、Pythonのデータ構造に変換して返す
>
> `json.load(` ファイルオブジェクト `)`

練習問題

jsonモジュールのload関数を使って、JSON形式でデータを持つmenu.txtからメニューの内容を読み込み、変数menuに代入してください。そして、正しく入力できたことを確認するために、変数menuを画面に表示してください。
以下のプログラムに、適切なモジュール名と関数名を書き込んでください。

```
import  モジュール名
with open('menu.txt', 'r') as file:
    menu =  モジュール名 . 関数名 (file)
print(menu)
```

プログラムはjson2.pyという名前で作成し、コマンドプロンプトやターミナルから「python json2.py」と入力して実行します。

解答例

テキストエディタ   json2.py

```
import json
with open('menu.txt', 'r') as file:
    menu = json.load(file)
print(menu)
```

コマンドライン

```
$ python json2.py
[{'name': 'ハンバーガー', 'price': 100, 'calorie': 260},
{'name': 'チーズバーガー', 'price': 130, 'calorie': 310},
{'name': 'フライドポテト', 'price': 150, 'calorie': 420}]
```

※見やすいように改行してあります。

　ここまで見てきたとおり、JSONを使うと、とても簡単にデータが保存できます。ちょっとした住所録や注文の一覧表なども作れるでしょう。業務用のプログラムではデータベースを使うことが多いですが、ちょっとしたデータならばJSONとファイルで手軽に管理することができます。

Chapter 8 ● 標準ライブラリを使ってみよう

8.9 正規表現を扱う

　プログラムを作成する際に、文字列が「あるパターン」にマッチするかどうかを調べられると便利な場面があります。わかりやすい例としては、ユーザーに7桁の郵便番号を記入してもらうような場合です。「数字が7個並んでいる」というパターンに当てはまらないときはエラーを表示するようにすれば、入力ミスを防ぐことができます。

　文字列がパターンにマッチするかどうかを調べるには、**正規表現**（せいきひょうげん）という機能が使えます。正規表現は文字列のパターンを記述するためのもので、Pythonだけではなく、いろいろなプログラミング言語やアプリケーションにおいて、文字列のパターンマッチに利用されています。いちど正規表現について学んでおけば、Python以外のプログラミング言語やアプリケーションを使う際にも役立つでしょう。

正規表現の書き方

　正規表現には数多くの記法がありますが、本書ではいくつかの例題を通じて、正規表現の代表的な記法を紹介します。例えば「0から9までの数字が7文字続く」というパターンは、次のように書けます。

```
[0-9]{7}
```

　このパターンに使われている記法の意味は、次のとおりです。

[0-9] ：0から9までの数字 1 文字
{7}   ：直前の文字が7文字続く

　また、Pythonで正規表現のパターンを書くときには、通常の文字列ではなく「**raw文字列**（生の文字列）」で書くことが一般的です。raw文字列とは、「円記号（¥）やバックスラッシュ（\）をエスケープシーケンスとしては扱わず、普通の文字として扱う」ものです。例えば「¥n」という文字列は「改行」を表すエスケープシーケンスですが、raw文字列では特別な意味を持たない「¥n」という文字列として扱われます。本書でも正規表現のパターンはraw文字列で書くことにします。

　raw文字列を書くには、文字列の先頭にrを付けるだけです。

書式　正規表現のパターンをraw文字列で記述

r'パターン'

練習問題

[0-9]{7}というパターンを、raw文字列を使って書いてください。

解答例

```
r'[0-9]{7}'
```

Column | **raw文字列と正規表現**

通常の文字列とraw文字列の違いを比較してみましょう。次の(1)～(3)をPythonインタプリタで実行すると、それぞれ何が表示されるでしょうか。

(1) print('¥n')
(2) print('¥¥n')
(3) print(r'¥n')

(1)は通常の文字列なので、改行します。(2)も通常の文字列ですが、円記号(¥)を表すエスケープシーケンス'¥¥'を使っているので、「¥n」と表示します。(3)はraw文字列なので、「¥n」と表示します。

正規表現では「¥」を含むパターンを書くことがよくあります。例えば「¥n」を含むパターンを書きたいとき、(1)のように'¥n'と書くと、Pythonが改行に変換してしまい、パターンに「¥n」を含めることができません。(2)のように'¥¥n'と書けばよいのですが、円記号の数が増えるので煩雑です。

そこでraw文字列を使います。(3)のようにr'¥n'と書けば、改行に変換されないので、パターンに「¥n」を含めることができます。これが正規表現をraw文字列で書く理由です。

文字列がパターンにマッチするか調べる

正規表現を使って、「数字が7個並んでいる」というパターンが記述できました。次は、文字列がこのパターンにマッチするかどうかを調べる方法を学びましょう。

正規表現に関する機能は、標準ライブラリのreモジュールが提供しています。正規表現は英語で「regular expression」なので、この頭文字を取った名前になっています。

reモジュールにはいろいろな関数がありますが、ここでは文字列がパターンにマッチしているかどうかを調べる、**match関数**を使ってみましょう。

書式 文字列の先頭部分がパターンにマッチしているかどうかを調べる

```
re.match( パターン , 文字列 )
```

match関数では、文字列がパターンにマッチしたときはマッチオブジェクトと呼ばれるオブジェクトを返し、マッチしない場合にはNoneを返します。

練習問題

最初にreモジュールをインポートしてください。次にmatch関数を呼び出して、r'[0-9]{7}'というパターンに、'1234567'という文字列がマッチするかどうかを調べてください。

解答例

インタプリタ

```
>>> import re
>>> re.match(r'[0-9]{7}', '1234567')
<_sre.SRE_Match object; span=(0, 7), match='1234567'>
```

 疑問 < 何かオブジェクトが表示された！ これがマッチオブジェクト？

　Pythonインタプリタの場合、match関数を呼び出したときにパターンが文字列にマッチすると、戻り値のマッチオブジェクトが表示されます。マッチしない場合には、戻り値がNoneとなり、何も表示されません。

　マッチオブジェクトのspan=に書かれているのは、文字列内で正規表現にマッチした箇所の、開始インデックスと終了インデックスです。終了インデックスの文字はマッチに含みません。上記の例では、0文字目の「1」から6文字目の「7」までがマッチしました。

　マッチオブジェクトのmatch=に書かれているのは、文字列内で正規表現にマッチした部分です。上記の例では、「1234567」という文字列（この場合は文字列全体）がマッチしました。

練習問題

match関数を呼び出して、r'[0-9]{7}'というパターンに、'123456'という文字列がマッチするかどうかを調べてください。

解答例

インタプリタ

```
>>> re.match(r'[0-9]{7}', '123456')
>>>
```

マッチしなかったときは、このように何も表示されません。

練習問題

ここまでの結果をふまえて、r'[0-9]{7}'というパターンに、'12345678'がマッチするかどうかを調べてみましょう。

解答例 　インタプリタ

```
>>> re.match(r'[0-9]{7}', '12345678')
<_sre.SRE_Match object; span=(0, 7), match='1234567'>
```

 あれ、「数字が7個並んでいる」パターンなのにマッチした！？　8桁の文字列だからマッチして欲しくないのに！

実はmatch関数は、文字列の先頭部分がパターンにマッチしているかどうかを調べる関数です。この場合は'12345678'の先頭部分にある'1234567'にマッチしてしまいました。

パターンマッチを行う関数には、次のようにmatch、search、fullmatchがあります。文字列全体が「数字が7個並んでいる」というパターンにマッチするかどうかを調べたい場合は、**fullmatch関数**を使ってみましょう。

表 ▶ パターンマッチを行う関数

関数名	機能
match	文字列の先頭部分にマッチ
search	文字列の任意部分にマッチ
fullmatch	文字列の全体にマッチ

 練習問題

fullmatch関数を呼び出して、r'[0-9]{7}'というパターンに、'12345678'という文字列がマッチするかどうかを調べてください。

解答例 　インタプリタ

```
>>> re.fullmatch(r'[0-9]{7}', '12345678')
>>>
```

狙いどおり、8桁の'12345678'にはマッチしませんでした。fullmatch関数を使う代わりに、次のようなパターンを使う方法もあります。

　^[0-9]{7}$

^は行頭を、$は行末を表す正規表現です。つまり、このパターンは「行全体に数字が7個並んでいる」という意味になります。このパターンを使うと、match、search、fullmatchのいずれの関数でも、同じ結果になります。

 疑問　もう少し郵便番号らしいパターンを書くにはどうしたらよいのかな？

今度は「123-5678」のような、ハイフンが入った郵便番号のパターンを書いてみましょう。「3桁の数字、ハイフン、4桁の数字」というパターンを書けばよさそうです。ハイフンを表すには、ハイフンそのものを書けばOKです。このように、通常の文字をパターンにする場合は、その文字をそのまま書きます。

▶ 練習問題

「3桁の数字、ハイフン、4桁の数字」というパターンを、raw文字列を使って書いてください。

解答例

```
r'[0-9]{3}-[0-9]{4}'
```

このパターンに「123-5678」がマッチするかどうかを、さっそく調べてみましょう。

▶ 練習問題

fullmatch関数を呼び出して、r'[0-9]{3}-[0-9]{4}'というパターンに、'123-4567'という文字列がマッチするかどうかを調べてください。また'1234-567'という文字列についても、マッチするかどうかを調べてください。

解答例　インタプリタ

```
>>> re.fullmatch(r'[0-9]{3}-[0-9]{4}', '123-4567')
<_sre.SRE_Match object; span=(0, 8), match='123-4567'>
>>> re.fullmatch(r'[0-9]{3}-[0-9]{4}', '1234-567')
>>>
```

狙いどおり、'123-4567'はマッチして、'1234-567'はマッチしませんでした。

正規表現を使って文字列の形式を確認する

文字列が「あるパターン」にマッチするかどうかを調べる典型的なケースとして、パスワードの入力があります。最近のパスワードには形式が指定されています。「8文字以上で、英小文字、英大文字、数字をすべて使ってください」といったものです。この指定を守っているかどうかを、正規表現を使って

確認できるようにしましょう。

　ここでは解答例から示します。先ほどのパスワードの条件は、以下のようなパターンで表現できます。

(?=.*[a-z])(?=.*[A-Z])(?=.*[0-9])[a-zA-Z0-9]{8,}

　このパターンに使われている記法の意味は次のとおりです。

(?=.*[a-z])　：英小文字（a〜z）が使用されている

(?=.*[A-Z])　：英大文字（A〜Z）が使用されている

(?=.*[0-9])　：数字（0〜9）が使用されている

[a-zA-Z0-9]：英小文字、英大文字、数字のいずれか1文字

{8,}　　　　　：直前の文字が8文字以上続く

練習問題

上記のパターンを変数patternに代入してください。次にfullmatch関数を呼び出して、パターンに'Konsai123'という文字列がマッチするかどうかを調べてください。また'konsaisan'という文字列についても、マッチするかどうかを調べてください。

解答例

> **インタプリタ**
>
> ```
> >>> pattern = r'(?=.*[a-z])(?=.*[A-Z])(?=.*[0-9])
> [a-zA-Z0-9]{8,}'                                    ❶
>
> >>> re.fullmatch(pattern, 'Konsai123')
> <_sre.SRE_Match object; span=(0, 9), match='Konsai123'>
> >>> re.fullmatch(pattern, 'konsaisan')
> >>>
> ```

❶の行は紙面の都合上改行されているようにみえますが、インタプリタに打ち込む際は改行しないようにして下さい。改行を入れるとエラーが返ります。
'Konsai123'にはマッチするので、マッチオブジェクトが表示されています。
'konsaisan'にはマッチしないので、何も表示されません。

　本章の最後に、上の処理をもう少し実用的なプログラムに仕上げてみましょう。コマンドライン引数で指定したパスワードが、「8文字以上で、英小文字、英大文字、数字をすべて使う」形式に合っているかどうかを判定するプログラムを作ってみましょう。

　if文とfullmatch関数を組み合わせて、パターンにマッチしたかどうかを判定するには、次のように書きます。

> **書式** パターンにマッチしたかどうかで処理を変える

```
if re.fullmatch( パターン , 文字列 ):
    マッチするときの処理
else:
    マッチしないときの処理
```

　fullmatch関数の代わりに、match関数やsearch関数を組み合わせることもできます。これらの関数は、マッチするときにはマッチオブジェクトを返し、これはTrueとして扱われます。また、マッチしないときにはNoneを返し、これはFalseとして扱われます。したがって上記のようなif文を書けば、マッチするときとしないときの各々について指定した処理を行うことができます。

▲ 練習問題 //

コマンドライン引数から入力したパスワードが、形式に合っているときには「good password」と表示し、合っていないときには「bad password」と表示するプログラムを作成してください。作成できたらre1.pyという名前で保存し、コマンドプロンプトやターミナルから「python re1.py Konsai123」と入力して、実行してみてください。同様に、「python re1.py konsaisan」と入力して、実行してみてください。

解答例

テキストエディタ　　　　　　　　　　　　　　　　　　　　　　**📙 re1.py**

```python
import re
import sys
pattern = r'(?=.*[a-z])(?=.*[A-Z])(?=.*[0-9])[a-zA-Z0-9]{8,}'
if re.fullmatch(pattern, sys.argv[1]):
    print('good password')
else:
    print('bad password')
```

コマンドライン

```
$ python re1.py Konsai123
good password

$ python re1.py konsaisan
bad password
```

本章のまとめ

本章では以下のようなことを学びました。

解説項目	概要
標準ライブラリ	Pythonの標準ライブラリには、プログラミングにおいてよく使う機能がまとまっています。乱数、日時、コマンドライン引数、キーボード入力、ファイル入出力、JSON、正規表現について使い方を学びました。
モジュール	Pythonのいろいろな機能はモジュールとして提供されています。モジュールを使うには事前にimport文を使ってインポートをしておく必要があります。

Part 2
実践編

〰 *Chapter 9*　実践的なプログラミングのための準備
〰 *Chapter 10*　機械学習
〰 *Chapter 11*　ニューラルネットワーク
〰 *Chapter 12*　ディープラーニング
〰 *Chapter 13*　ライブラリを活用した科学技術計算
〰 *Chapter 14*　Webアプリケーションの作成

Chapter 9

実践的なプログラミングのための準備

実践編のChapter10 〜 Chapter12では、AIの分野で話題の機械学習やニューラルネットワーク、ディープラーニングについて解説します。また、Chapter13では科学技術計算、Chapter14ではWebアプリケーションの作成方法を解説します。「Pythonを学んだばかりで、理解できるのかな…」と不安に思う人もいるかもしれませんが大丈夫です。安心してください。各プログラムを実際に動かして、動きを楽しみながら、気軽に読み進めてください。

本章では、実践編で紹介するプログラムを動かすための実行環境の構築方法を解説します。

Chapter 9 ● 実践的なプログラミングのための準備

9.1 サンプルファイルの使い方

サンプルファイルの入手方法

　実践編では、章ごとにまったく異なる複数のプログラムを作成し、さまざまなデータファイルを操作します。実際に各章で扱うプログラムやデータファイルは、**本書のサポートサイトからダウンロードできます**。実践編を読み進める前に入手しておいてください。

　本書のサポートサイト　https://isbn.sbcr.jp/95440/

ディレクトリの移動方法

　本書のサンプルファイル（プログラムやデータファイル）を利用するには、あらかじめ各ファイルが保存されているディレクトリを、カレントディレクトリにしておいてください。プログラムを簡単にするために、カレントディレクトリからの相対パスを使って、データファイルを読み書きする場合があるからです。

　ディレクトリを移動（カレントディレクトリを変更）するには、コマンドプロンプトでcdコマンド（change directory）を実行します。このコマンドの操作方法はWindows、macOSで共通です。

書式　カレントディレクトリの変更

cd　パス

　例えば、カレントディレクトリが「C:\Users\ユーザ名」の場合に「C:\Users\ユーザ名\sample\chapter10」に移動するには、次のようにcdコマンドを実行します。macOSの場合には、ディレクトリの区切り文字が「\」ではなく「/」なので、「sample\chapter10」の代わりに「sample/chapter10」と入力してください。

コマンドプロンプト

```
C:\Users\ユーザ名> cd sample\chapter10

C:\Users\ユーザ名\sample\chapter10>
```

次のように、複数回に分けて移動することもできます。

コマンドプロンプト

```
C:¥Users¥ユーザ名> cd sample

C:¥Users¥ユーザ名¥sample> cd chapter10

C:¥Users¥ユーザ名¥sample¥chapter10>
```

疑？問 ＜ ディレクトリ名を入力するのが大変です。簡単に入力する方法はありますか？

ディレクトリ名の先頭文字を入力して Tab キーを押すと、ディレクトリ名が自動的に補完されるので、素早く入力できます。たとえば、上記の場合において、「s」を入力して Tab キーを押すと「sample」というディレクトリ名が補完されます。

プロンプトにはカレントディレクトリが表示されるので、正しく移動できたかどうかは、プロンプトを見ればわかります。なお、1つ上のディレクトリに戻るには「..」を指定します。

例えば、カレントディレクトリが「C:¥Users¥ユーザ名¥sample¥chapter10¥lr」の場合に、「C:¥Users¥ユーザ名」に戻るには、次のように書きます。macOSの場合には、「..¥..」の代わりに「../..」と入力してください。

コマンドプロンプト

```
C:¥Users¥ユーザ名¥sample¥chapter10> cd ..¥..

C:¥Users¥ユーザ名>
```

次のように、複数回に分けて戻ることもできます。

コマンドプロンプト

```
C:¥Users¥ユーザ名¥sample¥chapter10> cd ..

C:¥Users¥ユーザ名¥sample> cd ..

C:¥Users¥ユーザ名>
```

Chapter 9 ● 実践的なプログラミングのための準備

9.2 パッケージの基本

　実践編では、さまざまなライブラリを使いますが、これらのライブラリの多くは「**パッケージ**」として配付されています。ここでは、パッケージの基本を解説します。

パッケージとモジュール

　パッケージとは、関連する複数のモジュールをまとめるための仕組みです。ドット (.) で区切られたモジュール名を使うことによって、複数のモジュールを階層化して整理します。

　例えば、Pythonの標準ライブラリには「http」というパッケージがあります。httpというパッケージには、次のモジュールが含まれています。

表 ▶ httpパッケージに含まれるモジュール

モジュール名	機能
http.client	HTTPクライアント
http.server	HTTPサーバ
http.cookies	クッキーの状態管理
http.cookiejar	クッキーの永続化

　httpパッケージに含まれるモジュールは、いずれもHTTP (Hypertext Transfer Protocol) に関する機能を提供するモジュールです。「http.…」という共通のモジュール名を付けることによって、これらが関連するモジュールであることを示すとともに、他のモジュールと名前が重複することを防いでいます。

> **Column　ライブラリ、モジュール、パッケージの関係**
>
> 　ライブラリ、モジュール、パッケージの意味について整理してみましょう。
>
> ● **ライブラリ**
> 　一般にライブラリとは、プログラムを開発する際によく使う処理を、簡単に呼び出せる形にまとめたソフトウェアのことです。
>
> ● **モジュール**
> 　一般にモジュールとは、関連する機能をまとめたプログラムのことです。Pythonにおいては、個々のプログラムファイル (.py) がモジュールに相当します。

270

- **パッケージ**
  Pythonにおけるパッケージは、関連する複数のモジュールを整理するための仕組みです。モジュールに「.」で区切られた名前を付けることで、複数のモジュールを階層化します。

モジュールのインポート

モジュールを使用する方法は第8章で学びました。パッケージに含まれるモジュールを使用する方法も、すでに学んだ方法と同じく、import文を使って、モジュールをインポートする必要があります。import文の書式は次のとおりでした。

書式 import文

import モジュール名

たとえば、Pythonインタプリタを使って、http.serverモジュールをインポートするには、次のように書きます。ここでは、正しくインポートできたことを確認するために、インポートの後に簡単なプログラムを実行しています。プログラムを実行後に「<http.server.HTTPServer object at 0x…>」と表示されれば成功です。

インタプリタ

```
>>> import http.server
>>> http.server.HTTPServer(('', 8000), None)
<http.server.HTTPServer object at 0x…>
```

なお、上記の書き方では、モジュールを使うたびに「http.server.…」のような長いモジュール名を付ける必要があります。

一方、次のように書くと、モジュール名を省略することができます。

書式 import文とfrom節

from モジュール名 import 機能名

インタプリタ

```
>>> from http.server import HTTPServer
>>> HTTPServer(('', 8000), None)
<http.server.HTTPServer object at 0x…>
```

　なお、他のモジュールとの間で機能名が重複する心配がある場合には、次のようにモジュール名の一部を省略する方法もあります。「.」（ドット）で区切られたモジュール名の一部分をインポートすることで、その部分よりも前にある部分（モジュール名の先頭部分）を省略できるようにします。

書式 モジュール名の部分的な省略

from ┃ モジュール名の先頭部分 ┃ import ┃ モジュール名の一部分 ┃

インタプリタ

```
>>> from http import server
>>> server.HTTPServer(('', 8000), None)
<http.server.HTTPServer object at 0x…>
```

　このように、パッケージに含まれるモジュールをインポートする方法はいくつかあります。作成するプログラムに応じて、使いやすい方法を選択してください。

9.3 パッケージのインストール

標準パッケージは、Pythonをインストールすると同時に自動的にインストールされます。一方、それ以外のパッケージを使う場合は、**事前に対象のパッケージをインストール**する必要があります。

pipコマンド

パッケージをインストールするには「pip」というコマンドを使います。pipコマンドを使ってパッケージをインストールするには、コマンドプロンプトやターミナルで次のように入力します。

書式 パッケージのインストール（Windowsの場合）

```
pip install  パッケージ名
```

書式 パッケージのインストール（macOSの場合）

```
pip3 install  パッケージ名
```

> **Memo**
> pipコマンドを実行すると、指定されたパッケージがダウンロードされて、インストールされます。そのため、実行環境がインターネットに接続されている必要があります。

ここでは、Chapter13で利用する「NumPy」（numpyパッケージ）と「SciPy」（scipyパッケージ）を実際にインストールしてみましょう。インストールするには、次のように書きます（実行環境がインターネットに接続されている状態で実行してください）。

コマンドライン

```
$ pip install numpy
Collecting numpy
  Downloading numpy-1.13.3-cp36-none-win_amd64.whl (13.1MB)
    100% |████████████████████████████████| 13.1MB 752kB/s
Installing collected packages: numpy
Successfully installed numpy-1.13.3

$ pip install scipy
```

273

```
Collecting scipy
  Downloading scipy-1.0.0-cp36-none-win_amd64.whl (30.8MB)
    100% |████████████████████████████████| 30.8MB 852kB/s
Requirement already satisfied: numpy>=1.8.2 in
c:\users\higpen\appdata\local\programs\python\python36\lib\site-packages
(from scipy)
Installing collected packages: scipy
Successfully installed scipy-1.0.0
```

パッケージのダウンロードには少し時間がかかります。進捗がプログレスバーで表示されるので、終了するまで待ってください。最後に「Successfully installed」と表示されたら成功です。

インストールに失敗した場合

インストールに失敗した場合は、再度インストールしてください。次のコマンドを実行すると、インストールしたパッケージをアンインストールすることができます。インストールが上手くいかないときには、**一度パッケージをアンインストールしてから、再度インストールしてください**。なお以下の「-y」は、アンインストールの確認に対して自動的に「はい」と答えるためのオプションです。

書式 パッケージのアンインストール

```
pip uninstall -y  パッケージ名
```

Chapter

10

機械学習

本章では、AIの分野で昨今話題の「機械学習」について、その基本を解説します。最初に、機械学習の仕組みを解説し、そのうえで実際にプログラムを動かして、機械学習を体験します。

Chapter 10 ● 機械学習

10.1 機械学習の基礎知識

機械学習とは

　機械学習とは、AIに関する研究分野の1つで、**人間が行うような学習の能力をコンピュータで実現するための技術**です。人間がプログラムを改良するのではなく、プログラム自身が自動的に、入力されたデータ（多くの場合は大量のデータ）を使って性能を改良していくことが特徴です。

▌機械学習関連の用語

 疑問　機械学習と、人工知能やディープラーニングには何か関係があるのでしょうか？

　機械学習と人工知能、ディープラーニングには密接な関係があります。ここで「人工知能」「ニューラルネットワーク」「ディープラーニング」といった、機械学習関連の用語の意味を簡単に解説しておきます。

●人工知能（Artificial Intelligence：AI）

　人工知能（AI）とは、**コンピュータを使って人間のような知能を実現する仕組み**のことです。最近話題になっている人工知能の例としては、画像や音声を認識する人工知能や、将棋や囲碁をプレイする人工知能などがあります。人工知能の手法が発展し、コンピュータの性能が向上したことで、ある特定分野においては人工知能が人間の能力を超える性能を発揮しています。

●ニューラルネットワーク（Neural Network：神経回路網）

　ニューラルネットワークは、**人工知能に関する研究分野の1つ**です。元々は脳の仕組みをコンピュータ上で再現することからはじまった研究分野です。多数のノード（節）が網状に結合された構造を持ちます。

　ノードは入力層、中間層（隠れ層）、出力層に分かれています。中間層の数には幅があり、最も単純なニューラルネットワークには中間層はありません。ニューラルネットワークの性能を改良するために、機械学習を使うことができます。ニューラルネットワークについては、第11章で詳しく解説します。

図 ▶ ニューラルネットワークの概念図

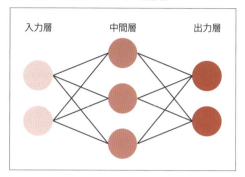

ディープラーニング（Deep Learning：深層学習）

ディープラーニングとは、**機械学習を使ってディープニューラルネットワーク**（階層が深いニューラルネットワーク）**の性能を改良する手法**です。一般的には、中間層が2層以上のネットワークのことをディープニューラルネットワークと呼びます。最近ディープラーニングが話題になっているのは、効果的な学習を行うための手法が考案されたためと、学習に必要な高い計算性能を持つハードウェアが登場したためです。ディープラーニングについては、第12章で詳しく解説します。

図 ▶ ディープニューラルネットワーク

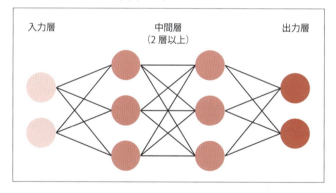

Chapter 10 ● 機械学習

10.2 機械学習の仕組み

本書で扱う機械学習の仕組みを解説します。ここで説明するのは「**教師あり学習**」という手法で、機械学習の代表的な手法の1つです。

モデルとは

これから機械学習を使って「モデル」を構築します。モデルとは、**データを入力すると、内部で何らかの処理を行い、処理結果のデータを出力する仕組み**のことです。

モデルの内部にはいくつかの調整可能なパラメータがあります。学習を行う目的は、これらのパラメータを適切に調整することによって、入力から望ましい出力が得られるようなモデルに改良することです。

図 ▶ モデル

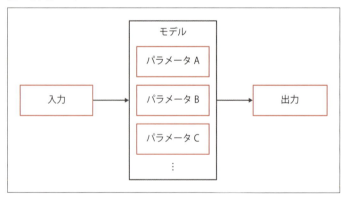

最初はパラメータを適当な値に設定しておきます。適当なパラメータなので、多くの場合、入力から望ましい出力は得られません。そこで、訓練データを使った学習を行います。教師あり学習における訓練データは、入力部分と正解部分から構成されています。

例えば、多数の犬の画像と猫の画像を、訓練データとして使うことができます。各画像には、その画像が表す動物（犬または猫）を示すラベルを付けておきます。この場合、入力部分は画像、正解部分はラベルです。

訓練データの入力部分をモデルに入力すると、モデルが処理結果を出力します。この出力と、訓練データの正解部分を比較し、誤差を求めます。

図 ▶ 訓練データ

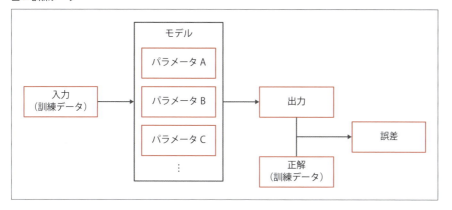

　求めた誤差を使って、モデルのパラメータを調整します。誤差が小さくなるようにパラメータを調整することによって、正解に近い出力をするモデルに改良することができます。

　パラメータを調整する方法としては、例えば、ニューラルネットワークにおいては「誤差逆伝播法」、あるいは「バックプロパゲーション」と呼ばれる手法を使います。

図 ▶ パラメータの調整

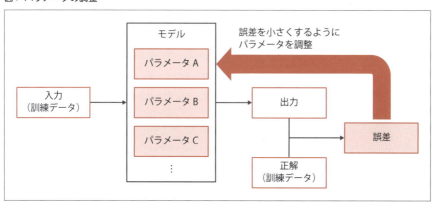

　多くの場合、モデルを十分に改良するためには、大量のデータを使って、**繰り返しパラメータを調整する**必要があります。そのため機械学習には、高い計算性能が必要になります。特にディープラーニングの場合には、CPUでは十分な計算性能が得られないことが多く、GPU（p.281）が使われることが一般的です。

　例えば、犬の画像をモデルに入力したときに、「犬である可能性60％」という出力が得られたとします。正解は犬なので、出力と正解の差（40％）を小さくするように、パラメータを調整します。

テストデータとは

　学習によってモデルがどの程度まで改良されたかどうかを調べるためには「テストデータ」を使います。テストデータは訓練データと同様に、入力部分と正解部分から構成されています。

　テストデータの入力部分をモデルに入力すると、モデルが処理結果を出力します。この出力と、テストデータの正解部分を比較し、正解率を求めます。ここで正解率とは、全テストデータの中で、出力が正解に一致した割合です。十分な正解率が得られているかどうかを、人間が見てモデルを評価します。例えば、100枚の画像をモデルに入力したときに、90枚の画像についてモデルが正解を出力したら、正解率は90％です。

図▶テストデータ

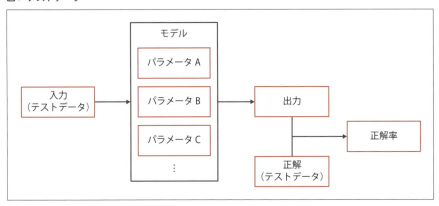

　一般的に、訓練データとテストデータには異なるデータを使います。訓練データとテストデータを同じにすると、「訓練データに対しては正解率が高いが、その他のデータに対しては正解率が低い」というモデルになっていても、気づくことができないからです。学習の目的は、**未知のデータに対しても高い正解率が出せるモデルを作ること**です。未知のデータに対しても正解率が高いことを確認するために、訓練データで作成したモデルの性能を、未知のデータ（テストデータ）を使って確認します。

　例えば、訓練データとは異なるテストデータで高い正解率を出せる「犬と猫を判別するモデル」は、未知の画像が入力されたときにも、犬と猫を高い正解率で判別できると期待できます。

> **Memo**
> 「訓練データに対しては正解率が高いが、その他のデータに対しては正解率が低い」という状態は、過剰適合（かじょうてきごう）または過学習（かがくしゅう）と呼ばれることがあります。

Column GPU (Graphics Processing Unit)

　GPUは、グラフィックスを処理するためのプロセッサ（演算装置）です。コンピュータのグラフィックス機能の処理を担当するプロセッサとして、一般的なパソコンにも搭載されています。パソコンの機種によって、CPUとは独立したGPUを搭載している場合と、CPUに統合されたGPUを搭載している場合があります。スマートフォン、タブレット、ゲーム専用機などにもGPUが搭載されています。特に、高品質なゲームを動かす場合には、高性能なGPUが必要になります。

　元々GPUはグラフィックス処理に使われてきましたが、見方を変えれば、GPUは大量の数値演算を高速に処理できるプロセッサです。CPUに比べると可能な処理の種類は限られていますが、得意の数値演算においてはCPUよりも高性能です。そのため、グラフィックス処理に限らず、一般的な数値演算にもGPUを活用しようという技術が発展しました。この技術をGPGPU（General-purpose computing on GPU）と呼びます。GPUを機械学習やディープラーニングに活用することも、GPGPUの一種です。

Column 教師あり学習と教師なし学習

　機械学習には「教師あり学習」と「教師なし学習」があります。本書で扱うのは「教師あり学習」ですが、「教師なし学習」についても簡単に紹介します。

　「教師あり学習」では、正解が付属する訓練データを使います。訓練データに対するモデルの出力と正解とを比較して、両者の誤差が小さくなるように、モデルのパラメータを調整します。

　「教師なし学習」では、正解が付属する訓練データではなく、正解が付属しない入力データを使います。つまり、入力データにおける個々の値に対して、モデルが出力すべき具体的な値は決まっていません。モデルの出力を人間が解釈して、有用な結果が出ているのかどうかを判断します。

　「教師なし学習」に属する手法の例として、「クラスタリング」と呼ばれる手法があります。クラスタリング（clustering）とは、入力データをいくつかのクラスタ（cluster：群れ）に分類することです。

　例えば、顧客の購入情報（何を購入したかという情報）を入力データとして、顧客のクラスタリングができます。購買傾向が似た顧客を、いくつかのクラスタに分類することによって、クラスタごとに効果的な広告を打つ、といった販売戦略につなげることが目的です。「教師なし学習」なので、各々のクラスタにどんな性質の顧客が分類されているのかは、結果を見て人間が解釈します。

Chapter 10 ● 機械学習

10.3 scikit-learnのインストールと画像データの入手

scikit-learnのインストール

Pythonプログラムで機械学習を行うために「scikit-learn」パッケージをインストールします。scikit-learnパッケージを使うと、機械学習のさまざまな手法をPythonから利用することができます。

▍scikit-learnのWebサイト

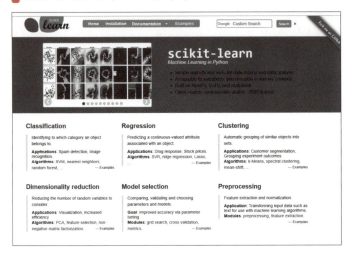

URL http://scikit-learn.org/stable/index.html

　pipコマンドを使って、scikit-learnパッケージをインストールします。pipコマンドの使い方については、p.273を参照してください。

コマンドライン

```
$ pip install "scikit-learn<0.21"
Collecting scikit-learn<0.21
  Downloading scikit_learn-0.20.4-cp37-cp37m-win_amd64.whl (4.8 MB)
     |████████████████████████████████| 4.8MB 3.2MB/s
…
Installing collected packages: scikit-learn
Successfully installed scikit-learn-0.20.4
```

> **Memo**
> scikit-learnはときどきバージョンアップされています。本書で使用しているバージョンは0.20.4ですが、使用するバージョンが違うと動作が異なったり、場合によっては動作しないこともあります。そこで上記のインストール例では、0.21未満のバージョンを指定して、scikit-learnをインストールしました。バージョンを指定しない場合には、以下のようにインストールします。

コマンドライン

```
$ pip install scikit-learn
```

　なお、scikit-learnを利用するには、numpyパッケージとscipyパッケージも必要です。第9章でインストールしていない場合は、ここでnumpyとscipyもインストールしておいてください (p.273)。

画像データの入手

　本章では、機械学習やディープラーニングのためのデータとして非常によく利用されている、「MNIST」と呼ばれる手書きの数字の画像データを使って「手書き数字の画像を入力すると、0〜9のどの数字なのかを判定するプログラム」を作ります。

　MNISTには、28×28ピクセルのグレースケール (白から黒までの明暗の段階で表現された色) 画像が、70000枚収録されています。70000枚というとかなり多い枚数に感じますが、機械学習ではこれくらい大量の入力データを扱うことがよくあります。

　MNISTはWebサイトから手動でダウンロードすることもできますが、本書では後ほど紹介するプログラムが自動的にダウンロードします。このプログラムを実行する際には、インターネットに接続しておいてください。

MNISTのWebサイト

URL http://yann.lecun.com/exdb/mnist/

> **Memo**
> MNISTは、米国の国勢調査局職員が書いた数字と、高校生が書いた数字から構成されています。実際に数字の画像を見ると、日本ではあまり見かけない書き方の数字も含まれていることがわかります。

次の図はMNISTに収録されている画像の例です。0から9までの各数字を10枚ずつ、合計100枚の画像を並べています。同じ数字でも、字体にかなり差があることがわかります。

図 ▶ MNISTに含まれる画像の例

機械学習の入力データに加工する

MNISTからダウンロードしたデータのままでは、機械学習の入力データとしては利用できないので、入手した画像を次の方法で機械学習の入力データに加工します。なお、実際のMNISTは28×28ピクセルの画像ですが、ここでは説明を簡単にするために、4×4ピクセルの画像で説明します。

図 ▶ 画像から入力データへ

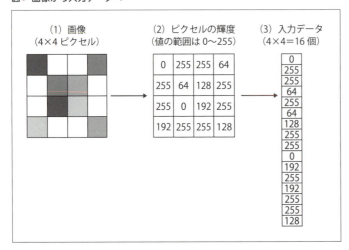

（1）グレースケール画像を、数値で表現する

　グレースケール画像では、各ピクセルの輝度（明暗）が数値で表現されています。MNISTの場合、値の範囲は0から255です。0が黒、255が白を表します。中間の値はグレー（灰色）を表し、値が0に近いほど暗いグレー、255に近いほど明るいグレーになります。

　最初に、グレースケール画像を、前図のように数値で表現します。

（2）ピクセルを並べ替える

　数値化したピクセルを、画像の左上から右下に向かって、一列に並べます。これを入力データとします。4×4ピクセルの画像の場合、入力データは16個の値になります。このため、実際の入力データは784個（28×28ピクセル）になります。これが画像1枚分の入力データであり、同様のデータが70000枚分あります。

　本章の機械学習と、Chapter12で解説するディープラーニングのプログラムでは、いずれもMNISTを入力データとして使います。機械学習とディープラーニングで、手書き数字を認識するプログラムの正解率にどのような差が生じるのか、実際にプログラムを動かしながら体験してみてください。

Chapter 10 ● 機械学習

10.4 ロジスティック回帰による機械学習プログラミング

scikit-learnにはさまざまな機械学習の手法が含まれていますが、今回は「ロジスティック回帰（Logistic Regression）」と呼ばれる手法を使います。名前は難しそうですが、仕組みはそれほど難しくはありません。できるだけ簡単に説明します。

ロジスティック回帰とは

ロジスティック回帰のモデルでは、入力は複数の値、出力は1つの値（確率）です。モデルには入力＋1個のパラメータがあります。次の図をご覧ください。

図 ▶ ロジスティック回帰

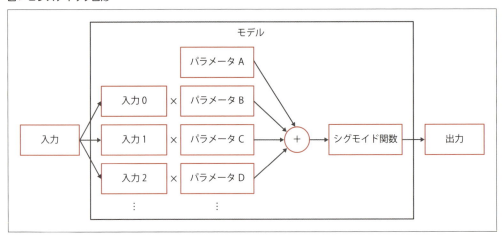

入力に対してパラメータを乗算したものと、＋1個のパラメータ（図のパラメータA）をすべて加算します。式で書くと、次のようになります。

　パラメータA ＋ （入力0×パラメータB） ＋ （入力1×パラメータC） ＋ …

さて、一般的に確率は0.0から1.0までの値で示します。そこで、上記の式に対して標準シグモイド関数と呼ばれる関数を適用し、値の範囲を0.0から1.0までに変換します。この変換結果を出力とします。式で書くと、次のとおりです。

　出力 ＝ 標準シグモイド関数（パラメータA ＋ （入力0×パラメータB） ＋ （入力1×パラメータC） ＋ …）

標準シグモイド関数は、あらゆる範囲の値（−∞から＋∞）を、0から1までの範囲に変換する関数の一種です。ロジスティック回帰のほか、ニューラルネットワークでも使われます。

数字を判定するモデル

ロジスティック回帰を使うと、**入力が特定の数字かどうかを判定するモデル**を作ることができます。入力は数字の画像で、出力は特定の数字である確率です。

図▶特定の数字を判定するモデル

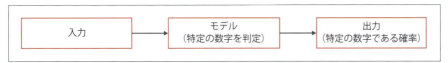

例えば、数字の0かどうかを判定するモデルを作ることができます。このモデルは、数字の0を表す画像を入力したときに高い確率を出力するように、学習によってパラメータを調整しておきます。数字の0を入力したときには0.9などの高い確率を、他の数字（例えば1など）を入力したときには0.2などの低い確率を、出力するようにします。

同様に他の数字（1～9）についても、その数字かどうかを判定するモデルを作ることができます。さらに、このモデルを0から9まで並べれば、最も高い確率だった数字を解答として出力するモデルを作ることができます。これで、入力した画像を判定して、どの数字なのかを出力するモデルが実現できます。

図▶どの数字かを判定するモデル

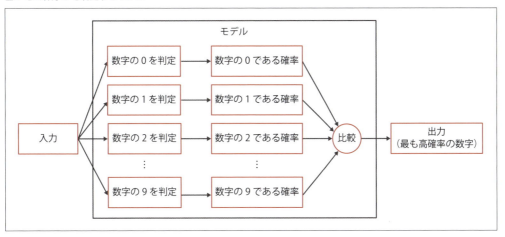

> **Memo**
> 数字の画像を入力すると、例えば数字0の確率が0.2、数字1の確率が0.9、数字2の確率が0.1…のように求まります。この中で最も高い確率だった数字（例えば1）を、解答として出力します。

これで、ロジスティック回帰を使って手書き数字を認識するための仕組みについて学ぶことができました。次はscikit-learnを使って、実際に手書き数字を認識するプログラムを作成します。

モデルの学習を行うプログラム

これから3つのプログラムを作成します。最初のプログラムはモデルの学習（パラメータの調整）を行います。モデルの学習には時間がかかるので、学習済みのモデル（調整済みのパラメータ）をファイルに保存しておき、後の2つのプログラムでも利用します。これらのプログラムはサンプルファイルに含まれています。少し長いので、サンプルファイルを利用することをおすすめします。

前章までに紹介してきたものよりも長いプログラムですが、内容を説明します。今までに学んだPythonの文法がどこで使われているのかに注目してみてください。

テキストエディタ　　　　　　　　　　　　　　　　　　　　　　　　lr_train.py

```
from sklearn import datasets, externals, linear_model, model_selection ①
import time

print('MNISTの取得:', end='', flush=True) ②
mnist = datasets.fetch_mldata('MNIST original', data_home='.')
data, label = mnist.data, mnist.target
print('完了')

TRAIN_SIZE = 600 ③
TEST_SIZE = 100

t = model_selection.train_test_split( ④
    data, label, train_size=TRAIN_SIZE, test_size=TEST_SIZE)
train_data, test_data, train_label, test_label = t
print('訓練データ:', train_data.shape)
print('テストデータ:', test_data.shape)

print('学習:', end='', flush=True) ⑤
old = time.time()
model = linear_model.LogisticRegression().fit(train_data, train_label)
print(time.time()-old, '秒')

externals.joblib.dump(model, 'lr.model') ⑥

print('テスト結果:') ⑦
predict = model.predict(test_data)
count = [[0 for i in range(10)] for j in range(10)]
```

```
for i in range(TEST_SIZE):
    count[int(predict[i])][int(test_label[i])] += 1
print('正解   ', end='')
for i in range(10):
    print('   [{0}]'.format(i), end='')
print()
for i in range(10):
    print('予測[{0}]'.format(i), end='')
    for j in range(10):
        print('{0:6d}'.format(count[i][j]), end='')
    print()

print('正解率:', model.score(test_data, test_label)*100, '%')  ●────── ⑧
```

❶インポート

sklearn（scikit-learn）モジュールから、複数の機能（datasets、externals、linear_model、model_selection）をインポートします。また、実行時間を計測するために、timeモジュールをインポートします。

❷MNISTのデータの取得

MNISTのデータ（p.283）を、datasets.fetch_mldata関数を使ってインターネット経由で取得します。取得したデータは次のように、mldataディレクトリ以下のmnist-original.matファイルに保存されます。このファイルは大きい（54MB）ので、ダウンロードには時間がかかります。一度プログラムを実行すれば、次回はダウンロード済みのファイルを使うので、処理は短い時間で終わります。なお、MNISTのデータを配布するサーバに接続できないことがあったので、本書のサンプルファイルにはMNISTのデータをあらかじめ収録してあります。

```
[Chapter 10] ●─────────────────────────── Chapter 10のディレクトリ
  ├lr_train.py ●──────────────────── logistic regressionのプログラム（学習）
  └[mldata] ●──────────────────────────── データのディレクトリ
      └mnist-original.mat ●──────────────────── MNISTのデータ（54MB）
```

取得したデータは変数mnistに代入します。データのうち、mnist.dataが入力部分（画像）、mnist.targetが正解部分（画像に対応する数字のラベル）に相当します。そこで、入力部分を変数dataに、正解部分を変数labelに代入します。この際、複数同時代入を使っています。

なお、❷の最初にあるprint関数のキーワード引数flushは、出力のバッファリング（データを一時的に溜めておくこと）を制御します。flushをTrueにすると、出力をバッファリングせずに、すぐに出力します。このプログラムの場合には、ダウンロードの処理に入る前に確実にメッセージを出力しておくために、バッファリングを無効にしました。

❸データ数

訓練データとテストデータの個数です。データ数が多くなると、学習に時間がかかります。本書では気軽にプログラムを実行できるように、データ数を指定できるようにしました。最初は訓練データの個数（TRAIN_SIZE）を600、テストデータの個数（TEST_SIZE）を100にしてあります。プログラムが正しく動作したら、テストデータの個数を増やしてみてください。

❹データの分割

model_selection.train_test_split関数を使って、データを訓練データとテストデータに分割します。そして、次のような変数に入力と正解を代入します。

表 ▶ 分割されたデータを代入する変数

変数名	内容
train_data	訓練データ（入力部分、画像）
test_data	テストデータ（入力部分、画像）
train_label	訓練データ（正解部分、数字のラベル）
test_label	テストデータ（正解部分、数字のラベル）

❺学習

訓練データを使って、学習を行います。linear_model.LogisticRegression().fit(…)では、LogisticRegressionクラスのインスタンスを生成した後に、fitメソッドを呼び出しています。

図 ▶ linear_model.LogisticRegression().fit(…)の構造

学習には時間がかかります。どのくらい時間がかかったのかを知るために、time.time関数を使って実行時間を計測することにしました。開始時間と終了時間の差を求めることで、経過時間（秒）を表示します。

❻モデルの保存

学習には時間がかかるので、学習済みのモデルを後で再利用できると便利です。externals.joblib.dump関数を使って、モデルをファイルに保存します。プログラムと同じディレクトリに、lr.modelというファイルが保存されます。

❼テスト

テストデータを使って、テストを行います。テストにはmodel.predict関数を使います。次に、テス

トデータに含まれる各々の数字が、どの数字として予測されたのかという件数を調べます。

数字0が数字0として予測された件数
数字0が数字1として予測された件数
⋮
数字9が数字9として予測された件数

調べた上記の件数を、表の形式で画面に出力します。この部分のプログラムでは、リスト、内包表記、for文による繰り返し、format関数などを使っています。

❽正解率の表示

model.score関数を使うと簡単に正解率が得られるので、テストデータに対する正解率を表示しています。手法によって正解率にどのような差が出るのかを、比較するために役立ちます。

モデルの学習を行うプログラムの実行

プログラムを実行してみましょう。インターネットに接続していることを確認してから、pythonコマンドを使ってlr_train.pyを実行し、結果を確認してください。はじめて実行する際は、プログラムがメッセージを表示するまでに時間がかかる場合があるので、何も表示されなくてもしばらく待ってみてください。

コマンドライン

```
$ python lr_train.py
MNISTの取得:完了
訓練データ: (600, 784)
テストデータ: (100, 784)
学習:0.2641773223876953 秒
テスト結果:
正解     [0]   [1]   [2]   [3]   [4]   [5]   [6]   [7]   [8]   [9]
予測[0]  12    0     0     0     0     1     0     0     0     0
予測[1]  0     9     1     0     0     0     0     3     1     1
予測[2]  0     0     7     0     0     0     0     1     1     0
予測[3]  0     0     0     10    0     1     0     0     0     0
予測[4]  0     0     0     1     4     0     0     0     0     0
予測[5]  0     0     0     0     0     5     1     1     1     0
予測[6]  0     0     1     0     0     1     9     0     0     0
予測[7]  0     0     0     0     0     0     0     9     0     0
予測[8]  1     0     1     0     1     1     0     0     10    0
予測[9]  0     0     0     0     2     0     0     0     0     3
正解率: 78.0 %
```

学習時間は使用するマシンの性能によって異なります。訓練データの数が600個と少ないので、多くのマシンでは短い時間で学習が完了すると思われます。また、テスト結果の内容や正解率も、解答例とは異なる場合があります。

 テスト結果の表はどのように読めばいいのですか？

出力された表では、横軸が正解の数字、縦軸が予測された数字を示します。横軸と縦軸の交わる箇所が、その正解と予測の組み合わせが生じた件数を表しています。

表の対角線上の値、例えば正解[0]と予測[0]の交わる箇所（12件）や、正解[1]と予測[1]の交わる箇所（9件）は、正解と予測が一致した件数を表しています。全体としては、正解と予測が一致している場合が多い（78.0%）ので、対角線上の件数が多くなっています。

正解と予測が異なる場合も見てみましょう。例えば正解[0]と予測[8]の交わる箇所（1件）は、本当は0なのに8と予測してしまった画像が1枚あることを示しています。このように誤って予測した件数が多いのは、例えば正解[7]と予測[1]の交わる箇所（3件）や、正解[4]と予測[9]の交わる箇所（2件）などがあります。7と1、4と9は、数字の書き方によっては、確かに見間違えやすそうな組み合わせに思えます。

データ数の変更

プログラムが正常に動作したら、今度はデータ数を増やしてみましょう。lr_train.pyのデータ数について書いている部分（❸）を書き換えます。

```
TRAIN_SIZE = 600
TEST_SIZE = 100
```

訓練データ数を6000、テストデータ数を1000に変更してから、lr_train.pyを実行してください。

コマンドライン

```
$ python lr_train.py
MNISTの取得:完了
訓練データ: (6000, 784)
テストデータ: (1000, 784)
学習:125.24264526367188 秒
テスト結果:
正解       [0]   [1]   [2]   [3]   [4]   [5]   [6]   [7]   [8]   [9]
予測[0]    107   0     1     1     1     2     3     1     0     0
予測[1]    0     111   1     2     1     1     1     1     1     0
予測[2]    1     5     70    2     0     0     0     1     0     1
予測[3]    3     1     6     87    1     11    0     0     6     2
予測[4]    1     1     0     0     59    3     1     5     0     5
予測[5]    3     1     0     3     2     54    2     2     6     1
```

予測[6]	0	0	1	0	0	2	88	0	2	0
予測[7]	0	1	1	3	0	1	0	89	2	9
予測[8]	2	4	5	9	7	12	2	3	70	4
予測[9]	0	0	3	4	4	4	0	4	8	75

正解率：81.0%

　出力結果において、訓練データ数が6000、テストデータ数が1000になっていることを確認してください。実行時間はマシンによりますが、実行例では125秒（2分）ほどかかりました。

　正解率は81.0%に向上しました。正解と予測が異なる件数が多いのは、正解[5]に対する予測[8]（12件）や、正解[8]に対する予測[9]（8件）などです。やはり、書き方によっては形が似てしまう数字について、間違いが多くなっています。

　それでは最後に、すべてのデータ（70000個）を使ってプログラムを実行してみましょう。かなり時間がかかるので実行時には留意してください（もちろん時間があれば、実際に実行しても構いません）。

　訓練データ数を60000、テストデータ数を10000に変更してから、lr_train.pyを実行します。

コマンドライン

```
$ python lr_train.py
MNISTの取得:完了
訓練データ: (60000, 784)
テストデータ: (10000, 784)
学習:3925.7569065093994 秒
テスト結果:
```

正解	[0]	[1]	[2]	[3]	[4]	[5]	[6]	[7]	[8]	[9]
予測[0]	942	1	12	4	4	5	6	1	11	7
予測[1]	0	1072	13	5	4	4	2	11	20	7
予測[2]	2	9	856	13	5	6	7	14	19	6
予測[3]	0	3	18	941	1	37	1	4	21	23
予測[4]	1	2	10	2	912	9	2	10	4	31
予測[5]	3	2	4	34	0	794	15	0	19	6
予測[6]	10	2	22	6	12	24	927	1	9	0
予測[7]	2	3	18	11	8	5	0	978	2	32
予測[8]	6	11	21	28	12	28	7	7	825	9
予測[9]	0	0	3	10	36	8	0	32	19	889

正解率：91.36%

　実行時間は解答例では3925秒（1時間5分）ほどかかりました。正解率は91.36%と、データ数が少ない場合と比べてかなり向上しました。しかし言葉をかえれば、数字10個につき1個程度は間違える、ということです。実用的な目的、例えば郵便番号を自動的に判別するといった用途に使うには、もっと高い正解率が必要です。

　正解と予測が異なる件数が多いのは、正解[5]に対する予測[3]（37件）、正解[4]に対する予測[9]（36件）

などです。5と3、4と9は、書き方によっては確かに人間でも間違えそうではあります。

学習済みモデルを利用してテストだけを行うプログラム

次のプログラムは、学習済みのモデルをファイルから読み込んで、テストだけを行います。学習は行わないので、データ数が多い場合でも、短時間で処理が終わります。

テキストエディタ lr_test.py

```
from sklearn import datasets, externals, model_selection

print('MNISTの取得:', end='', flush=True)
mnist = datasets.fetch_mldata('MNIST original', data_home='.')
data, label = mnist.data, mnist.target
print('完了')

TRAIN_SIZE = 60000                                                    ①
TEST_SIZE = 10000

t = model_selection.train_test_split(
    data, label, train_size=TRAIN_SIZE, test_size=TEST_SIZE)
train_data, test_data, train_label, test_label = t
print('訓練データ:', train_data.shape)
print('テストデータ:', test_data.shape)

model = externals.joblib.load('lr.model')                             ②

print('テスト結果:')
predict = model.predict(test_data)
count = [[0 for i in range(10)] for j in range(10)]
for i in range(TEST_SIZE):
    count[int(predict[i])][int(test_label[i])] += 1
print('正解    ', end='')
for i in range(10):
    print('   [{0}]'.format(i), end='')
print()
for i in range(10):
    print('予測[{0}]'.format(i), end='')
    for j in range(10):
        print('{0:6d}'.format(count[i][j]), end='')
    print()

print('正解率:', model.score(test_data, test_label)*100, '%')
```

プログラムのほとんどの部分は、学習用のプログラム（lr_train.py）と同じです。異なる部分だけを説明します。

❶データ数

訓練データ数（TRAIN_SIZE）とテストデータ数（TEST_SIZE）は、最初から最大の60000と10000にしました。このプログラムでは学習は行わないので、実際に使うのはテストデータだけです。

❷モデルの読み込み

externals.joblib.load関数を使って、ファイルから学習済みのモデルを読み込みます。実際に学習を行うのに比べると、この処理はごく短時間で終わります。

モデルは学習用のプログラムで作成するので、学習用のプログラム（lr_train.py）を実行してから、テスト用のプログラム（lr_test.py）を実行してください。

pythonコマンドを使って、lr_test.pyを実行し、結果を確認してみましょう。

コマンドライン

```
$ python lr_test.py
MNISTの取得:完了
訓練データ: (60000, 784)
テストデータ: (10000, 784)
テスト結果:
正解     [0]    [1]    [2]    [3]    [4]    [5]    [6]    [7]    [8]    [9]
予測[0]  887      0      5      1      0      8      8      1      8      6
予測[1]    0   1094      6      3      3      1      3      2     16      4
予測[2]    0      4    942     18      4      8      1      8      9      3
予測[3]    0      1     17    938      3     25      1      3     23     16
予測[4]    0      1      5      4    949      7      4      2      7     30
予測[5]    2      5      5     22      1    827     14      2     23      5
予測[6]    7      1     14      3      5      9    923      1      6      1
予測[7]    1      1      8      7      4      0      0    966      7     32
予測[8]    4      4     24     20      7     23      3      8    871      9
予測[9]    0      1      3      6     26     11      0     28     12    949
正解率:93.46%
```

学習用のプログラムを実行したときと、テスト用のプログラムを実行したときで、正解率が異なる場合があります。これは訓練データとテストデータを分割する際に、model_selection.train_test_split関数が乱数を使うためです。ランダムにデータが分割されるので、実行するたびに正解率が変動する可能性があります。

疑問 なぜ、学習用とは別にテスト用のプログラムを作ったのですか？

モデルの保存と読み込みを使ってみるためです。次項では、ユーザが手書きした数字を認識するプログラムを作りますが、数字の認識を一回試すたびにモデルの学習を待つのでは、作業がはかどりません。学習済みのモデルを読み込むのは速いので、手軽に色々な数字の画像を試すことができます。

ユーザが指定した任意の手書き数字画像を認識するプログラム

どのくらい手書き数字を正確に認識できるのか、みなさんが手書きした数字を使って試してみたくはありませんか？　ぜひ試してみましょう。学習済みのモデルを使い、任意の手書き数字画像を読み込んで、どの数字なのかを判定するプログラムは次のとおりです。

テキストエディタ　　　　　　　　　　　　　　　　　　　　　　　　　　　lr_user.py

```
import numpy                                                    ①
import sys
from PIL import Image
from sklearn import externals

if len(sys.argv) != 2:                                          ②
    print('python lr_user.py [画像ファイル名]')
    exit()

SIZE = 28                                                       ③
image = Image.open(sys.argv[1]).convert('L')
image = image.resize((SIZE, SIZE), Image.LANCZOS)
test_data = [numpy.array(image).ravel()]

for y in range(SIZE):                                           ④
    for x in range(SIZE):
        print('{0:4d}'.format(test_data[0][x+y*SIZE]), end='')
    print()

model = externals.joblib.load('lr.model')                       ⑤
predict = model.predict([t/255 for t in test_data])
print('予測:', int(predict[0]))
```

プログラムの内容を説明します。ポイントは、画像を読み込むために「Pillow」というパッケージを使うことと、入力データを作るためにnumpyパッケージを使うことです。

296

❶インポート

NumPyを使うためにnumpyパッケージをインポートし、コマンドライン引数を使うためにsysパッケージをインポートします。また、PIL（Pillow）パッケージからImageモジュールを、sklearn（scikit-learn）からexternalsモジュールを、それぞれインポートします。

Pillowは、PIL（Python Imaging Library）から派生したライブラリで、Pythonで画像データを扱うための機能を提供します。このプログラムでは、画像ファイルの読み込みと、色数やサイズの変更に使います。

❷コマンドライン引数

コマンドライン引数を使って、画像ファイル名を取得します。いろいろな数字の画像を簡単に指定して読み込めるように、プログラム内で画像ファイルを指定するのではなく、コマンドライン引数で指定することにしました。

❸入力データの作成

画像ファイルを読み込み、色数やサイズを変更して、入力データに加工します。Pillowパッケージが提供する、次のような関数やメソッドを使います。

表 ▶ PillowパッケージとNumPyパッケージが提供する関数やメソッド（本サンプルで使用するもの）

関数・メソッド	説明
Image.open関数	引数に指定した画像ファイルを読み込み、Imageクラスのオブジェクトを作成する
convertメソッド（Imageクラス）	画像の色数を変更する。引数に'L'を指定すると、グレースケールに変換し、'RGB'を指定するとRGBに変換し、'CMYK'を指定するとCMYKに変換する
resizeメソッド（Imageクラス）	画像のサイズを変更する。Image.LANCZOSは、サイズ変更時に適用する画像処理の1つ。LANCZOSの他には、NEAREST、BOX、BILINEAR、HAMMING、BICUBICが選べる。LANCZOSは処理時間がかかるが、結果の品質がよい画像処理方法である
numpy.array関数	オブジェクトをnumpy.ndarrayクラスのオブジェクトに変換する
ravelメソッド（numpy.ndarrayクラス）	配列を1次元に変換する

Image.open関数、convertメソッド、resizeメソッドを使って、読み込んだ画像ファイルをグレースケールに変換し、28×28ピクセルにサイズ変更します。そのうえで、numpy.array関数やravelメソッドを使って、入力データ（数値の1次元配列）を作ります。

ここまでの処理で、ファイルから読み込んだ画像を、28×28ピクセルのグレースケール画像に変換し、さらに輝度を数値として格納した1次元配列を作成することができます。この配列は、今までの学習用やテスト用のプログラムで使ったデータ（p.290）と同じ構造なので、入力データとして使うことができます。この配列を変数test_dataに代入します。

> **Memo**
> RGBは赤（red）、緑（green）、青（blue）の三成分で色を表す手法です。また、CMYKはシアン（cyan）、マゼンタ（magenta）、イエロー（yellow）、キープレート（key plate）の四成分で色を表す手法です。

❹ 入力データの表示

どのような入力データを使うのかがわかりやすいように、画面に配列の内容を表示します。実際の画像と見比べてみてください。

❺ 予測結果の表示

学習済みのモデル（lr.model）を、externals.joblib.load関数を使って読み込みます。そして、model.predict関数を使って予測を行います。最後に、予測結果の数字を表示します。1個の数字を予測するだけなので、件数を表示するのではなく、予測した数字をそのまま表示することにしました。

プログラム（ユーザ）の実行

自分で手書きした数字の画像を、プログラムに判定させてみましょう。簡単に動作が確認できるように、筆者が書いた数字の画像を用意しました。プログラム（lr_user.py）と同じディレクトリに、0.png〜9.pngというPNG形式の画像ファイルとして、収録してあります。

図 ▶ 手書き数字画像の例

なお、プログラムを実行する前に、Pillowパッケージをインストールする必要があります。pipを使って、Pillowパッケージをインストールしてください。

コマンドライン

```
$ pip install Pillow
Collecting Pillow
  Downloading Pillow-5.0.0-cp36-cp36m-win_amd64.whl (1.6MB)
    100% |████████████████████████████████| 1.6MB 2.5MB/s
Installing collected packages: Pillow
Successfully installed Pillow-5.0.0
```

もしインストール時にエラーが発生したら、インターネットに接続していることを確認したうえで、再度インストールを試みてください（p.283）。

プログラムは次のように実行します。

コマンドライン lr_user.pyの実行方法

```
$ python lr_user.py  画像ファイル名
```

lr_user.pyを0.pngに対して実行し、結果を確認してみます。

コマンドライン

```
$ python lr_user.py 0.png
… 0   0   0   0   0   0   0   0   0   0   0   0   0   0   0   0   0   0   0   0 …
… 0   0   0   0   0   0   0   0   0   1   1   1   1   1   1   0   0   0   0   0 …
… 0   0   0   0   0   0   0   1   5   4   0   0   0   0   0   0   0   0   0   0 …
… 0   0   0   0   0   0   0   0  11  13  13  13  12  14   0   0   1   0   0   0 …
… 0   0   0   0   0   0   1  20 121 129 234 245 245 245 242 241 177   7   2   0 …
… 0   0   0   1   0  12 229 255 255 255 245 246 245 245 255 252  15   0   1   0 …
… 0   0   0   1   2  22 247 247 130  69  13  16  13  25 244 242  15   0   1   0 …
… 0   0   0   5   0 110 253 228   0   0   0   0   0   9 243 244   2   0   1   0 …
… 0   0   2   3  64 191 255 141   5   8   1   2   1  16 252 250  76   1   3   0 …
… 0   0   5   0 137 255 240  68   0   3   0   3   0   2   7 177 255 242  13   1   1   0 …
… 0   0   0   5 121 253 128   0   5   0   0   0   0   2   0  10 245 244  13   0   1   0 …
… 0   0   0   5 121 255 121   2   5   0   0   0   1   0  13 245 245  13   0   1   0 …
… 0   0   0   1 128 255 128   0   5   0   0   0   1   0  13 245 245  13   0   1   0 …
… 0   1   0  13 232 253 110   0   5   0   0   0   1   0  13 245 245  13   0   1   0 …
… 0   1   1  13 246 251  81   1   3   0   0   0   1   0  11 245 245  13   0   1   0 …
… 0   0   3   1  75 251 243  13   1   1   0   0   0   0  19 246 246  13   0   1   0 …
… 0   0   1   0   2 244 246  14   0   1   0   0   5   1 123 254 231   1   0   1   0 …
… 0   0   1   0  15 245 244  13   1   1   0   0   6   0 115 255 128   1   5   0   0 …
… 0   0   1   0  13 246 245  10   0   2   0   0   3  11 181 253 125   0   5   0   0 …
… 0   0   1   0  13 234 252 178   3   2   3   0   0 129 255 255 123   0   5   0   0 …
… 0   0   0   5   0 128 255 255 180   0   0  21 177 246 255 194  13   3   1   0   0 …
… 0   0   0   1   2  11 180 255 255 176 174 241 255 255 237  60   0   3   0   0   0 …
… 0   0   0   0   1   0   3 180 255 255 255 241 178  18   0   1   0   0   0   0   0 …
… 0   0   0   0   0   0   0   3 128 230 238 176  20   0   0   3   0   0   0   0   0 …
… 0   0   0   0   0   0   1   0   0  11  14   0   0   1   0   0   0   0   0   0   0 …
… 0   0   0   0   0   0   0   1   4   0   0   0   1   0   0   0   0   0   0   0   0 …
… 0   0   0   0   0   0   0   0   0   1   1   0   0   0   0   0   0   0   0   0   0 …
… 0   0   0   0   0   0   0   0   0   0   0   0   0   0   0   0   0   0   0   0   0 …
予測: 0
```

表示される数値は、ピクセルの輝度を表しています。0に近いほど黒に近く、255に近いほど白に近くなります。元の画像（数字の0）の形状が、何となくわかるかと思います（上記の解答例では、表示の一部を「…」にして省略しています）。

予測結果は0なので、この場合は正解でした。他の画像（1〜9）についても、同様にプログラムに判定させてみてください。動作の確認をスムーズにするために、筆者が用意したデータは正解になりそうな形状にしてありますが、学習モデルの内容によっては不正解になる可能性もあります。

 自分で用意した手書き数字を使うには、どうしたらいいのですか？

動作が確認できたら、みなさんが手書きした画像を判定させてみてください。画像はペイントソフト

を使って作成するか、紙などに書いた数字を写真に撮って作成します。ただし、黒い背景に白い数字を書く必要があるので、**白い紙に黒い数字を書いた場合には、ペイントソフトを使って白黒を反転してください。**

　入力データは28×28ピクセルですが、あまり小さいと数字が書きにくいので、少し大きめの画像にするのがおすすめです。筆者が用意したデータは、縦横がそれぞれ倍の56×56ピクセルです。大きい画像の場合にも、プログラムが読み込む際に28×28ピクセルにサイズ変更するので、大丈夫です。

　実際に自分の手書き数字を認識させてみると、意外に誤りが多いことに気づきます。lr_train.pyやlr_test.pyの実行結果によれば、正解率は91〜93%程度なので、0から9までの数字を認識させると、0.7〜0.9個程度は間違う可能性があるということです。後に紹介するディープラーニングを用いた手書き数字の認識では、より高い正解率を達成することができます。

Chapter

11

ニューラルネットワーク

本章では、Chapter10で解説した機械学習を踏まえて、ニューラルネット
ワークを解説します。なお、Chapter12では本章で学ぶニューラルネット
ワークからさらに一歩踏み込んで、ディープラーニングについて解説します。

Chapter 11 ● ニューラルネットワーク

11.1 ニューラルネットワークの仕組み

単純なニューラルネットワーク

「ニューラルネットワークは多数のノードが網状に結合された構造を持つ」と解説しました（p.276）。ここでは非常に単純な例を使って、ニューラルネットワークの構造についてもう少し詳しく解説します。入力層と出力層だけで構成されたニューラルネットワークを考えます。中間層はありません。入力ノードは2個、出力ノードも2個です。

図 ▶ 単純なニューラルネットワーク

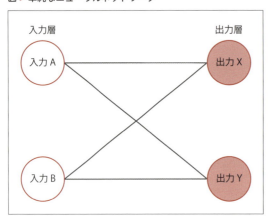

> **Memo**
> 入力層と出力層だけで構成されたニューラルネットワークのことを「単純パーセプトロン（Perceptron）」と呼ぶことがあります。

ここでの解説のために、入力ノードにAとB、出力ノードにXとYという名前を付けます。AからはXとYに、BからもXとYに、ネットワークが結合しています。

重みとバイアス

ニューラルネットワークでは、入力ノードに対する入力値が、ネットワークを通じて、出力ノードに伝達されます。この際に、出力ノードに伝達される値は、入力値に対して**重み**（ウェイト）と呼ばれる値が乗算された値になります。また、出力ノードに伝達された値には、**バイアス**と呼ばれる値が加算されます。

重みは、各入力が各出力に対してどれだけ影響するのか、という影響度の大きさを表します。例えば、画像の色から「大根」か「人参」かを判断するニューラルネットワークを考えてみましょう。入力「白色」から出力「大根」に対する重みは大きく、出力「人参」に対する重みは小さくなりそうです。逆に、入力「橙色」から出力「大根」に対する重みは小さく、出力「人参」に対する重みは大きくなるでしょう。

　バイアスには、出力の値を調整する働きがあります。例えば、画像が「大根」のときは出力「大根」に+100付近の値が出力され、画像が「人参」のときは出力「人参」に-200付近の値が出力される、とします。このとき、出力「大根」のバイアスに-100、出力「人参」のバイアスに+200を指定すれば、どちらの出力も0付近の値に調整することができ、「大根」なのか「人参」なのかの判断を、同じ値の基準で判断できるようになります。

図▶重みとバイアス

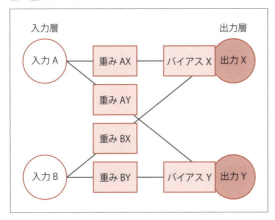

重みは**入力ノードと出力ノードの結合ごとに設定**します。上記の図には、次の4個の重みがあります。

表▶重みとその対象

重み	対象
重みAX	AとXの結合に対する重み
重みAY	AとYの結合に対する重み
重みBX	BとXの結合に対する重み
重みBY	BとYの結合に対する重み

バイアスは出力ノードごとに設定します。上記の図には、次の2個のバイアスがあります。

表▶バイアスとその対象

バイアス	対象
バイアスX	出力Xに対するバイアス
バイアスY	出力Yに対するバイアス

出力値の計算

これらの重みとバイアスを使って、次のように入力値から出力値を計算します。ある出力ノードに結合されたすべての入力ノードについて、入力値に重みを乗算して総和し、さらにバイアスを加算します。

　　出力X = (入力A×重みAX) + (入力B×重みBX) + バイアスX

　　出力Y = (入力A×重みAY) + (入力B×重みBY) + バイアスY

> **Memo**
> 入力層と出力層だけのニューラルネットワーク(単純パーセプトロン)は、実は前章で解説したロジスティック回帰(p.286)と同等です。計算式を比べると同じ構造であることが確認できます。
>
> ニューラルネットワーク：　(入力A×重みAX) + (入力B×重みBX) + バイアスX
> ロジスティック回帰　　 ：　パラメータA + (入力0×パラメータB) + (入力1×パラメータC) + …

入力、重み、バイアスに具体的な値を当てはめて、出力を計算してみましょう。次の図のような値を当てはめます。

図 ▶ 重みとバイアスを使った計算の例

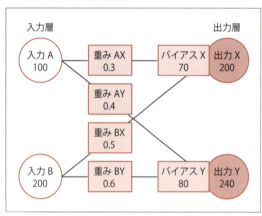

以下のように計算すると、出力Xは200、出力Yは240となります。

　　出力X = (入力A×重みAX) + (入力B×重みBX) + バイアスX
　　　　 = (100×0.3) + (200×0.5) + 70
　　　　 = 30 + 100 + 70
　　　　 = 200

　　出力Y = (入力A×重みAY) + (入力B×重みBY) + バイアスY
　　　　 = (100×0.4) + (200×0.6) + 80
　　　　 = 40 + 120 + 80
　　　　 = 240

ニューラルネットワークの重みやバイアスは、機械学習を使って設定することができます。ニューラルネットワークがモデルに、重みとバイアスがパラメータに相当します。

　訓練データの入力部分をニューラルネットワークに入力して出力値を求めます。この出力値と、訓練データの正解部分を比較して誤差を求めます。この誤差を小さくするようにパラメータ（重みとバイアス）を調整します。

図 ▶ ニューラルネットワークの学習

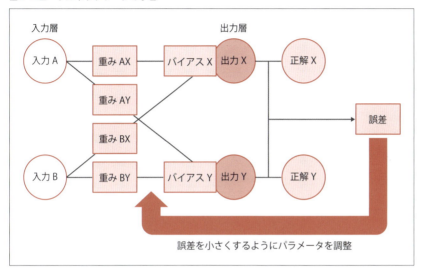

　さて、これで**ニューラルネットワークの構造**と、**機械学習を使ってパラメータを調整する方法**について学びました。この知識を使って、機械学習のプログラム例と同様に、ニューラルネットワークでMNISTの手書き数字を認識するプログラムを作成します。プログラムの題材を同じMNISTにしたのは、機械学習（ロジスティック回帰）による結果と、ニューラルネットワークによる結果を、比較しやすくするためです。

Chapter 11 ● ニューラルネットワーク

11.2 数字を認識するニューラルネットワーク

数字を認識するニューラルネットワークは、次のように構成します。

図 ▶ 数字を認識するニューラルネットワーク

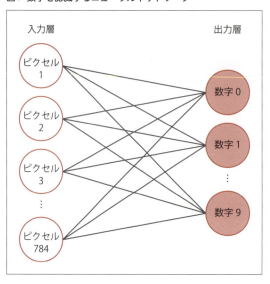

　画像のピクセル数（28×28＝784個）と同数の入力ノードを用意し、ピクセルの輝度を入力値とします。出力ノードは数字の種類（0〜9）と同数の10個です。そして、画像を入力したときに、その画像が表す数字に対応する出力ノードの出力値が大きくなるように、重みとバイアスを調整します。

モデルの学習を行うプログラム

　機械学習のプログラム例（p.288）と同様に、これから次の3つのプログラムを作成します。

表 ▶ 作成する3つのプログラム

種類	説明
学習	モデルの学習（パラメータの調整）を行うプログラム。学習済みのモデルをファイルに保存する。テストも行い、正解率などの結果を表示する
テスト	学習済みのモデルをファイルから読み込み、正解率などの結果を表示する
ユーザ	学習済みのモデルをファイルから読み込み、指定した画像ファイルを読み込んで、数字の認識を行う

tensorflowパッケージ

今回のプログラムでは「TensorFlow」というライブラリを使用します。TensorFlowはGoogleが開発した機械学習用のソフトウェアで、ディープラーニングにも対応しています。PythonプログラムでTensorFlowを利用するには、tensorflowパッケージをインストールすることが必要です。

TensorFlowのWebサイト

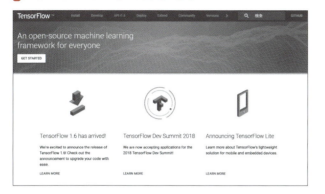

URL https://www.tensorflow.org/

なお、Windows環境でTensorFlowを実行するには、64bit版のPythonが必要です。もし32bit版のPythonを使用している場合は、64bit版のPythonをインストールしてください (p.9)。

ニューラルネットワークの学習を行うプログラム

最初はニューラルネットワークの学習を行うプログラムを作成します。このプログラムはTensorflowの公式チュートリアルをベースにしています。

テキストエディタ　　　　　　　　　　　　　　　　　　　　　　tf_train.py

```python
import os                                                    ①
import time
import tensorflow as tf
tf.logging.set_verbosity(tf.logging.ERROR)
from tensorflow.examples.tutorials.mnist import input_data

print('MNISTの取得:', flush=True)                             ②
mnist = input_data.read_data_sets('.', one_hot=True)
print('完了')

x = tf.placeholder(tf.float32, [None, 784])                   ③
w = tf.Variable(tf.zeros([784, 10]))
```

```
b = tf.Variable(tf.zeros([10]))
y = tf.matmul(x, w) + b
z = tf.placeholder(tf.float32, [None, 10])

cross_entropy = tf.reduce_mean(                                          ④
    tf.nn.softmax_cross_entropy_with_logits(logits=y, labels=z))
train_step = tf.train.GradientDescentOptimizer(0.5).minimize(cross_entropy)

saver = tf.train.Saver()                                                 ⑤
session = tf.Session()
session.run(tf.global_variables_initializer())

print('学習:', end='', flush=True)                                        ⑥
old = time.time()
for i in range(1000):
    batch_x, batch_z = mnist.train.next_batch(100)
    session.run(train_step, feed_dict={x: batch_x, z: batch_z})
print(time.time()-old, '秒')

path = os.path.abspath(os.path.dirname(__file__))                        ⑦
saver.save(session, os.path.join(path, 'tf_model'))

yl = tf.argmax(y, 1)                                                     ⑧
zl = tf.argmax(z, 1)
ac = tf.reduce_mean(tf.cast(tf.equal(yl, zl), tf.float32))
y_label, z_label, accuracy = session.run(
    (yl, zl, ac), feed_dict={x: mnist.test.images, z: mnist.test.labels})

print('テスト結果:')                                                       ⑨
count = [[0 for i in range(10)] for j in range(10)]
for i, j in zip(y_label, z_label):
    count[i][j] += 1
print('正解  ', end='')
for i in range(10):
    print('   [{0}]'.format(i), end='')
print()
for i in range(10):
    print('予測[{0}]'.format(i), end='')
    for j in range(10):
        print('{0:6d}'.format(count[i][j]), end='')
    print()

print('正解率:', accuracy*100, '%')                                       ⑩
```

308

❶インポート

osとtimeをインポートします。osはパスの取得に使います。timeは実行時間の計測に使います。また、tensorflowモジュールをインポートし、tfという短い名前を付けます。

最後にtensorflow.examples.tutorials.mnistパッケージのinput_dataをインポートします。これはTensorFlowの公式チュートリアルが用意している、MNISTのデータを取得するためのモジュールです。

❷MNISTの取得

input_data.read_data_sets関数を使って、MNISTのデータをインターネット経由で取得します。取得したデータは、プログラム（tf_train.py）と同じディレクトリに、次のようなファイルとして保存されます。なお、上手くダウンロードができない場合に備えて、本書のサンプルファイルにはこれらのファイルをあらかじめ収録してあります。

表▶input_data.read_data_sets関数による取得データ

ファイル名	サイズ	ファイルの内容
train-images-idx3-ubyte.gz	9.9MB	訓練データ（入力）
train-labels-idx1-ubyte.gz	28KB	訓練データ（正解）
t10k-images-idx3-ubyte.gz	1.6MB	テストデータ（入力）
t10k-labels-idx1-ubyte.gz	4KB	テストデータ（正解）

> **Memo**
> 拡張子「.gz」は、UNIX系のOSでよく使われるgzipというツールで圧縮されたファイルを表します。

はじめてこのプログラムを実行するときにはダウンロードの時間がかかりますが、2回目はダウンロード済みのファイルを使うので、取得にそれほど時間はかかりません。いずれの場合にも、取得したデータは変数mnistに代入します。

❸ニューラルネットワークの設定

ニューラルネットワークを構築します。ここで定義するx, w, b, y, zという5つの変数は、それぞれ次のような値を表します。

表▶ニューラルネットワーク構築に利用する変数の定義

変数名	変数の内容
x	入力値
w	重み
b	バイアス
y	出力値
z	正解

❹誤差の設定

誤差を計算する方法と、誤差を少なくするための方法を設定します。ここでは次の関数、クラス、メソッドを使います。

表 ➤ 使用する関数・クラス・メソッド

関数・クラス・メソッド	説明
tf.nn. softmax_cross_entropy_with_logits 関数	引数logitsにソフトマックス（softmax）関数を適用したうえで、引数labelsとの間で交差エントロピー（cross entropy）を求める。今回のプログラムでは、logitsにはニューラルネットワークの出力値を、labelsには正解の値を指定している
tf.reduce_mean関数	平均値を求める
tf.train. GradientDescentOptimizerクラス	最急降下法（Gradient Descent）と呼ばれる手法を使ってモデルのパラメータを調整するクラス
minimizeメソッド （GradientDescentOptimizerクラス）	指定した値を最小にするように、モデルのパラメータを調整する

> **Memo**
> ソフトマックス関数を使うと、全出力ノードからの出力値が0から1の範囲に入るように、そして全出力の合計が1になるように、出力値を補正できます。一方、交差エントロピーは、ニューラルネットワークにおいて誤差を表すためによく利用される値です。交差エントロピーが小さくなるように、ニューラルネットワークのパラメータを調整します。
> なお、ニューラルネットワークにおいて、誤差（出力が正解から離れている度合い）を表す指標のことを「損失関数」と呼びます。交差エントロピーは損失関数としてよく使われます。

❺学習済みモデルの保存と、学習の準備

学習済みのモデルをファイルに保存するための準備と、学習の準備を行います。ここでは次の関数、クラス、メソッドを利用します。

表 ➤ 使用する関数・クラス・メソッド

関数・クラス・メソッド	説明
tf.train.Saverクラス	モデルを保存するためのクラス
tf.Sessionクラス	学習を行うためのクラス
runメソッド（Sessionクラス）	学習などの指定した処理を実行する
tf.global_variables_initializer関数	モデル内の変数を初期化する

❻学習

訓練データを使って、学習を行います。train_next_batchメソッドは、バッチ処理を行うためのメソッドです。このプログラムでは、訓練データを指定した個数（100個）ずつまとめてバッチ処理しています。バッチ処理によって多くのデータを一度に処理することにより、処理の効率を上げて、実行時間を短くできます。

変数batch_xには入力値、変数batch_zには正解値を代入します。これらの値を使って、Sessionクラ

スのrunメソッドを実行することにより、学習を行い、モデルのパラメータ（重みとバイアス）を調整します。

> **Memo**
> バッチ（batch）は、「束」という意味の英単語です。コンピュータの分野では「複数のデータをまとめて処理すること」をバッチ処理と呼びます。

❼保存の実行

学習済みのモデルをファイルに保存します。プログラム（tf_train.py）と同じディレクトリに、tf_model…という名前のファイルが作成されます。モデルの保存はSaverクラスのsaveメソッドを使います。保存するファイルのパスを作成するために、osモジュールの次のような関数を使います。

表 ▶ 今回利用するOSモジュールの関数名と機能

関数名	機能
os.path.abspath	絶対パスを取得する
os.path.dirname	パスからディレクトリ名（フォルダ名）を取り出す
os.path.join	パスを結合する

このプログラムでは、最初に変数__file__を使って、このプログラム（tf_train.py）自身のパスを取得します。次に、パスからディレクトリ名を取得し、絶対パスにした後に、tf_modelというファイル名と結合します。

❽テスト

テストのための変数を定義し、テストを実行します。ここで定義する変数は、それぞれ次の値を表します。

表 ▶ テストのために定義する変数

変数	意味
yl, y_label	出力値に対応するラベル（0 〜 9の数字）
zl, z_label	正解値に対応するラベル（0 〜 9の数字）
ac,accuracty	正解率

yl、zl、acには、テストを行うために必要なTensorFlowのオブジェクトを格納します。y_label、z_label、accuracyには、テストの結果を格納します。

❾テスト結果の表示

テスト結果を表示します。機械学習のプログラム例と同様に、予測と正解が比較できるよう、表の形式で出力します。y_labelに予測された数字、z_labelに正解の数字が格納されているので、これらをzip関数で組み合わせたうえで、for文を使って集計を行います。

> **Memo**
> zip関数は、複数のイテラブル（リストや文字列など）をタプルにまとめます。例えば[1, 2, 3]というリストと、['a', 'b', 'c']というリストに対してzip関数を適用すると、(1, 'a')、(2, 'b')、(3, 'c')というタプルを順に生成します。複数のイテラブルに対して同時に繰り返し処理をするときに便利です。

⓾正解率の表示

正解率を表示します。⑧で定義した変数accuracyを使います。

┃プログラム（学習）の実行

作成したプログラム（tf_train.py）を実行します。なお、プログラムを実行する前に、tensorflowパッケージをインストールする必要があります。ここでは、pipコマンドを使って、tensorflowパッケージをインストールします（以下の実行例では表示の一部を「…」で省略しています）。

コマンドライン

```
$ pip install "tensorflow<1.15"
Collecting tensorflow<1.15
  Downloading tensorflow-1.14.0-cp37-cp37m-win_amd64.whl (68.3 MB)
    |████████████████████████████████| 68.3MB 6.8MB/s
…
Installing collected packages: tensorflow
Successfully installed tensorflow-1.14.0
```

> **Memo**
> scikit-learnなどと同様に、TensorFlowはときどきバージョンアップされています。本書で使用しているバージョンは1.14ですが、使用するバージョンが違うと動作が異なったり、場合によっては動作しないこともあります。そこで上記のインストール例では、1.15未満のバージョンを指定して、TensorFlowをインストールしました。バージョンを指定しない場合には、以下のようにインストールします。
>
> **コマンドライン**
>
> ```
> $ python install tensorflow
> ```

> **Memo**
> Pythonのバージョンによって、インストールできるTensorFlowのバージョンが異なります。本書では「Python 3.7とTensorFlow 1.14」および「Python 3.6とTensorFlow 1.5」の組み合わせについて、サンプルプログラムの動作を確認しました。Python 3.7では「pip install "tensorflow<1.15"」として、Python 3.6では「pip install "tensorflow<1.6"」として、それぞれTensorFlowをインストールしてください。

続いて、プログラム（tf_train.py）を実行して、結果を確認します（以下の実行例では表示の一部を「…」で省略しています）。

コマンドライン

```
$ python tf_train.py
MNISTの取得:
Extracting .¥train-images-idx3-ubyte.gz
Extracting .¥train-labels-idx1-ubyte.gz
Extracting .¥t10k-images-idx3-ubyte.gz
Extracting .¥t10k-labels-idx1-ubyte.gz
完了
…
学習:1.875281572341919 秒
テスト結果:
正解       [0]     [1]     [2]     [3]     [4]     [5]     [6]     [7]     [8]     [9]
予測[0]   955       0       5       3       1      10       7       2       7      10
予測[1]     0    1118      16       2       3       4       3      13      16       9
予測[2]     3       2     911      21       2       2       3      20       9       1
予測[3]     1       2      13     920       2      35       2       8      29      12
予測[4]     0       0      11       0     920       9       9       6       9      44
予測[5]     3       2       4      26       1     770       9       1      37      10
予測[6]    13       4      20       5      16      24     923       0      18       1
予測[7]     2       2      15      11       2       5       1     953      14      34
予測[8]     3       5      32      15       8      26       1       2     831       7
予測[9]     0       0       5       7      27       7       0      23       4     881
正解率:91.8200016022   %
```

　上記の実行例では、実行時間は1.8秒で、正解率は91.82%でした。機械学習のプログラム（lr_train.py）では、実行時間は1時間5分、正解率は91.36%でした。大幅に短い時間で、同等の正解率を実現することができました。

　出力結果の見方は機械学習のプログラムと同じです（p.292）。対角線上にある数値（955、1118、911…）は、正解と予測が一致した件数です。正解と予測が異なる件数が多いのは、正解[9]に対する予測[4]（44件）、正解[8]に対する予測[5]（37件）などです。9と4、8と5を間違えやすいという傾向は、感覚に一致しています。

> **Memo**
> プログラムの実行時に、次のようなメッセージが出力されることがあります。
>
> ```
> Your CPU supports instructions that this TensorFlow binary was not
> compiled to use: AVX
> ```
>
> このメッセージは「CPUがサポートしている命令（AVX）を使用するように、TensorFlowがコンパイルされていない」という意味です。AVX（Intel Advanced Vector Extensions）というのは、浮動小数点演算を

高速に行うための命令です。CPUによってサポート状況が異なるため、AVXをサポートしないCPUでも動作するような設定で、TensorFlowがコンパイルされているのだと思われます。AVXを使う設定でコンパイルされたTensorFlowを使えば、実行時間をより短縮できる可能性はありますが、本書では作業の簡単さを重視して、このままの設定で使用することにします。

なおTensorFlowのバージョン1.6以降では、AVXを使う設定がデフォルトになっています。AVXをサポートしないCPUでは動作させることができないので、p.312のMemoで紹介した方法を使って、Python3.6にTensorFrow1.5をインストールしてください。

学習済みモデルを利用してテストだけを行うプログラム

次のプログラムは、学習済みのモデルをファイルから読み込んで、テストだけを行います。先ほどの学習用のプログラム（tf_train.py）は学習が短時間で終わるので、モデルをファイルから読み込むことの利点は大きくないのですが、次に作成するプログラム（tf_user.py）への布石です。

テキストエディタ　　　　　　　　　　　　　　　　　　　　　　　　　　　　　■tf_test.py

```python
import os
import tensorflow as tf
tf.logging.set_verbosity(tf.logging.ERROR)
from tensorflow.examples.tutorials.mnist import input_data

print('MNISTの取得:', flush=True)
mnist = input_data.read_data_sets('.', one_hot=True)
print('完了')

x = tf.placeholder(tf.float32, [None, 784])
w = tf.Variable(tf.zeros([784, 10]))
b = tf.Variable(tf.zeros([10]))
y = tf.matmul(x, w) + b
z = tf.placeholder(tf.float32, [None, 10])

saver = tf.train.Saver()                                                    ❶
session = tf.Session()

path = os.path.abspath(os.path.dirname(__file__))                           ❷
saver.restore(session, os.path.join(path, 'tf_model'))

yl = tf.argmax(y, 1)
zl = tf.argmax(z, 1)
ac = tf.reduce_mean(tf.cast(tf.equal(yl, zl), tf.float32))
y_label, z_label, accuracy = session.run(
```

```
        (yl, zl, ac), feed_dict={x: mnist.test.images, z: mnist.test.labels})

print('テスト結果:')
count = [[0 for i in range(10)] for j in range(10)]
for i, j in zip(y_label, z_label):
    count[i][j] += 1
print('正解    ', end='')
for i in range(10):
    print('   [{0}]'.format(i), end='')
print()
for i in range(10):
    print('予測[{0}]'.format(i), end='')
    for j in range(10):
        print('{0:6d}'.format(count[i][j]), end='')
    print()

print('正解率:', accuracy*100, '%')
```

プログラムの大部分は、学習用のプログラム（tf_train.py）と同じです。異なる部分だけ説明します。

❶読み込みとテストの準備

モデルを読み込むためのSaverオブジェクトと、テストを行うためのSessionオブジェクトを生成します。

❷読み込みの実行

Saverクラスのrestoreメソッドを使って、ファイルから学習済みのモデルを読み込みます。

プログラム（テスト）の実行

作成したプログラム（tf_test.py）を実行します。なお、モデルは学習用のプログラムで作成するので、テスト用のプログラム（tf_test.py）を実行する前に、必ず学習用のプログラム（tf_train.py）を実行してください。

コマンドライン

```
$ python tf_test.py
MNISTの取得:
...
テスト結果:
正解    [0]   [1]   [2]   [3]   [4]   [5]   [6]   [7]   [8]   [9]
予測[0] 955     0     5     3     1    10     7     2     7    10
予測[1]   0  1118    16     2     3     4     3    13    16     9
```

```
予測[2]     3     2   911    21     2     2     3    20     9     1
予測[3]     1     2    13   920     2    35     2     8    29    12
予測[4]     0     0    11     0   920     9     9     6     9    44
予測[5]     3     2     4    26     1   770     9     1    37    10
予測[6]    13     4    20     5    16    24   923     0    18     1
予測[7]     2     2    15    11     2     5     1   953    14    34
予測[8]     3     5    32    15     8    26     1     2   831     7
予測[9]     0     0     5     7    27     7     0    23     4   881
正解率：91.8200016022 %
```

学習用のプログラムを実行したときと、同じ結果になりました。学習の時間が不要な分、実行時間は短くなります。

ユーザが指定した任意の手書き数字を認識するプログラム

今度は、ユーザ（みなさん）が手書きした数字を認識させてみましょう。学習済みのモデルを使い、指定した手書き数字画像を読み込んで、どの数字なのかを判定するプログラムです。

テキストエディタ　　　　　　　　　　　　　　　　　　　　　　tf_user.py

```python
import numpy
import os
import sys
import tensorflow as tf
from PIL import Image

if len(sys.argv) != 2:
    print('python tf_user.py [画像ファイル名]')
    exit()

SIZE = 28
image = Image.open(sys.argv[1]).convert('L')
image = image.resize((SIZE, SIZE), Image.LANCZOS)
test_data = [numpy.array(image).ravel()]

for y in range(SIZE):
    for x in range(SIZE):
        print('{0:4d}'.format(test_data[0][x+y*SIZE]), end='')
    print()

x = tf.placeholder(tf.float32, [None, 784])
```
❶

```
w = tf.Variable(tf.zeros([784, 10]))
b = tf.Variable(tf.zeros([10]))
y = tf.matmul(x, w) + b

saver = tf.train.Saver()                                              ❷
session = tf.Session()
path = os.path.abspath(os.path.dirname(__file__))
saver.restore(session, os.path.join(path, 'tf_model'))

yl = tf.argmax(y, 1)                                                  ❸
y_label = session.run(yl, feed_dict={x: [t/255 for t in test_data]})
print('予測:', y_label)
```

プログラムの内容を説明します。機械学習のプログラム（lr_user.py）との共通部分が多いので、異なる部分だけを説明します。

❶ニューラルネットワークの設定

ニューラルネットワークを構築します。学習用（tf_train.py）やテスト用（tf_test.py）のプログラムと同様ですが、正解を表す変数zは不要なので、定義しません。

❷モデルの読み込み

テスト用のプログラム（tf_test.py）と同じ方法で、学習済みのモデルを読み込みます。

❸予測結果の表示

学習済みのモデルに対し、読み込んだ画像を入力して、予測を行います。最後に、予測結果の数字を表示します。

プログラム（ユーザ）の実行

作成したプログラム（tf_user.py）を実行して、指定した数字の画像をプログラムに判定させてみましょう。動作の確認用に、筆者が書いた数字の画像を用意しました。プログラム（tf_user.py）と同じディレクトリに、0.png ～ 9.pngというPNG形式の画像ファイルとして収録してあります。

プログラムは次のように実行します。

コマンドライン tf_user.pyの実行方法

```
$ python tf_user.py  画像ファイル名
```

tf_user.pyを1.pngに対して実行し、結果を確認してみます（以下の実行例では、表示の一部を「…」で省略しています）。

コマンドライン

```
$ python tf_user.py 1.png
…  0   0   0   0   0    0    0    0   0   0   0   0   0   0   0  …
…  0   0   0   0   0    0    0    1   0   0   0   0   0   0   0  …
…  0   0   0   0   0    0    0    0   0   0   0   0   0   0   0  …
…  0   0   0   0   0    2   14    0   0   1   0   0   0   0   0  …
…  0   0   0   4   2  135  241  174   7   2   0   0   0   0   0  …
…  0   0   0   3   6  174  255  250  15   0   1   0   0   0   0  …
…  0   0   0   2   0   11  245  242  13   0   1   0   0   0   0  …
…  0   0   0   1   0   15  245  245  13   0   1   0   0   0   0  …
…  0   0   0   1   0    4  244  243  13   0   1   0   0   0   0  …
…  0   0   0   3   0   70  250  250  15   0   1   0   0   0   0  …
…  0   0   0   5   0  135  255  179   7   2   0   0   0   0   0  …
…  0   0   0   5   2  119  255  114   0   5   0   0   0   0   0  …
…  0   0   0   5   0  128  254  123   0   5   0   0   0   0   0  …
…  0   0   3   0  70  240  255  136   0   5   0   0   0   0   0  …
…  0   0   5   0 136  255  240   70   0   3   0   0   0   0   0  …
…  0   0   5   0 121  254  128    0   5   0   0   0   0   0   0  …
…  0   0   5   0 123  255  122    2   5   0   0   0   0   0   0  …
…  0   0   5   0 123  255  123    0   5   0   0   0   0   0   0  …
…  0   0   5   0 123  255  123    0   5   0   0   0   0   0   0  …
…  0   0   5   0 123  255  123    0   5   0   0   0   0   0   0  …
…  0   0   5   0 121  254  121    0   5   0   0   0   0   0   0  …
…  0   0   5   0 132  255  132    0   5   0   0   0   0   0   0  …
…  0   0   3   0  70  229   70    0   3   0   0   0   0   0   0  …
…  0   0   0   0   0    0   10    0   0   0   0   0   0   0   0  …
…  0   0   0   0   0    2    0    2   0   0   0   0   0   0   0  …
…  0   0   0   0   0    0    1    0   0   0   0   0   0   0   0  …
…  0   0   0   0   0    0    0    0   0   0   0   0   0   0   0  …
…  0   0   0   0   0    0    0    0   0   0   0   0   0   0   0  …
予測：[1]
```

　表示される数値はピクセルの輝度です。数字の1の形状が浮かび上がっていることが何となくわかるかと思います。予測結果は1なので、この場合は正解です。他の画像についても、同様にプログラムに判定させてみてください。

　動作が確認できたら、みなさんが手書きした画像を判定させてみてください。ペイントソフトや写真を利用して、黒い背景に白い数字を書いた画像を用意し、プログラムに読み込ませます。正解率は約91%程度（作者の環境の場合）なので、正しく判定しない場合が結構多い、と感じられるかもしれません。

Chapter

12

ディープラーニング

本章では、いよいよディープラーニングについて解説します。ディープラーニングを使うことで、今までよりもはるかに正解率の高いプログラムを作ることができます。

なお、Chapter11までに解説してきた「機械学習」や「ニューラルネットワーク」と、ディープラーニングの関係については、p.276を参照してください。

Chapter 12 ● ディープラーニング

12.1 畳み込みニューラルネットワーク

　画像認識を行うディープニューラルネットワークは、**畳み込みニューラルネットワーク**（Convolutional Neural Network：CNN）をベースにしていることが一般的です。本書でこれから作成するプログラムでもCNNを使うので、ここでCNNの仕組みについて学んでおきましょう。

畳み込みとは

　畳み込みとは、画像に対してフィルタをかけるような演算です。画像処理ソフトウェアでは、画像に対していろいろな効果を適用する機能のことを「フィルタ」と呼ぶことがありますが、ここで説明しているフィルタも同様のものです。

　例えば、次の図では3×3の入力（画像のピクセルに相当します）に対して、3×3の重み（フィルタに相当します）を使った畳み込み演算を適用しています。

図 ▶ 畳み込み

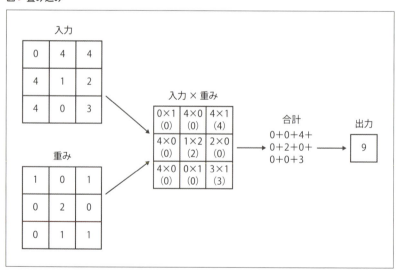

　入力と重みについて、対応する位置の値を乗算します。例えば上図では、入力の左上にある0と、重みの左上にある1を乗算して、結果の0を求めます。上図では乗算を0×1のように示し、結果を(0)のように示しています。他の位置についても、同様に入力と重みを乗算します。

　次に、すべての乗算の結果を加算して、合計を求めます。上図で(0)や(4)のように示した値を合計する

と9になります（0+0+4+0+2+0+0+0+3）。したがって、出力は9になります。

ここでは入力と重みが同じサイズである場合について説明しましたが、一般には入力と重みは異なるサイズです。サイズが異なる場合は、適用する位置を移動しながら、同様の計算を行います。

図 ▶ 畳み込みの適用

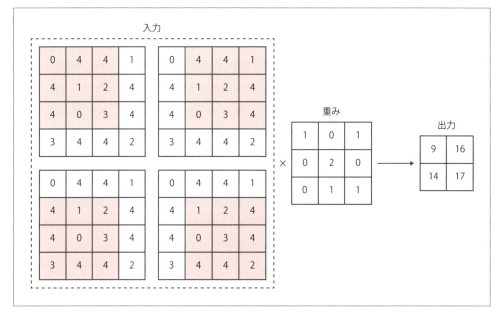

上図では4×4の入力に対して、3×3の重みを使った畳み込みを行っています。ピンク色で示したように、重みを適用する位置は4通りあります。各々の位置について畳み込みを行うと、出力が求まります。図では出力は2×2です。

パディングとは

入力の周囲が何らかの値（例えば0）で埋まっていれば、入力の端まで畳み込みを行うことができます。このように、畳み込みの前に入力の周囲を値で埋めることを「**パディング**」と呼びます。

次の図では、4×4の入力に対して0でパディングを行い（図のピンク色の部分）、畳み込みを実行して、入力と同じ4×4の出力を得ています。このように入力のサイズと出力のサイズを一致させると扱いやすいことがあり、そのためにはパディングが役立ちます。

図 ▶ パディング

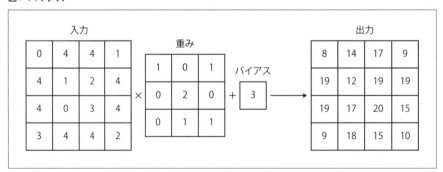

バイアス

畳み込みにおいて、乗算した値を合計した後に、バイアスと呼ばれる値を全要素に加算することがよく行われます。次の図は、バイアスを3にした場合について、畳み込みの結果を示したものです。前の図と比べてみてください。各要素が3ずつ大きな値になっています。

図 ▶ バイアス

プーリングとは

プーリングは畳み込みとともに、CNNを構成するための部品となる演算です。プーリングには入力のサイズを縮小する働きがあります。

次の図は、プーリングによって入力の縦横がそれぞれ半分の長さになる例を示しています。

図 ▶ プーリング

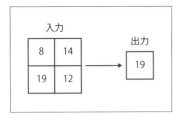

ここでは2×2の領域から最も大きな値を取得し、プーリングの出力としています。このように領域内の最大値を取得する手法のことを「Maxプーリング」と呼びます。結果として、2×2の入力データが、出力では1に縮小されました。

入力のサイズが、プーリングが対象とする領域のサイズよりも大きい場合には、畳み込みと同様に、適用する位置を移動しながらプーリングを行います。次の図では4×4の入力に対して、ピンク色で示した4通りの位置についてMaxプーリングを適用し、2×2の出力を求めています。

図 ▶ プーリングの適用

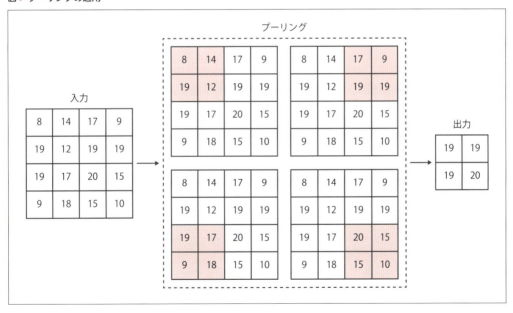

Chapter 12 ● ディープラーニング

12.2 数字を認識するディープニューラルネットワーク

　前節では、画像認識を行うディープニューラルネットワークの基本となるCNNについて解説しました。このCNNを使って、今回は次のようなディープニューラルネットワークを構成します。

図▶数字を認識するディープニューラルネットワーク

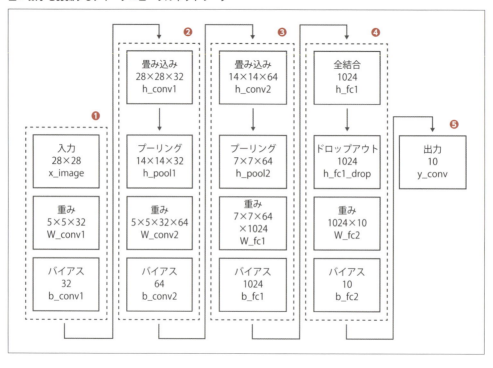

　上図において矩形で示したのは、入力や出力などのデータ、中間的な計算結果のデータ、重みやバイアスなどのパラメータです。矩形の内部には、次のような情報を示しました。

表▶矩形内部の情報

内容	説明
種別	入力、重み、バイアス、出力、畳み込み、プーリング、ドロップアウトのいずれか
サイズ	データやパラメータのサイズ。28×28や5×5×32など
変数名	モデルを作成するプログラム（dl_model.py）で使っている変数名（後述）

　入力から出力に向かって、図の処理を追ってみましょう。左上から処理がはじまります。段階的に処理を追いかけられるように、図に❶〜❺の番号を付けたので、図と説明を併せて参照してください。

324

❶入力

入力（x_image）は28×28ピクセルの画像です。この入力に対して、5×5の重み（W_conv1）を使って畳み込みを行います。重みが5×5×32となっているのは、5×5の重みを32セット使うことに相当します。32セットの重みを使って畳み込みを行うので、32セットの結果が得られます。ここに32セットのバイアス（b_conv1）を加算します。

❷前半の畳み込みの結果

前半の畳み込みの結果（h_conv1）は28×28×32です。28×28なのは、パディングを使って、入力と出力のサイズを同じにしたためです。32というのは、①における32セットの結果に相当します。

この結果に対して、2×2を1に変換するMaxプーリングを行います。プーリングの結果（h_pool1）は、14×14×32に縮小されます。

❷後半のプーリングの結果

後半のプーリングの結果（h_pool1）に対して、5×5×32の重み（W_conv2）を使って畳み込みを行います。重みが5×5×32×64となっているのは、5×5×32の重みを64セット使うことを意味します。

64セットの重みを使うので、64セットの結果が得られます。ここに64セットのバイアス（b_conv2）を加算します。

❸前半の畳み込みの結果

前半の畳み込みの結果（h_conv2）は14×14×64です。パディングを使って、入力（h_pool1）と出力（h_conv2）のサイズを同じにします。64というのは、②の後半における64セットを意味します。この結果に対して、Maxプーリングを行います。プーリングの結果（h_pool2）は、7×7×64に縮小されます。

❸後半のプーリングの結果

後半のプーリングの結果（h_pool2）に対して、7×7×64×1024の重み（W_fc1）と、1024のバイアス（b_fc1）を使って、全結合の演算を行います。

全結合とは、これまでに学んできた基本的なニューラルネットワークのように、すべての入力ノードが、すべての出力ノードに結合している状態です。

❹前半の全結合の結果

前半の全結合の結果（h_fc1）は1024です。ここでドロップアウトという処理を行います。ドロップアウトとは、ランダムに選んだノードを無効にする手法で、過学習を抑制する効果があります。過学習とは、モデルが訓練データだけに適応しすぎてしまい、未知のデータに対して上手く対応できない状態のことです（p.280）。

❹後半のドロップアウトの結果

後半のドロップアウトの結果(h_fc1_drop)に対して、1024×10の重み(W_fc2)と、10のバイアス(b_fc2)を使って、全結合の計算を行います。

❺全結合の結果

全結合の結果(y_conv)は10です。10個の出力は、0〜9の数字に対応しています。後は正解の数字に対応する出力が大きな値になるように、機械学習(ディープラーニング)を使って、数多くのパラメータ(重みやバイアス)を調整します。

以下のプログラムは、上記の設計に基づいたモデル(ディープニューラルネットワーク)を構成します。このプログラムはTensorFlowの公式チュートリアルをベースにしています。これまでのプログラムでは、モデルの構築と学習を同じプログラムの中で行いましたが、今回はモデルの構築処理が長いので、学習とは別のプログラムに分けました。

テキストエディタ　　　　　　　　　　　　　　　　　　　　　　**dl_model.py**

```python
import tensorflow as tf

def deepnn(x):
    x_image = tf.reshape(x, [-1, 28, 28, 1])                              ❶
    W_conv1 = tf.Variable(tf.truncated_normal([5, 5, 1, 32], stddev=0.1))
    b_conv1 = tf.Variable(tf.constant(0.1, shape=[32]))

    h_conv1 = tf.nn.relu(tf.nn.conv2d(                                   ❷
        x_image, W_conv1, strides=[1, 1, 1, 1], padding='SAME') + b_conv1)
    h_pool1 = tf.nn.max_pool(
        h_conv1, ksize=[1, 2, 2, 1], strides=[1, 2, 2, 1], padding='SAME')
    W_conv2 = tf.Variable(tf.truncated_normal([5, 5, 32, 64], stddev=0.1))
    b_conv2 = tf.Variable(tf.constant(0.1, shape=[64]))

    h_conv2 = tf.nn.relu(tf.nn.conv2d(                                   ❸
        h_pool1, W_conv2, strides=[1, 1, 1, 1], padding='SAME') + b_conv2)
    h_pool2 = tf.nn.max_pool(
        h_conv2, ksize=[1, 2, 2, 1], strides=[1, 2, 2, 1], padding='SAME')
    W_fc1 = tf.Variable(tf.truncated_normal([7*7*64, 1024], stddev=0.1))
    b_fc1 = tf.Variable(tf.constant(0.1, shape=[1024]))

    h_pool2_flat = tf.reshape(h_pool2, [-1, 7*7*64])                     ❹
    h_fc1 = tf.nn.relu(tf.matmul(h_pool2_flat, W_fc1) + b_fc1)
    keep_prob = tf.placeholder(tf.float32)
    h_fc1_drop = tf.nn.dropout(h_fc1, keep_prob)
    W_fc2 = tf.Variable(tf.truncated_normal([1024, 10], stddev=0.1))
```

```
    b_fc2 = tf.Variable(tf.constant(0.1, shape=[10]))

    y_conv = tf.matmul(h_fc1_drop, W_fc2) + b_fc2          ❺
    return y_conv, keep_prob
```

このプログラムでは、deepnnという関数を定義し、この関数内でモデルを構築しています。後で作成する学習用のプログラム（dl_train.py）からこの関数を呼び出せば、モデルを構築できます。

プログラムに示した番号❶～❺は、先述した図で説明したディープニューラルネットワークの番号❶～❺に合わせてあります。TensorFlowが提供する関数などの詳細には立ち入りませんが、プログラムの変数名と図の変数名を見比べながら、どこでどのようなデータやパラメータを作成しているのか、目を通してみてください。

なお、❹の変数keep_probは図には出てきません。これはドロップアウトの制御を行うための変数です。後ほど、学習の際にはドロップアウトを有効にして、テストの際にはドロップアウトを無効にする、という制御を行います。

モデルの学習を行うプログラム

これまでの機械学習やニューラルネットワークのプログラム例と同様に、次の3つのプログラムを作成します。

表▶作成する3つのプログラム

プログラム	説明
学習	モデルの学習を行い、学習済みのモデルをファイルに保存する。テストも行い、正解率などの結果を表示する
テスト	学習済みのモデルをファイルから読み込み、正解率などの結果を表示する
ユーザ	学習済みのモデルをファイルから読み込み、指定した画像ファイルを読み込んで、数字の認識を行う

最初に作成するのは学習用のプログラムです。

テキストエディタ　　　　　　　　　　　　　　　　　　　　　　　　　　　📄 dl_train.py

```
import dl_model                                            ❶
import os
import time
import tensorflow as tf
tf.logging.set_verbosity(tf.logging.ERROR)
from tensorflow.examples.tutorials.mnist import input_data

print('MNISTの取得:', flush=True)
```

```
mnist = input_data.read_data_sets('.', one_hot=True)
print('完了')


x = tf.placeholder(tf.float32, [None, 784])                               ❷
z = tf.placeholder(tf.float32, [None, 10])
y, keep_prob = dl_model.deepnn(x)


cross_entropy = tf.reduce_mean(                                           ❸
    tf.nn.softmax_cross_entropy_with_logits(logits=y, labels=z))
train_step = tf.train.AdamOptimizer(1e-4).minimize(cross_entropy)


yl = tf.argmax(y, 1)
zl = tf.argmax(z, 1)
ac = tf.reduce_mean(tf.cast(tf.equal(yl, zl), tf.float32))


saver = tf.train.Saver()
session = tf.Session()
session.run(tf.global_variables_initializer())


BATCH = 100                                                               ❹
TRAIN = 600
TEST = 100


print('学習:', flush=True)                                                ❺
old = time.time()
for i in range(TRAIN):
    bx, bz = mnist.train.next_batch(BATCH)
    session.run(train_step, feed_dict={x: bx, z: bz, keep_prob: 0.5})
    if i % 10 == 0:
        accuracy = session.run(ac, feed_dict={x: bx, z: bz, keep_prob: 1.0})
        print('ステップ{0:5d}:正解率{1:6.2f}%'.format(i, accuracy*100))
print(time.time()-old, '秒')


path = os.path.abspath(os.path.dirname(__file__))
saver.save(session, os.path.join(path, 'dl_model'))


print('テスト結果:', flush=True)                                          ❻
count = [[0 for i in range(10)] for j in range(10)]
score = 0
for i in range(TEST):
    bx, bz = mnist.test.next_batch(BATCH)
    y_label, z_label = session.run(
        (yl, zl), feed_dict={x: bx, z: bz, keep_prob: 1.0})
    for j, k in zip(y_label, z_label):
```

```
            count[j][k] += 1
            score += 1 if j == k else 0
        if i % 10 == 0:
            print('ステップ{0:5d}:正解率{1:6.2f}%'.format(i, score*100/BATCH/(i+1)))

print('正解    ', end='')
for i in range(10):
    print('     [{0}]'.format(i), end='')
print()
for i in range(10):
    print('予測[{0}]'.format(i), end='')
    for j in range(10):
        print('{0:6d}'.format(count[i][j]), end='')
    print()
print('正解率:', score*100/BATCH/TEST, '%')
```

❼

　プログラムの内容について説明します。ニューラルネットワークを使った学習のプログラム（tf_train.py）と共通の部分があるので、異なる部分を中心に扱います。

❶インポート

　モデルを構築するプログラム（dl_model.py）を利用するために、dl_modelをインポートします。

❷ニューラルネットワークの設定

　先に説明したdl_modelモジュールのdeepnn関数を使って、ニューラルネットワークを作成します。ここで定義する変数の意味は次のとおりです。

表 ▶ ニューラルネットワーク構築に利用する変数の定義

変数名	意味
x	入力値
y	出力値
z	正解
keep_prob	ドロップアウトの制御用

❸誤差の設定

　誤差の計算にソフトマックス関数と交差エントロピーを使うのは、ニューラルネットワークの学習を行うプログラム（tf_train.py）と共通です（p.307）。

　モデルのパラメータを調整するには、前回のGradientDescentOptimizerクラスとは異なる、AdamOptimizerクラスを使います。TensorFlowには色々なパラメータ調整用のクラスが用意されていますが、本書では公式チュートリアルと同じクラスを選択しました。

❹データ数

バッチ、訓練データ、テストデータのサイズです。実際に使用する訓練データの数はBATCH×TRAIN、テストデータの数はBATCH×TESTになります。このプログラムの場合には、それぞれ60000、10000です。最初に動作を確認する際に、学習が短い時間で終わるように、ここでは訓練データの個数を少なめにしています。プログラムが動作することを確認したら、TRAINの数を大きくして実行してみてください。

❺学習

訓練データを使って学習を行います。ディープラーニングには時間がかかるため、このプログラムでは進捗を表示します。バッチを10回処理するごとに、進捗度とその時点における正解率を表示します。繰り返しを重ねるごとに、正解率が上がっていく（ときには下がることもあります）様子を、画面で確認することができます。

❻テスト

テストデータを使ってテストを行います。学習ほど時間はかかりませんが、テストにも少し時間がかかるので、学習と同様に進捗（進捗度と正解率）を表示することにしました。後で結果を表示するために、正解に対する予測の件数を数えて、変数countに保存しておきます。また、全体の正解率を表示するために、正解と予測が一致した件数を数えて、変数scoreに保存しておきます。

❼テスト結果の表示

テストの結果を表示します。これまでのプログラムと同様に、予測と正解が比較しやすい表の形式で出力します。最後に、全体の正解率を表示します。

▍モデルの学習を行うプログラムの実行

プログラムを実行してみましょう。最初は短時間で動作を確認するために、訓練データのサイズを小さめにして実行します（TRAIN = 600）。Pythonコマンドを使ってdl_train.pyを実行し、結果を確認してみましょう（以下の実行例では、表示の一部を「…」で省略しています）。

コマンドライン

```
$ python dl_train.py
MNISTの取得:
...
学習:
ステップ      0:正解率 12.00%
ステップ     10:正解率 26.00%
ステップ     20:正解率 62.00%
ステップ     30:正解率 68.00%
ステップ     40:正解率 78.00%
...
ステップ    550:正解率 96.00%
ステップ    560:正解率 95.00%
ステップ    570:正解率100.00%
ステップ    580:正解率 97.00%
ステップ    590:正解率 95.00%
430.6356112957001 秒
テスト結果:
ステップ      0:正解率 98.00%
ステップ     10:正解率 94.55%
ステップ     20:正解率 95.10%
ステップ     30:正解率 95.23%
ステップ     40:正解率 95.39%
...
```

正解	[0]	[1]	[2]	[3]	[4]	[5]	[6]	[7]	[8]	[9]
予測[0]	972	0	12	1	2	11	13	1	14	10
予測[1]	0	1120	0	0	0	0	2	3	1	5
予測[2]	1	5	976	7	4	2	2	21	9	2
予測[3]	1	2	6	977	0	12	0	4	19	9
予測[4]	0	1	12	0	956	2	8	5	10	27
予測[5]	0	0	0	5	0	849	6	0	7	0
予測[6]	3	3	2	1	3	5	923	0	4	0
予測[7]	1	0	15	11	2	3	3	975	12	11
予測[8]	2	4	8	6	2	2	1	1	884	3
予測[9]	0	0	1	2	13	6	0	18	14	942

```
正解率:95.74%
```

　上記の実行例では、実行時間は430秒（7分20秒）で、正解率は95.74%でした。ニューラルネットワークのプログラム（tf_train.py）よりも、実行時間はかなり長くなりますが、高い正解率が出ています。tf_train.pyでは正解率が91%だったので、不正解率が9%ということになります。dl_train.pyでは不正解率が4.3%なので、誤りが半分程度に減ったということになります。

　出力結果はこれまでのプログラムと同様です。対角線上の数値（972、1120、976…）は、正解と予測が一致した件数です。正解と予測が異なる件数が多いのは、正解[9]に対する予測[4]（27件）、正解[7]に

対する予測[2]（21件）などでした。

　プログラムが動作することが確認できたら、訓練データのサイズを大きくして再度実行してみましょう（TRAIN = 6000）。

コマンドライン

```
$ python dl_train.py
MNISTの取得:
...
学習:
ステップ     0:正解率 17.00%
ステップ    10:正解率 29.00%
ステップ    20:正解率 62.00%
ステップ    30:正解率 71.00%
ステップ    40:正解率 82.00%
...
ステップ 5950:正解率100.00%
ステップ 5960:正解率100.00%
ステップ 5970:正解率100.00%
ステップ 5980:正解率 99.00%
ステップ 5990:正解率100.00%
4427.405217170715 秒
テスト結果:
ステップ     0:正解率 99.00%
ステップ    10:正解率 99.00%
ステップ    20:正解率 99.05%
ステップ    30:正解率 99.03%
ステップ    40:正解率 99.10%
...
正解     [0]    [1]    [2]    [3]    [4]    [5]    [6]    [7]    [8]    [9]
予測[0]  976      0      1      0      0      2      6      0      3      3
予測[1]    0   1131      1      0      0      0      3      1      0      1
予測[2]    0      2   1021      1      0      0      0      4      2      0
予測[3]    0      0      1   1003      0      5      0      2      0      3
予測[4]    0      0      0      0    974      0      1      0      1      3
予測[5]    0      1      0      3      0    882      4      0      1      1
予測[6]    1      0      0      0      1      1    939      0      0      0
予測[7]    1      0      3      0      0      0      0   1014      0      3
予測[8]    2      1      5      2      1      1      5      1    964      1
予測[9]    0      0      0      1      6      1      0      6      3    994
正解率:98.98%
```

　上記の実行例では、実行時間は4427秒（1時間13分47秒）で、正解率は98.98%でした。訓練データのサイズを10倍にした結果、実行時間も約10倍になりました。正解率は非常に高く、不正解率は1%です。

以前のニューラルネットワークのプログラムでは10個に1個は認識を間違っていましたが、今度は100個に1個しか間違えません。

　出力結果を見ると、正解と予測が一致しない件数はだいぶん減りました。正解[6]に対する予測[0]、正解[4]に対する予測[9]、正解[7]に対する予測[9]が、いずれも6件と多くなっています。

学習済みのモデルを読み込んでテストだけを行うプログラム

　次のプログラムは、学習済みのモデルをファイルから読み込んで、テストだけを行います。ディープラーニングで学習に時間がかかる場合には、このようにモデルをファイルから読み込んで再利用することの利点が大きくなります。

テキストエディタ　　　　　　　　　　　　　　　　　　　　　　　dl_test.py

```
import dl_model
import os
import tensorflow as tf
tf.logging.set_verbosity(tf.logging.ERROR)
from tensorflow.examples.tutorials.mnist import input_data

print('MNISTの取得:', flush=True)
mnist = input_data.read_data_sets('.', one_hot=True)
print('完了')

x = tf.placeholder(tf.float32, [None, 784])
z = tf.placeholder(tf.float32, [None, 10])
y, keep_prob = dl_model.deepnn(x)

yl = tf.argmax(y, 1)
zl = tf.argmax(z, 1)
ac = tf.reduce_mean(tf.cast(tf.equal(yl, zl), tf.float32))

saver = tf.train.Saver()                                         ❶
session = tf.Session()
path = os.path.abspath(os.path.dirname(__file__))
saver.restore(session, os.path.join(path, 'dl_model'))

BATCH = 100
TEST = 100

print('テスト結果:', flush=True)
count = [[0 for i in range(10)] for j in range(10)]
```

```
score = 0
for i in range(TEST):
    bx, bz = mnist.test.next_batch(BATCH)
    y_label, z_label = session.run(
        (yl, zl), feed_dict={x: bx, z: bz, keep_prob: 1.0})
    for j, k in zip(y_label, z_label):
        count[j][k] += 1
        score += 1 if j == k else 0
    if i % 10 == 0:
        print('ステップ{0:5d}:正解率{1:6.2f}%'.format(i, score*100/BATCH/(i+1)))

print('正解    ', end='')
for i in range(10):
    print('   [{0}]'.format(i), end='')
print()
for i in range(10):
    print('予測[{0}]'.format(i), end='')
    for j in range(10):
        print('{0:6d}'.format(count[i][j]), end='')
    print()
print('正解率:', score*100/BATCH/TEST, '%')
```

　プログラムの大部分は、学習用のプログラム（dl_train.py）と同じなので、異なる部分だけを説明します。

◯❶モデルの読み込みとテストの準備

　モデルを読み込むためのSaverオブジェクトと、テストを行うためのSessionオブジェクトを生成します。次に、Saverクラスのrestoreメソッドを使って、ファイルから学習済みのモデルを読み込みます。

■ 学習済みのモデルを読み込んでテストを行うプログラムの実行

　では、作成したプログラム（dl_test.py）を実行してみましょう。なお、このプログラムを実行する前に、学習用のプログラム（dl_train.py）を必ず実行しておいてください。

　Pythonコマンドを使って、dl_test.pyを実行し、結果を確認します（以下の実行例では、表示の一部を「…」で省略しています）。

> **コマンドライン**

```
$ python dl_test.py
MNISTの取得:
…
テスト結果:
ステップ     0:正解率 97.00%
ステップ    10:正解率 98.64%
ステップ    20:正解率 98.90%
ステップ    30:正解率 98.87%
ステップ    40:正解率 98.93%
…
正解      [0]    [1]    [2]    [3]    [4]    [5]    [6]    [7]    [8]    [9]
予測[0]   976     0      1      0      0      2      6      0      3      3
予測[1]     0   1131     1      0      0      0      3      1      0      1
予測[2]     0     2   1021      1      0      0      0      4      2      0
予測[3]     0     0      1   1003      0      5      0      2      0      3
予測[4]     0     0      0      0    974      0      1      0      1      3
予測[5]     0     1      0      3      0    882      4      0      1      1
予測[6]     1     0      0      0      1      1    939      0      0      0
予測[7]     1     0      3      0      0      0      0   1014      0      3
予測[8]     2     1      5      2      1      5      1      0    964      1
予測[9]     0     0      0      1      6      1      0      6      3    994
正解率:98.98%
```

　学習用のプログラムを実行したときと、最終的な結果は同じになりました。テストが進行している間の結果が異なるのは、バッチがランダムに選択されるためです。

指定した手書き数字を認識するプログラム

　最後はユーザ(読者のみなさん)が手書きした数字を認識させてみましょう。高い正解率が出ているので、どれほど正しく認識してくれるのか楽しみです。

　以下は学習済みのモデルを使い、指定した手書き数字画像を読み込んで、どの数字なのかを判定するプログラムです。モデルを構築する処理(プログラムの❶)以外は、ニューラルネットワークのプログラム(tf_user.py)とほとんど同じです。

テキストエディタ **dl_user.py**

```python
import dl_model
import numpy
import os
import sys
import tensorflow as tf
from PIL import Image

if len(sys.argv) != 2:
    print('python dl_user.py [画像ファイル名]')
    exit()

SIZE = 28
image = Image.open(sys.argv[1]).convert('L')
image = image.resize((SIZE, SIZE), Image.LANCZOS)
test_data = [numpy.array(image).ravel()]

for y in range(SIZE):
    for x in range(SIZE):
        print('{0:4d}'.format(test_data[0][x+y*SIZE]), end='')
    print()

x = tf.placeholder(tf.float32, [None, 784])                              ❶
y, keep_prob = dl_model.deepnn(x)

saver = tf.train.Saver()
session = tf.Session()
path = os.path.abspath(os.path.dirname(__file__))
saver.restore(session, os.path.join(path, 'dl_model'))

yl = tf.argmax(y, 1)
y_label = session.run(yl,
    feed_dict={x: [t/255 for t in test_data], keep_prob: 1.0})
print('予測:', y_label)
```

■ 指定した手書き数字を認識するプログラムの実行

　指定した数字の画像を、プログラムに判定させてみましょう。これまでと同様に、動作確認用に数字の画像を用意しておきました。プログラム（dl_user.py）と同じディレクトリに、0.png ～ 9.pngというPNG形式の画像ファイルとして、収録してあります。プログラムは次のように実行します。

コマンドライン **dl_user.pyの実行**

```
python dl_user.py  画像ファイル名
```

コマンドライン

```
$ python dl_user.py2.png
...    0  0  0  0  0  0  0  0  1  1  1  1  0  0  0  0  0  0  0  0
...    0  0  0  0  0  1  1  2  0  0  0  0  0  0  0  0  0  0  0  0
...    0  0  0  0  0  0  0  0 12 14 12 14  0  0  1  0  0  0  0  0
...    0  0  1  1  0 16 12 76 234 239 242 241 177 10  2  1  0  0  0  0
...    0  0  2  0 176 240 242 255 255 255 244 255 251  4  0  1  0  0  0  0
...    0  3  0 72 255 255 246 238 235 73 17 246 248 75  1  3  0  0  0  0
...    0  5  0 135 250 181 19 16 12  0  0 75 251 244 13  1  1  0  0  0  0
...    0  5  0 116 255 109  0  1  0  3  1  5 244 245 13  0  1  0  0  0  0
...    0  1  0 15 115 17  1  2  1  2  4  5 244 243 13  0  1  0  0  0  0
...    0  0  0  0  0  0  0  1  2  0 75 249 248 15  0  1  0  0  0  0
...    0  0  0  1  4  1  0  1  0  4 127 247 255 192  7  3  0  0  0  0
...    0  0  0  0  0  0  1  3 15 180 255 255 237 60  0  3  0  0  0  0
...    0  0  0  0  0  0  5  0 113 255 255 180 18  0  1  0  0  0  0  0
...    0  0  0  0  0  0  3  7 184 252 177  3  0  3  0  0  0  0  0  0
...    0  0  0  0  0  1  0 18 253 245 10  0  3  0  0  0  0  0  0  0
...    0  0  0  0  0  1  0  0 242 243 13  1  1  0  0  0  0  0  0  0
...    0  0  0  0  1  1 10 127 250 254 15  0  1  0  0  0  0  0  0  0
...    0  0  0  0  1  2  4 255 255 177  7  2  0  0  0  0  0  0  0  0
...    0  0  0  0  2  0 75 244 241 11  0  2  0  0  0  0  0  0  0  0
...    0  0  0  3  3 76 250 255 243 14  1  1  0  0  0  0  0  0  0  0
...    0  0  1  1  4 242 255 251 77  3  4  1  1  1  1  1  1  0  0  0  0
...    0  0  3  0 71 246 253 73  0  0  0  0  0  0  0  0  0  0  0  0
...    0  0  5  0 132 255 184  9 17 13 13 13 13 13 13 12 13  0  0  1  0
...    0  0  5  0 134 255 238 247 246 245 245 245 245 245 245 243 245 188  8  2  1
...    0  0  3  0 70 235 243 245 245 245 245 245 245 245 243 245 188  8  2  1
...    0  0  0  0  0 12 14 13 13 13 13 13 13 13 13 12 13  0  0  1  0
...    0  0  0  0  2  0  0  0  0  0  0  0  0  0  0  0  0  0  0  0
...    0  0  0  0  0  1  1  1  1  1  1  1  1  1  1  1  1  0  0  0  0
予測: [2]
```

　表示される数値はピクセルの輝度です。数字の2の形状がわかるでしょうか。予測結果は2なので、この場合は正解です。他の画像や、皆さんが手書きした画像についても、判定させてみてください。これまでのプログラムに比べて、高い確率で正しく数字を認識してくれると実感できるかと思います。

Chapter

13

ライブラリを活用した
科学技術計算

Chapter10からChapter12までは、全3章にわたって、昨今話題の機械学習やディープラーニングについて解説してきました。本章では少し毛色を変えて、NumPyやSciPyといったライブラリを活用することで、高度な科学技術計算を簡単にプログラミングする方法を解説します。ぜひ楽しみながら読み進めてください。

Chapter 13 ● ライブラリを活用した科学技術計算

13.1 NumPyによる科学技術計算

本章では、最初に「NumPy（ナムパイ）」というライブラリを扱います。NumPyは行列やベクトルなどを使った科学技術計算機能を提供するライブラリで、Chapter10～12で使用したscikit-learnやTensorFlowと一緒に使うこともよくあります。実は今までのプログラム例の一部でも、NumPyの機能を使用しています。

URL NumPyのWebサイト
http://www.numpy.org/

> **Memo**
> NumPyを利用するにはnumpyパッケージのインストールが必要です。本書ではChapter9（p.273）でインストールを行っています。

ここでは行列やベクトルによる簡単な計算を行うプログラムを通して、NumPyの基本的な使い方を紹介します。高校の数学で学んだ行列やベクトルの知識を思い出しながら、読み進めてください。

行列と行列の積

行列に行列を掛け合わせたものを、行列積と呼びます。

例えば、2×2（2行2列）の行列Aと行列Bがあり、行列Aの成分はa_{11}、a_{12}、a_{21}、a_{22}、行列Bの成分はb_{11}、b_{12}、b_{21}、b_{22}だとします。このとき、行列Aと行列Bの積ABは、行列Aと行列Bの成分を使って、次の図のように計算できます。行列積ABは、2×2の行列になります。

図 ▶ 行列積

$$\begin{bmatrix} a_{11} & a_{12} \\ a_{21} & a_{22} \end{bmatrix} \begin{bmatrix} b_{11} & b_{12} \\ b_{21} & b_{22} \end{bmatrix} = \begin{bmatrix} a_{11} \times b_{11} + a_{12} \times b_{21} & a_{11} \times b_{12} + a_{12} \times b_{22} \\ a_{21} \times b_{11} + a_{22} \times b_{21} & a_{21} \times b_{12} + a_{22} \times b_{22} \end{bmatrix}$$

行列積の計算方法は、次の図のとおりです。図の網掛け部で示した、行列Aの1行目（a_{11} a_{12}）と、行列Bの1列目（b_{11} b_{21}）を使って、行列積ABの1行1列の成分（$a_{11} \times b_{11} + a_{12} \times b_{21}$）を計算します。同様に、行列Aの行と、行列Bの列を組み合わせて、行と列が交わる部分の成分を計算します。

図 ▶ 行列積の計算方法

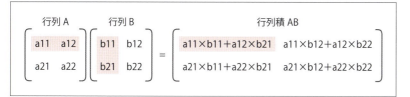

行列Aと行列Bに、次の図のように具体的な数値を当てはめて、行列積を計算してみましょう。行列Aの1行目（1 2）と、行列Bの1列目（5 7）を使うと、行列積ABの1行1列の成分（$1×5+2×7=19$）が求められます。他の成分も同様の方法で求めます。

図 ▶ 行列積の例

$$\begin{bmatrix} 1 & 2 \\ 3 & 4 \end{bmatrix} \begin{bmatrix} 5 & 6 \\ 7 & 8 \end{bmatrix} = \begin{bmatrix} 1×5+2×7=19 & 1×6+2×8=22 \\ 3×5+4×7=43 & 3×6+4×8=50 \end{bmatrix}$$

NumPyを使うと、このような行列積を求めるプログラムを作成することができます。上記の図と同じ計算を行うプログラムを書いてみました。

テキストエディタ　　　　　　　　　　　　　　　　　　　　　　　　　　　　　np_matrix.py

```python
import numpy

a = numpy.array([[1, 2], [3, 4]])    ❶
b = numpy.array([[5, 6], [7, 8]])

print(a@b)
print(a.dot(b))                       ❷
print(numpy.dot(a, b))
print(numpy.matmul(a, b))
```

プログラムの内容を詳しく見ていきましょう。

❶行列の作成

行列を作成するにはnumpy.array関数を使います。この関数の引数に、成分を格納したリストを渡して、行列を作成します。❶は行列Aを作成するために、1行目を表す[1, 2]というリストと、2行目を表す[3, 4]というリストを、さらにリストにして、numpy.array関数に渡しています。

❷ 行列積の計算

行列積の計算には複数の記法があります。このプログラムでは、いろいろな記法を並べてみました。各記法が利用している機能について、次の表にまとめています。

表 ▶ 行列積の計算方法

計算記法の例	利用している機能	機能の内容
a@b	@演算子	行列積を求める
a.dot(b)	dotメソッド（numpy.arrayクラス）	内積を求める
numpy.dot(a, b)	dot関数	内積を求める
numpy.matmul(a, b)	matmul関数	行列積を求める

それでは、練習問題でプログラムを実行してみましょう。

練習問題

pythonコマンドを使って行列積を求めるプログラム（np_matrix.py）を実行し、結果を確認してください。

解答例

コマンドライン

```
$ python np_matrix.py
[[19 22]        ← @演算子を使った行列積
 [43 50]]
[[19 22]        ← dotメソッドを使った内積
 [43 50]]
[[19 22]        ← dot関数を使った内積
 [43 50]]
[[19 22]        ← matmul関数を使った行列積
 [43 50]]
```

どの記法を使っても、同じ行列積が求められていることがわかります。

行列とベクトルの積

　行列とベクトルの積も、科学技術計算においてよく使う演算です。行列にベクトルを掛け合わせて、結果のベクトルを求めます。

　例えば、2×2の行列Aと、2次元のベクトルBを考えます。数学では、行列は大文字、ベクトルは小文字で表すことが多いのですが、ここでは成分と区別するために、どちらも大文字で表します。

　行列Aの成分をa11、a12、a21、a22とし、ベクトルBの成分をb1、b2とします。このとき、行列AとベクトルBの積は、両者の成分を使って次の図のように計算できます。結果は2次元のベクトルになり

ます。

図▶行列とベクトルの積

行列 A　ベクトル B　　行列とベクトルの積 AB

$$\begin{bmatrix} a11 & a12 \\ a21 & a22 \end{bmatrix} \begin{bmatrix} b1 \\ b2 \end{bmatrix} = \begin{bmatrix} a11 \times b1 + a12 \times b2 \\ a21 \times b1 + a22 \times b2 \end{bmatrix}$$

　計算方法は、上図の網掛け部で示した、行列Aの1行目（a11 a12）とベクトルB（b1 b2）を使って、結果のベクトルの1番目の成分（a11×b1+a12×b2）を計算します。同様に、行列Aの2行目とベクトルBを使って、結果の2番目の成分を求めます。

　次の図のように具体的な値を使って、行列とベクトルの積を計算してみましょう。行列Aの1行目（1 2）と、ベクトルB（5 6）を使うと、結果のベクトルの1番目の成分（1×5+2×6＝17）が求められます。2番目の成分も同様に求めます。

図▶行列とベクトルの積の例

行列 A　ベクトル B　　行列積 AB

$$\begin{bmatrix} 1 & 2 \\ 3 & 4 \end{bmatrix} \begin{bmatrix} 5 \\ 6 \end{bmatrix} = \begin{bmatrix} 1 \times 5 + 2 \times 6 = 17 \\ 3 \times 5 + 4 \times 6 = 39 \end{bmatrix}$$

　NumPyを使って、上記の図と同じ計算を行うプログラムを書いてみます。

テキストエディタ　　　　　　　　　　　　　　　　　　　　　**np_vector.py**

```
import numpy

a = numpy.array([[1, 2], [3, 4]])          ❶
b = numpy.array([5, 6])

print(a@b)
print(a.dot(b))                            ❷
print(numpy.dot(a, b))
print(numpy.matmul(a, b))
```

　プログラムの内容を詳しく見ていきましょう。

❶ 行列とベクトルの作成

行列と同様に、ベクトルの作成にもnumpy.array関数を使います。関数の引数に、成分を格納した[5, 6]のようなリストを渡すと、ベクトルを作成することができます。

❷ 行列とベクトルの積

行列とベクトルの積を求める方法は、前項のプログラム（np_matrix.py）で使った行列積を求める方法と同じです。@演算子、dotメソッド、dot関数、matmul関数が使えます。

それでは、練習問題でプログラムを実行してみましょう。

練習問題

pythonコマンドを使って、行列とベクトルの積を求めるプログラム（np_vector.py）を実行し、結果を確認してください。

解答例

コマンドライン

```
$ python np_vector.py
[17 39]                    ——— @演算子を使った行列積
[17 39]                    ——— dotメソッドを使った内積
[17 39]                    ——— dot関数を使った内積
[17 39]                    ——— matmul関数を使った行列積
```

どの記法を使っても、結果は同じベクトルになります。

Matplotlibを使った計算結果の図示

計算の結果を値で表示するのではなく、グラフや図形などで示したほうがわかりやすい場合があります。そんなときに便利に使えるのが、**Matplotlib**と呼ばれるライブラリです。Matplotlibは数値データを図示する機能を提供します。NumPyなどと組み合わせて使うことにより、計算の結果を簡単なプログラムで図示し、見やすくすることができます。

URL **MatplotlibのWebサイト**
https://matplotlib.org/

練習問題

pipを使って、matplotlibパッケージをインストールしてください。

以下の解答例では、表示の一部を「…」のように省略しています。

解答例

コマンドライン

```
$ pip install matplotlib
Collecting matplotlib
  Downloading matplotlib-2.1.1-cp36-cp36m-win_amd64.whl
(8.7MB)
    100% |████████████████████████████████|
| 8.7MB 4.3MB/s
…
Installing collected packages: matplotlib
Successfully installed matplotlib-2.1.1
```

NumPyとMatplotlibを組み合わせて、次のような円を描くプログラムを作ってみましょう。

- 2次元空間における回転を表す行列Aを用意します。
- 座標(1, 0)を表すベクトルBを用意します。
- ベクトルBを、原点を中心に少しずつ回転させます。
- ベクトルBが表す座標に点を描きます。
- 多くの点を描くことで、円を表現します。

2次元空間における回転を表す行列は、次の図のような成分を持ちます。radは回転角度をラジアンで表したもので、cosとsinは三角関数のコサインとサインです。この行列とベクトルの積は、回転後のベクトルになります。

図 ▶ 回転を表す行列A

$$
\begin{bmatrix}
\cos(rad) & -\sin(rad) \\
\sin(rad) & \cos(rad)
\end{bmatrix}
$$

NumPyとMatplotlibを使って、プログラムを作成してみました。

テキストエディタ　　　　　　　　　　　　　　　　　　　　　　　　**np_plot.py**

```python
import numpy
from matplotlib import pyplot                          ❶


N = 100
rad = numpy.radians(360/N)
c = numpy.cos(rad)
s = numpy.sin(rad)                                      ❷
a = numpy.array([[c, -s], [s, c]])
b = numpy.array([1, 0])


for i in range(N):
    pyplot.plot(b[0], b[1], 'o')                        ❸
    b = a@b
pyplot.show()
```

プログラムの内容を詳しく見ていきましょう。

❶インポート

numpyモジュールをインポートし、matplotlibパッケージからpyplotモジュールをインポートします。pyplotは数値データからグラフなどを描画するための機能を持つモジュールです。

❷変数の定義

以下のような変数を定義します。

表 ▶ 変数の定義

変数	意味
N	描画する点の個数。ここでは100とした
rad	回転角度（単位はラジアン）。numpy.radians関数を使って求める
c	cos(rad)。numpy.cos関数を使って求める
s	sin(rad)。numpy.sin関数を使って求める
a	回転を表す行列
b	座標(1, 0)を表すベクトル

❸点の描画

for文を使ってN個の点を描きます。点を描画するにはpyplot.plot関数を使います。関数の引数は、X座標、Y座標、点の形状です。形状を'o'にすると、点（正確には円形のマーカー）を描きます。他にも多くの形状が用意されています。

ベクトルBの回転は、「b = a@b」のように行います。行列A（変数a）とベクトルB（変数b）の積を求めたうえで、結果をベクトルB（変数b）に代入します。この計算によって、ベクトルBは指定した角度（360/

N度）ずつ回転していきます。

　最後にpyplot.show関数を呼び出します。この関数を呼び出すと、Matplotlibの描画結果を表示するためのウィンドウが開き、描いたグラフや図形が表示されます。

　それでは、練習問題でプログラムを実行してみましょう。

練習問題

pythonコマンドを使って、プログラム（np_plot.py）を実行し、結果を確認してください。

解答例

コマンドライン

```
$ python np_plot.py
```

プログラムを実行すると新しいウィンドウが開き、次のような描画結果が表示されます。座標軸はMatplotlibが自動的に追加します。画面下部にあるアイコンを使うと、描画結果の一部を拡大したり、描画結果を画像ファイルに保存したり、といった操作が可能です。

図 ▶ Matplotlibによる描画結果

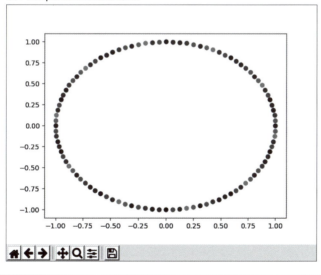

Chapter 13 ● ライブラリを活用した科学技術計算

13.2 SciPyによる科学技術計算

「**SciPy**（サイパイ）」はNumPyと同様に、科学技術計算に関する機能を提供するパッケージです。NumPyは行列やベクトルを計算するための機能を提供しますが、SciPyはより幅広く、**科学技術計算で使うさまざまな機能を提供**します。一部の機能については、NumPyとSciPyの両方が提供している場合もあります。

| URL | SciPy
https://www.scipy.org/ |

> **Memo**
> SciPyを利用するにはscipyパッケージのインストールが必要です。本書ではChapter9（p.273）でインストールを行っています。

ここでは入力した音の高さ（周波数）を求めるプログラムを作成しながら、SciPyの基本的な使い方を紹介します。

音の周波数を求める

周波数を求めるには、**FFT**（Fast Fourier Transform：高速フーリエ変換）という技術を使います。音の要素には「音の大きさ」「音の高さ」「音色」があり、音色はいろいろな周波数の音が重なってできています。音のデータに対してFFTを使うことによって、**音色を構成している周波数の内訳を求める**ことができます。そして、どの周波数が強いのかがわかれば、その音の高さがわかります。

少しずつ動作を確認しながら開発を進めるために、次のような3段階に分けてプログラムを作成します。

● (1) サイン波を表示するプログラム（sp_sin.py）

NumPyのsin関数を使ってサイン波を作成し、Matplotlibを使って表示してみましょう。Matplotlibでグラフを表示する練習です。

● (2) FFTを行うプログラム（sp_fft.py）

SciPyを使ってサイン波に対するFFTを行い、結果の周波数分布をMatplotlibを使って表示してみましょう。サイン波の周波数が、周波数分布に反映されていることを確認します。

● **(3) 音声ファイルに対してFFTを行うプログラム（sp_audio.py）**

音声ファイルを読み込み、FFTを適用して、周波数分布をMatplotlibで表示してみましょう。任意の音について、音の高さを調べることができます。

サイン波を表示するプログラム

10Hz（ヘルツ）のサイン波を作成し、表示するプログラムです。10Hzは1秒間に10回振動することを表します。

テキストエディタ　　　　　　　　　　　　　　　　　　　　　　　　　　　　　　📄 sp_sin.py

```
import numpy
from matplotlib import pyplot

n = 1024                                              ❶
f = 10

x = numpy.linspace(0, 1, n)                           ❷
y = numpy.sin(2*numpy.pi*f*x)

pyplot.figure('input')pyplot.xlabel('time(second)')
pyplot.ylabel('amplitude')                            ❸
pyplot.plot(x, y)
pyplot.show()
```

プログラムの内容を詳しく見ていきましょう。

❶変数の定義

変数nは描く点の数、変数fは周波数を表します。fを小さくすると振動が少なくなり、fを大きくすると振動が多くなるので、試してみてください。

❷サイン波の作成

これから描く点について、X座標のリストを変数xに、Y座標のリストを変数yに代入します。xにはnumpy.linspace関数を用いて、0から1までをn等分（1024等分）した値を設定します。yにはnumpy.sin関数を用いて、サイン波の高さを設定します。

❸サイン波の表示

pyplotモジュールの次のような関数を使って、サイン波を描画し、画面に表示します。

表 ▶ サイン波の表示に利用する関数

関数名	機能
figure	図の名前を設定する。ここではinput（入力）とした
xlabel	X軸の名前（ラベル）を設定する。ここではtime(second)（時間（秒））とした
ylabel	Y軸の名前（ラベル）を設定する。ここではamplitude（強さ）とした
plot	第1引数（x）をX座標、第2引数（y）をY座標として、図示する
show	図示した結果を表示する

それでは、練習問題でプログラムを実行してみましょう。

練習問題

pythonコマンドを使って、サイン波を表示するプログラム（sp_sin.py）を実行し、結果を確認してください。

解答例

```
$ python sp_sin.py
```

プログラムを実行すると、ウィンドウが開き、次図のようなサイン波が表示されます。X軸は時間、Y軸は強さです。プログラムの変数fで指定したとおり、サイン波の周波数は10Hz（0.0～1.0の間で10回振動している）になっています。

図 ▶ サイン波

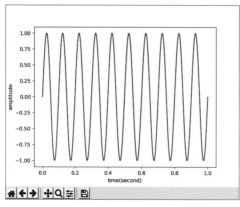

FFT（高速フーリエ変換）を行うプログラム

前項のサイン波を表示するプログラム（sp_sin.py）を拡張して、サイン波にFFTを適用した結果（周波数分布）もあわせて表示するプログラムに改造します。

テキストエディタ　　　　　　　　　　　　　　　　　　　　　　　**sp_fft.py**

```python
import numpy
from matplotlib import pyplot
from scipy import fftpack                                    ❶

n = 1024
f = 10

x = numpy.linspace(0, 1, n)
y = numpy.sin(2*numpy.pi*f*x)
pyplot.figure('input')
pyplot.xlabel('time(second)')
pyplot.ylabel('amplitude')
pyplot.plot(x, y)

a = fftpack.fftfreq(n, 1/n)
b = numpy.abs(fftpack.fft(y))
pyplot.figure('fft')
pyplot.xlabel('frequency(Hz)')                               ❷
pyplot.ylabel('intensity')
pyplot.plot(a[1:n//2], b[1:n//2])

pyplot.show()
```

プログラムの内容を詳しく見ていきましょう。

❶インポート

scipyパッケージからfftpackモジュールをインポートします。fftpackはFFTに関する機能を提供します。

❷FFTの適用と描画

これから描く点について、X座標のリストを変数aに、Y座標のリストを変数bに代入します。aには fftpack.fftfreq関数を用いて、周波数の値を設定します。bには、FFTを行うfftpack.fft関数と、絶対値 を求めるnumpy.abs関数を用いて、各周波数の強さを設定します。

図や軸の名前を設定した後に、pyplot.plot関数を用いて、周波数分布を描画します。aとbのリストに ついて、[1:n//2]のようなスライスを使っているのは、正の周波数に関する分布だけを描画するためです。 FFTの結果は正と負の周波数に及んでおり、周波数0を中心として正の部分と負の部分が対称になって います。そこでこのプログラムでは、正の部分だけを描画します。

それでは、練習問題でプログラムを実行してみましょう。

練習問題

pythonコマンドを使って、FFTを行うプログラム（sp_fft.py）を実行し、結果を確認してください。

解答例

```
$ python sp_fft.py
```

プログラムを実行すると、2つのウィンドウが開きます。1つのウィンドウは、サイン波を表示するプログラム（sp_sin.py）と同じく、サイン波を表示します。もう1つのウィンドウは、サイン波にFFTを適用した結果の周波数分布を表示します。

図 ▶ サイン波の周波数分布

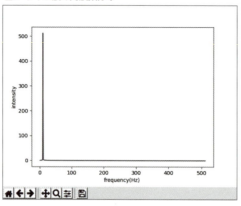

サイン波の周波数は10Hzです。周波数分布を見ると、確かに10Hz付近の値が大きくなっています。画面下部の虫眼鏡アイコンを使って、図を拡大してみて下さい。

音声ファイルに対してFFTを行うプログラム

最後に、読み込んだ音声ファイルに対してFFTを適用するプログラムを作成します。音声ファイルを読み込むために、PySoundFileパッケージを使います。PySoundFileパッケージは、いろいろな音声ファイルを簡単なプログラムで読み書きするための機能を提供します。

URL PySoundFileのドキュメント
http://pysoundfile.readthedocs.io/en/0.9.0/

音声ファイルに対してFFTを行うプログラムは、次のとおりです。

テキストエディタ — sp_audio.py

```
import numpy
import soundfile                                          ①
from matplotlib import pyplot
from scipy import fftpack

data, rate = soundfile.read('audio.wav')                  ②

n = len(data)
x = numpy.linspace(0, n/rate, n)                          ③
y = data
pyplot.figure('input')
pyplot.xlabel('time(second)')
pyplot.ylabel('amplitude')
pyplot.plot(x, y)

a = fftpack.fftfreq(n, 1/rate)                            ④
b = numpy.abs(fftpack.fft(y))
pyplot.figure('fft')
pyplot.xlabel('frequency(Hz)')
pyplot.ylabel('intensity')
pyplot.plot(a[1:n//2], b[1:n//2])

pyplot.show()
```

プログラムの内容を詳しく見ていきましょう。

❶インポート

PySoundFileパッケージの機能を使うために、soundfileモジュールをインポートします。

❷音声ファイルの読み込み

soundfile.read関数を使って、音声ファイルを読み込みます。今回使用する音声ファイル（audio.wav）は、本書のサンプルファイルに収録されています。ファイル名（audio.wav）を変更すれば、他の音声ファイルを読み込むこともできるので、ぜひ試してみてください。変数dataには音声データの本体、変数rateにはサンプリングレート（1秒間あたりのデータ数）を代入します。

❸音声の表示

読み込んだ音声を表示します。ここで定義する変数の意味は次のとおりです。

表▶

変数	意味
n	音声データの個数
x	X座標のリスト。時間（秒）を表す
y	Y座標のリスト。音声の振幅を表す

❹周波数分布の表示

読み込んだ音声にFFTを適用し、結果の周波数分布を表示します。この部分の処理は、FFTを行うプログラム（sp_fft.py）と同じです。

練習問題でプログラムを実行してみましょう。まずは本書のサンプルファイル（audio.wav）を使って、動作を確認してください。

練習問題

pythonコマンドを使って、音声ファイルに対してFFTを行うプログラム（sp_audio.py）を実行し、結果を確認してください。

解答例

コマンドライン

```
$ python sp_audio.py
```

プログラムを実行すると、2つのウィンドウが開きます。1つのウィンドウは、読み込んだ音声データを表示します。もう1つのウィンドウは、音声データにFFTを適用した結果の周波数分布を表示します。

図 ▶ 音声データ

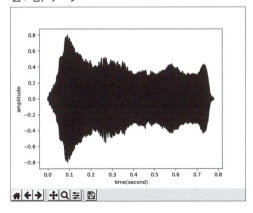

図 ▶ 音声データの周波数分布

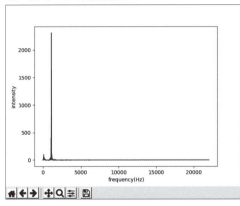

周波数分布を見ると、1000Hz付近に大きな値があることがわかります。虫眼鏡のアイコンをクリックし、範囲を指定すると、指定した範囲を拡大することができます。拡大すると、1100Hz付近の値が大きいことがわかります。

図 ▶ 音声データの周波数分布（拡大）

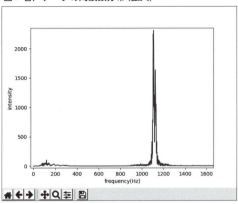

このプログラム（sp_audio.py）と同じフォルダに音声ファイルを保存し、ファイル名をaudio.wavに変更すれば、任意の音声ファイルに対してFFTを適用することができます。ぜひ音声ファイルを用意して、FFTを適用し、周波数分布を見てみてください。このプログラムを使うと、指定した周波数に合わせた音（声や口笛など）を出すゲームができます。例えば、楽器を調律するときの基準になる「ラ」の音は440Hzですが、この周波数を狙って音を出してみてください。どれだけ近い周波数が出せるでしょうか？

Column ｜ Pandasライブラリ

NumPyやSciPyと並んで、Pythonでよく使われるライブラリの1つに、Pandas（パンダス）があります。

URL Pandasの Webサイト
http://pandas.pydata.org/

　Pandasはデータ解析に関する色々な機能を提供します。データを2次元の表で管理するデータフレーム（DataFrame）オブジェクト、多様なデータファイルの読み書き、データの分割や結合、データに対する演算や関数の適用、データのグラフ化などの機能があります。

　Pandasを使用するには、pipコマンドでpandasパッケージをインストールする必要があります。

コマンドライン

```
$ pip install pandas
```

Chapter

14

Webアプリケーションの作成

本書の最終章である本章では、Webアプリケーションを作ります。Webアプリケーションというのは、ブラウザ（Webブラウザ）とWebサーバを使って動作するアプリケーション（プログラム）のことです。

Chapter 14 ●Webアプリケーションの作成

14.1 Webの仕組み

　普段私たちはブラウザを使って、色々なWebページを閲覧しています。このようなWebの機能は、次のような仕組みで実現されています。

図 ▶ ブラウザとWebサーバ

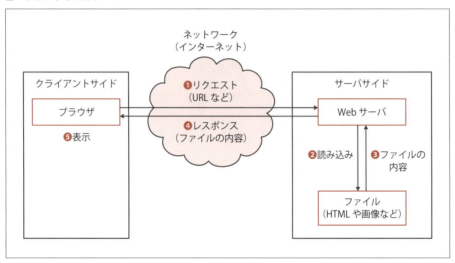

　ブラウザはWebページを表示するためのソフトウェアです。ネットワークをはさんで、ブラウザがある側を**クライアントサイド**と呼びます。ユーザは通常、クライアントサイドにおいてブラウザを操作して、Webを閲覧します。

　WebサーバはWebページに必要なデータを配信するソフトウェアです。ネットワークをはさんで、Webサーバがある側を**サーバサイド**と呼びます。サーバサイドのコンピュータ（Webサーバが動作しているコンピュータ）には、Webページに必要なファイル（HTMLや画像など）が配置されています。

　ブラウザを使ってWebページを閲覧すると、図の❶〜❺のような処理が行われます。

❶リクエスト

　Webページを閲覧するときには、ネットワーク（インターネット）を通じて、ブラウザからWebサーバに対して、閲覧したいWebページのデータを要求します。これを**リクエスト**と呼びます。リクエストにはWebページのURLが含まれています。

❷読み込み

リクエストを受け取ったWebサーバは、URLに対応するWebページを表示するために必要なファイルを読み込みます。

❸ファイルの内容

Webページを表示するために必要なファイルの内容が、Webサーバによって読み込まれます。

❹レスポンス

Webサーバは読み込んだファイルの内容を、ネットワークを通じて、ブラウザに応答します。これを**レスポンス**と呼びます。

❺表示

ブラウザはレスポンスを受信し、ファイルの内容を画面に表示します。これで、Webページの内容（HTMLや画像など）がブラウザの画面に表示されます。

Webアプリケーションの仕組み

Webページによっては、前述の仕組みでは実現が難しいことがあります。前述の仕組みでは、WebブラウザがWebサーバに対して同じURLのリクエストをすれば、いつも同じ内容が表示されます。これでは内容が決まっているページを表示するのにはよいのですが、実行するたびに内容が変わる可能性があるページを表示するのには向いていません。

> **Memo**
> 個人や企業の紹介ページなどは、内容が決まっているページの例です。一方、検索結果のページやショッピングカートのページなどは、実行するたびに内容が変わる可能性があるページの例です。

検索結果やショッピングカートのように、ユーザが入力や操作を行うたびに内容が変わるようなページを実現するためには、Webサーバとプログラムを次の図のような仕組みで連携させる必要があります。

図 ▶ CGIプログラム

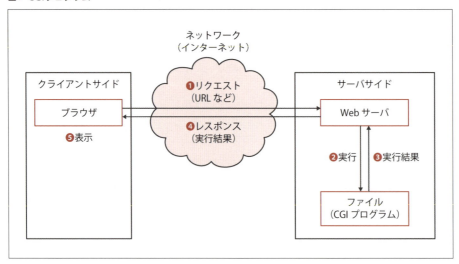

　連携の仕組みにはいくつかの種類がありますが、代表的な例が**CGI**（Common Gateway Interface）と呼ばれる仕組みです。CGIを使ってWebサーバと連携するプログラムのことを、**CGIプログラム**と呼びます。本書でもCGIを使って、Webサーバと連携するPythonプログラムを作成します。

　Webサーバとプログラムが連携する場合、図の❶〜❺のような処理が行われます。

❶リクエスト
　ブラウザからWebサーバに対して、ネットワークを通じて**リクエスト**を送信します。リクエストにはプログラム（CGIプログラム）のURLが含まれています。

❷実行
　リクエストを受信したWebサーバは、URLに対応するプログラムを実行します。

❸実行結果
　Webサーバはプログラムの実行結果を受け取ります。実行結果の内容はプログラムによって異なりますが、多くのプログラムはHTMLを出力します。

❹レスポンス
　Webサーバはブラウザに対して、ネットワークを通じて**レスポンス**を送信します。レスポンスにはプログラムの実行結果（HTMLなど）が含まれています。

❺表示
　ブラウザはレスポンスを受信し、プログラムの実行結果を画面に表示します。実行結果がHTMLの

場合には、あたかも通常のWebページを閲覧しているかのように、Webページが表示されます。

CGIプログラムを使うことによって、ユーザの入力や操作に応じて色々な動作を行う仕組みを作ることができます。このような仕組みのことを、**Webアプリケーション**と呼びます。インターネット上で利用できる、検索、ショッピング、予約、メール、チャットなどのサービスは、Webアプリケーションの例です。

PythonによるWebサーバ

さて、これからPythonを使ってWebアプリケーションを開発するにあたって、Webサーバが必要です。WebサーバとしてはApache（アパッチ）などの製品が広く使われていますが、Webサーバをインストールして実行できるようにしたり、Webサーバが利用できる環境（レンタルサーバなど）を手配したりするのは、手間がかかります。

 何か簡単にWebサーバを使う方法はないの？

そんなときに便利なのが、Pythonの標準ライブラリの1つである**http.server**モジュールが提供する、Webサーバの機能です。他のソフトウェアを用意しなくても、PythonがあればすぐにWebサーバの機能が使えるので、Webアプリケーションの開発用としてはとても手軽です。開発に少し慣れて、本格的にWebアプリケーションを公開したり運用したりしたくなったところで、別のWebサーバを用意するとよいでしょう。

PythonによるWebサーバを起動するには、コマンドラインで次のように入力します。

書式 PythonのWebサーバの起動

```
python -m http.server --cgi
```

-mはモジュールを指定するオプションです。ここではWebサーバのモジュール（http.server）を指定します。

--cgiはCGIプログラムを有効にするオプションです。後ほどCGIプログラムを動作させるので、--cgiオプションも付けておいてください。

> **Column** MIMEタイプ
>
> MIME（multipurpose internet mail extension）タイプ（p.366）は、拡張子とは異なる方法でデータの形式を示すための記法です。元々MIMEは、メールで色々な形式のデータを扱うための規格ですが、Webでも転送するデータの形式を伝える方法として利用されています。

練習問題

コマンドプロンプトやターミナルを使って、PythonのWebサーバを起動してみてください。

解答例

コマンドライン

```
$ python -m http.server --cgi
Serving HTTP on 0.0.0.0 port 8000 (http://0.0.0.0:8000/)
...
```

Webサーバを停止するには、コマンドラインで[Ctrl]キー＋[C]キーを入力してください。「Keyboard interrupt received, exiting.」などの表示後、プロンプトに戻ります。Windowsの場合、Webサーバの起動時に、Windowsセキュリティの警告ダイアログが表示されることがあります。内容を確認のうえ、「アクセスを許可する」をクリックしてください。

Webサーバを起動すると、起動時のカレントディレクトリが、Webサーバによって配信されます。配信されたディレクトリは、ブラウザから次のURLを開くことで、閲覧することができます。

URL **http://localhost:8000/**

localhostというのは、現在Webサーバが動作しているマシン（つまり皆さんが現在使っているマシン）のことです。8000はポート番号です。1つのマシンにおいて、ネットワークを使った色々なサービスを同時に提供するために、ポート番号を使ってサービスを区別します。

それでは、今度はsample¥chapter14をカレントディレクトリにしてから、Webサーバを起動してみてください。macOSの場合には、「sample¥chapter14」の代わりに「sample/chapter14」と入力します。さらに、ブラウザから次のURLを開いてみてください。

URL **http://localhost:8000/**

コマンドライン

```
$ cd sample¥chapter14
$ python -m http.server --cgi
Serving HTTP on 0.0.0.0 port 8000 (http://0.0.0.0:8000/) ...
```

ブラウザにwebディレクトリ内のファイル一覧が表示されたら、成功です。

図 ▶ ディレクトリ内のファイル一覧

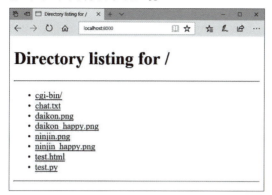

　Webサーバの動作を確認するために、次のようなHTMLファイルを作成してみました。webディレクトリ以下のtest.htmlというファイルです。このページをブラウザで表示してみましょう。

テキストエディタ　　　　　　　　　　　　　　　　　　　　　　　　　📄 **test.html**

```html
<!DOCTYPE html>
<html>
<head>
<meta charset="UTF-8">
<title>Python Web Programming</title>
</head>
<body>

<p>
<img src="daikon_happy.png" alt="大根">
このページが表示されたら、Webサーバのテストは成功だよ！
</p>

<p>
<img src="ninjin_happy.png" alt="人参">
コマンド1つでWebサーバが使えるなんて、とても簡単だね！
</p>

</body>
</html>
```

練習問題

Webサーバを実行した状態で、ブラウザから次のURLを開いてみてください。

URL http://localhost:8000/test.html

解答例

次のようなWebページが表示されれば成功です。

図 ▶ テスト用のWebページ

もし表示されない場合には、以下の事柄を確認してください。

・Webサーバは起動しているか
・Webサーバ起動時のカレントディレクトリはsample\chapter14か
・webディレクトリ以下にtest.htmlがあるか
・Windowsセキュリティの重要な警告は許可したか

PythonによるCGIプログラム

　Webサーバと連携して動作するCGIプログラムを、Pythonを使って作成してみましょう。PythonのWebサーバを使う場合、CGIプログラムはcgi-binディレクトリ以下に配置する必要があります。本書のサンプルでは、以下のようにファイルを配置しています。

```
[sample]                                              ── サンプルのディレクトリ
    └[chapter14]                                      ── 本章のディレクトリ
        ├[cgi-bin]                                    ── cgi-binディレクトリ
        │    ├chat.py                                 ── チャットのプログラム
        │    └test.py                                 ── テスト用のプログラム
        ├chat.txt                                     ── チャットのデータ
        ├daikon.png, daikon_happy.png                 ── キャラクター（大根）の画像
        ├ninjin.png, ninjin_happy.png                 ── キャラクター（人参）の画像
        └test.html                                    ── テスト用のページ
```

　以下はテスト用のCGIプログラムです。

テキストエディタ　　　　　　　　　　　　　　　　　　　　　　　　■ **test.py**

```python
#!/usr/bin/env python3                                              ①
import codecs
import sys

sys.stdout = codecs.getwriter('utf_8')(sys.stdout.detach())        ②

print('Content-type: text/html; charset=UTF-8')                    ③

print('''                                                          ④
<!DOCTYPE html>
<html>
<head>
<meta charset="UTF-8">
<title>Python Web Programming</title>
</head>
<body>

<p>
<img src="/daikon_happy.png" alt="大根">
このページが表示されたら、無事にCGIプログラムが動いているよ！
</p>

<p>
<img src="/ninjin_happy.png" alt="人参">
CGIプログラムを使うと、色々な処理をするWebサイトが作れるよ！
</p>

</body>
</html>
''')
```

プログラムの内容を説明します。

❶Python処理系の指定

　macOSにおいて、CGIプログラムを実行するPython処理系を指定します。Windowsの場合、この指定は不要ですが、書いてあっても問題はありません（無視されます）。この記法のことをシバンまたはシェバンと呼びます。

❷文字エンコーディングの設定

　CGIプログラムが実行結果を出力する際の文字エンコーディングを、UTF-8に設定します。このプロ

グラムのように、日本語を含むテキストを出力するCGIプログラムでは、文字エンコーディングを設定しないと、ブラウザ上の表示が文字化けすることがあります。

文字エンコーディングの設定には、次のような機能を使います。

表 ▶ 文字エンコーディング

機能名	意味
sys.stdout	インタプリタが使用する標準出力
codecs.getwriter	指定した文字エンコーディングで出力するためのオブジェクトを返す
detach	対象に結びつけられたバッファを分離する

標準出力は、プログラムがテキストを出力するときの、デフォルトの出力先です。通常、標準出力は画面への出力になります。

バッファは、データを一時的に蓄積する領域のことです。データをバッファにまとめてから入出力することにより、入出力処理を効率化することができます。

このプログラムでは、標準出力に結びつけられたバッファを分離し、そのバッファにUTF-8で出力するためのオブジェクトを作成して、標準出力（sys.stdout）に再度割り当てます。この処理を行うことによって、標準出力の文字エンコーディングをUTF-8に変更することができます。

なお、上記の処理は1行にまとめて書きましたが、各段階の処理を分けて書くと、次のような3行のプログラムになります。どのような処理が行われているのか、読み解くための参考にしてください。

```
buffer = sys.stdout.detach()
writer = codecs.getwriter('utf_8')
sys.stdout = writer(buffer)
```

❸メッセージヘッダの出力

レスポンスの冒頭には、メッセージヘッダという部分が含まれています。メッセージヘッダには、レスポンスがどのような形式のデータなのかを示すために、MIMEタイプと呼ばれる記述を含めます。また、レスポンスが使用する文字エンコーディングも記載します。このプログラムでは、MIMEタイプ（Content-type）には「text/html」を、文字エンコーディング（charset）には「UTF-8」を指定しています。

❹メッセージボディの出力

レスポンスの本体がメッセージボディです。HTMLをレスポンスに含めるには、メッセージボディの部分にHTMLを出力します。print関数と三重クォート文字列を利用して、HTMLを出力します。HTMLの内容は、テスト用のページ（test.html）と同様です。

メッセージヘッダとメッセージボディの間には、空行を1行入れるという規則があります。このプログラムでは、三重クォート文字列内の改行が文字列に含められることを利用して、「print('''」の直後で改行することにより、空行を作っています。

366

練習問題

Webサーバを実行した状態で、ブラウザから次のURLを開いてみてください。

URL http://localhost:8000/cgi-bin/test.py

解答例

次のようなWebページが表示されれば成功です。

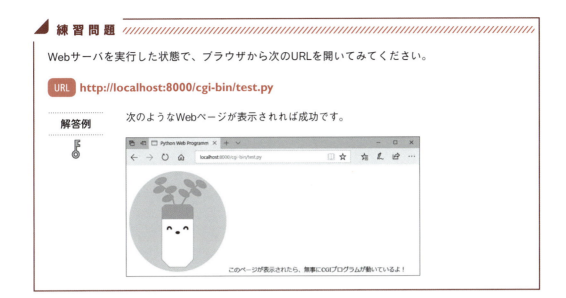

Pythonによるチャット CGI プログラム

　Webアプリケーションの例として、TwitterやLINEのような、チャット（おしゃべり）をするためのCGIプログラムを作ってみましょう。複数のユーザがメッセージを投稿できるようにします。またWebページを開くと、今までに投稿されたメッセージの一覧を読むことができます。

テキストエディタ　　　　　　　　　　　　　　　　　　　　　　　　　　　chat.py

```python
import cgi
import codecs
import json
import sys

sys.stdout = codecs.getwriter('utf_8')(sys.stdout.detach())

try:                                                              ❶
    with open('chat.txt', 'r') as file:
        chat = json.load(file)
except IOError:
    chat = []

form = cgi.FieldStorage()                                         ❷
image = form.getfirst('image')
text = form.getfirst('text')
```

```python
if image and text:                                                        ❸
    chat.append({'image': image, 'text': text})
    with open('chat.txt', 'w') as file:
        json.dump(chat, file, indent=4)

print('Content-type: text/html; charset=UTF-8')

print('''
<!DOCTYPE html>
<html>
<head>
<meta charset="UTF-8">
<title>Python Web Programming</title>
</head>
<body>
<h2>根菜チャット</h2>
<form action="chat.py" method="post">                                     ❹
<select name="image">
<option value="daikon">大根</option>
<option value="ninjin">人参</option>
</select>
<input type="text" name="text">
<input type="submit" value="発言">
</form>
<hr>
''')

for line in chat:                                                         ❺
    print('<p><img src="/{0}.png" alt="image" width="100">{1}</p>'.format(
        line['image'], line['text']))

print('''
</body>
</html>
''')
```

　プログラムの内容を説明します。ポイントは、チャットの内容をJSONファイルに保存する処理と、HTMLのフォームから入力されたメッセージを追加する処理です。

❶JSONファイルの読み込み

　チャットの内容を保存したJSONファイル（chat.txt）を読み込みます。with文、open関数、json.load関数を使います。読み込んだチャットの内容は、変数chatに代入します。ファイルが読み込めないとき

には、try文のexcept節において、chatの内容を空にします。

　ファイルに保存するチャットの内容は、次のような構造にしました。名前"image"に画像名（daikonやninjin）、名前"text"にメッセージのテキストを格納します。このimageとtextで構成されるオブジェクトを、複数並べて配列にします。

```
[
    {
        "image": 画像名,
        "text": メッセージ
    },
    …
]
```

❷フォームの読み込み

　ユーザがHTMLのフォームに入力した情報は、リクエストを通じてWebサーバに送信され、CGIプログラムに渡されます。PythonのCGIプログラムにおいては、次のようなcgi.FieldStorageクラスとgetfirstメソッドを使うと、フォームの情報を取得することができます。

書式　FieldStorageオブジェクトの生成

```
cgi.FieldStorage()
```

書式　getfirstメソッド

```
変数 .getfirst( 文字列 )
```

　 変数 にFieldStorageオブジェクトが代入されているとき、 文字列 で指定したパラメータ（フォームに入力された情報）を返します。同じパラメータ名に複数の値が設定されている場合には、最初の値を返します。

　上記のプログラムでは、imageパラメータとtextパラメータを取得しています。これらのパラメータ名は、後述する❹のフォームで指定したパラメータ名に対応しています。

❸JSONファイルの保存

　imageパラメータとtextパラメータの両方を取得することができたら、チャットに画像とテキストを追加した後に、JSONファイル（chat.txt）に保存します。

369

❹入力フォームの作成

　HTMLのフォームを出力します。次のようなHTMLタグを使って、投稿者の画像(大根または人参)を選択するためのセレクトボックス、テキストを入力するためのテキストボックス、メッセージを投稿するための発言ボタンを作成します。

表▶フォーム作成に利用するHTMLタグ

タグ	機能
<form>	フォーム
<select>	セレクトボックス
<option>	セレクトボックスの選択肢
<input type="text">	テキストボックス
<input type="submit">	フォームの送信ボタン

　<select>タグのname属性が"image"に、<input type="text">タグのname属性が"text"になっていることに注目してください。これらがフォームで送信するパラメータ名になります。セレクトボックスで画像を選択すると、daikonまたはninjinという文字列が、imageパラメータの値として送信されます。テキストボックスに入力したテキストは、textパラメータの値として送信されます。

❺チャットの表示

　Webページにチャットの内容(これまでの発言)を表示します。段落を表す<p>タグと、画像を表す<img>タグを使います。

練習問題

Webサーバを実行した状態で、ブラウザから次のURLを開いてみてください。

URL　**http://localhost:8000/cgi-bin/chat.py**

解答例

次の図のようなWebページが表示されます。
セレクトボックスで画像を選び、テキストボックスにテキストを入力して、発言ボタンをクリックしてみてください。送信した画像とテキストが、チャットに追加されれば成功です。

図▶チャットCGIプログラム

Index

記号

-	41, 144, 145
-=	46, 142, 145
%	41
%=	46
&	143, 145
*	41
**	41
**=	46
*=	46
.gz	309
/	33, 41
//	41
//=	46
/=	46
@functools	190
@property	195
^	144, 145
__add__メソッド	208
__init__メソッド	170
|	143, 145
|=	141, 145
+	33, 41
+=	46
=	33, 41

A

a@b	342, 346
abcモジュール	202
and演算子	93
appendメソッド	72, 153

B

bool	38, 84
break文	97

C

cdコマンド	268
CGI	360
CGIプログラム	360
choice関数	223
close関数	244
cls	192
CNN	320
continue文	98

D

datetimeモジュール	227

def	108
del文	151
dump関数	252

E

elif節	88
else節	87, 103, 184
encoding	245
enumerate関数	135
except節	182

F

False	84
FFT	348
FieldStorageメソッド	
finally節	190
float	38
flush	289
formatメソッド	64
for文	80, 148, 232
from節	222
fullmatch関数	260
functoolsモジュール	188

G

getfirstメソッド	
global文	125
GPU	279, 281

H

help関数	113
http.serverモジュール	361
httpパッケージ	270

I

if文	85, 154
Imageモジュール	297
import文	218
input関数	239
insertメソッド	74
int	38
int関数	83
in演算子	91, 140
isinstance関数	197
itemsメソッド	149

J

joinメソッド	75
JSON	251

L

lambda	121
len関数	51, 75
load関数	255
localhost	362

M

map関数	122
match関数	258
Matplotlib	344
MAXプーリング	323
MIMEタイプ	361, 366
MNIST	283

N

name属性	168
None	259
nonlocal文	126
not in 演算子	91, 140
not演算子	93
nowメソッド	228
NumPy	273, 340

O

open関数	242
or演算子	93
osモジュール	309

P

Pandas	356
pass文	105, 167
PEP8	29, 34
Pillowパッケージ	297
pip	30
pipコマンド	273
Print関数	22
pycodestyle	30
pydoc	113
pyplotモジュール	346
PySoundFileパッケージ	352

R

randint関数	220
random関数	219
randomモジュール	218
range関数	100, 153
raw文字列	258
removeメソッド	74
replaceメソッド	67
return文	110
reverse関数	102
reモジュール	258
RGB	297

S

scikit-learn	282
SciPy	273, 348
self	166
serverモジュール	270
shuffle関数	224
soundfileモジュール	354
splitメソッド	76
str	38
sys.argv	237
sysモジュール	237

T

Tensorflow	9, 307
timedeltaオブジェクト	230
time関数	233
timeモジュール	233, 309
todayメソッド	227
True	84
try文	182

U 〜 Z

UTF-8	246
ValueError	183
Webアプリケーション	361
while文	95
with文	247
writeメソッド	243
yield文	158
zip関数	312

あ行

アンパック	132
位置引数	116, 136
イミュータブル	57
インスタンス	164
インタプリタ	20, 14, 22
インデックス	55, 70, 131
インデント	81
演算子	40
オーバーライド	178, 210
オーバーロード	206
オブジェクト	164
重み	302

か行

過学習	280, 325
型	38
可変長引数	136, 151
カレントディレクトリ	28
関数	22
関数を定義する	54
キーワード引数	117

機械学習	276
基底クラス	177
教師あり学習	279, 281
行列積	340
クライアントサイド	358, 360
クラス	164
クラス属性	174
クラスメソッド	192, 227
グレースケール	283
グローバル変数	124
訓練データ	278
継承	177
交差エントロピー	329, 310
高速フーリエ変換	348
コマンドライン引数	236
コメント	28

さ行

サーバサイド	358, 360
再帰呼び出し	114
三項演算子	155
算術演算子	41
ジェネレータ式	157
辞書	146
集合	138
出力層	276
人工知能	276
スコープ	124
ステップ	62
スライス	57, 72
正規表現	257
静的メソッド	191
ソフトマックス関数	307, 310

た行

代入	34
多重継承	180
畳み込み	320
ダックタイピング	211
タプル	130
単純パーセプトロン	302
中間層	276
抽象クラス	200
抽象メソッド	202
抽象基底クラス	201
定数	174
ディープニューラルネットワーク	324
ディープラーニング	277
データ構造	69, 164, 168
デコレータ	187
テストデータ	280

ドキュメンテーション文字列	112
ドロップアウト	325

な行

内包表記	153
入力ノード	302
ニューラルネットワーク	276
入力層	276

は行

バイアス	302, 322
パス	9, 245
派生クラス	177, 205
パック	132
パッケージ	270
バッファ	
パディング	321
パラメータ	278
引数	54, 119
標準シグモイド関数	287
標準出力	
標準ライブラリ	216
プーリング	322
複数同時代入	133
ブラウザ	358, 360
プロパティ	194
プロンプト	23
文	26
変数	33
変数の定義	37

ま行

マングリング	173
ミュータブル	73, 150
メソッド	66, 164
モジュール	216, 270
文字列	22, 49
モデル	278
戻り値	108

や行

予約語	34

ら行

ライブラリ	216
ラムダ式	121
リクエスト	358, 360
リスト	69, 133
累算代入文	45
例外	182
レスポンス	358, 360
ローカル変数	124
ロジスティック回帰	286
論理演算子	93

著者紹介

松浦 健一郎（まつうら けんいちろう）
東京大学工学系研究科電子工学専攻修士課程修了。
研究所において並列コンピューティングの研究に従事した後、フリーのプログラマ＆ライター＆講師として活動中。企業や研究機関向けのソフトウェア、ゲーム、ライブラリ等を受注開発している。司 ゆきと共著でプログラミングやゲームに関する著書多数（本書で28冊目）。

司 ゆき（つかさ ゆき）
東京大学理学系研究科情報科学専攻修士課程修了。
大学で人工知能（自然言語処理）を学び、フリーランスとなる。研究機関や企業向けのソフトウェア開発や研究支援、ゲーム開発、書籍や研修用テキストの執筆、論文や技術記事の翻訳、学校におけるプログラミングの講師を行う。

URL 著者Webサイト「ひぐぺん工房」
https://higpen.jellybean.jp/

装幀 ……………………………… 米倉 英弘
本文デザイン・組版 ……………… クニメディア株式会社

■注意事項
○ 本書内の内容の実行については、すべて自己責任のもとでおこなってください。内容の実行により発生したいかなる直接、間接的被害について、著者およびSBクリエイティブ株式会社、製品メーカー、購入した書店、ショップはその責を負いません。
○ 本書の内容に関するお問い合わせに関して、編集部への電話によるお問い合わせはご遠慮ください。
○ お問い合わせに関しては、封書のみでお受けしております。なお、質問の回答に関しては原則として著者に転送いたしますので、多少のお時間を頂戴、もしくは返答できない場合もありますのであらかじめご了承ください。また、本書を逸脱したご質問に関しては、お答えしかねますのでご了承ください。

わかる Python ［決定版］

2018年 5月28日 初版第1刷発行
2025年 2月 3日 初版第11刷発行

著者 ………………………… 松浦 健一郎／司 ゆき
発行者 ……………………… 小川 淳
発行所 ……………………… SBクリエイティブ株式会社
　　　　　　　　　　　　　〒105-0001　東京都港区虎ノ門2-2-1
　　　　　　　　　　　　　https://www.sbcr.jp
印刷・製本 ………………… 株式会社シナノ

落丁本、乱丁本は小社営業部にてお取り替えいたします。定価はカバーに記載されております。

Printed in Japan ISBN 978-4-7973-9544-0